제2차 세계대전
군장 도감

우에다 신

오광웅 옮김

KB048294

AK TRIVIA SPECIAL

세계의 밀리터리 이벤트에서 볼 수 있는
각국 장병들의 군장

유럽이나 미국의 밀리터리 이벤트에서는 열성 밀리터리 팬들이 주도하는 제2차 세계대전을 재현한 전시회나 전투 장면의 재현 쇼 등이 널리 이뤄지고 있다. 이런 행사에는 당시의 실물이나 이를 정교하게 재현한 레플리카 등이 사용되고 있는데, 참가자들의 군복과 군장도 상당히 본격적으로 각국의 군장을 알기 위한 좋은 견본이라 할 수 있을 것이다.

■사진 촬영 : 누마타 카즈히토, 모토지마 오사무

↑미 육군 보병과 공수부대 병사(중앙). 보병이 입고 있는 바지는 울 재질의 근무복. 이 바지는 통상 근무 외에 야전용을 겸하고 있다. (War & Peace)

← 미 육군 공수부대 병사. 복장은 M1942 공수 재킷과 바지. 펠트로 된 패드를 붙인 서스펜더 좌우에는 Mk. II 수류탄이 매달려 있다. (War & Peace)

→ 미 육군 제82 공수사단의 위생병. 왼팔에는 위생병임을 식별할 수 있는 적십자 완장을 차고 있다. 적십자 완장이 부착된 가방은 위생 기재가 수납된 메디컬 팩. (War & Peace)

← M1A1 대전차 로켓 발사기를 조준하고 있는 병사. 착용하고 있는 것은 M1943 필드 재킷. 흔히 '바주카'라고도 불리는 이 대전차 화기는 구경이 2.36인치(약 60mm)로, 첫모델은 1942년에 채용되었으며 개량형인 M1A1은 1943년 7월부터 지급되었다. (War & Peace)

↑ M1919A4 기관총을 들고 쏘는 미 육군 병사. M1941 필드 재킷 소매에 붙은 부대 마크는 제26 보병사단이며 계급은 상병임을 나타내고 있다. (War & Peace)

→ M1943 HBT 재킷과 바지를 입고 있는 미 육군 병사(왼쪽과 가운데)는 M3 기관단총(일명 그리스건). 오른쪽 병사는 M1A1 톰슨 기관단총을 들고 있다. (War & Peace)

↓ M1943 필드 재킷을 입고 있는 미 육군 공수부대 병사. 공수부대에서는 M1943 전투복 바지에 카고 포켓을 붙여 사용했다. 검정색 부츠는 전투화(점퍼 부츠) 위에 덧신을 수 있는 고무 방수 부츠로 오버 부츠라 불렸다.

↓ M2A1 화염방사기(점화 장치는 개조되었음)으로 화염을 방사하면서 돌격하는 해병대원. 왼쪽 병사의 M1938 카트리지 벨트에 부착된 수통 커버는 해병대 독자 사양인 유광 검정 타입. 오른쪽 병사는 M1938 카트리지 벨트에 해병대 전용인 M1941 서스펜더를 착용하고 있다. 나이프는 Mk.2 전투 나이프.

↑ 해병대는 육군과 달리 해병대용인 M1941 HBT 재킷과 바지를 착용했다. 헬멧 커버는 덕 헌터 패턴이라고 불리는 위장무늬가 그려진 것으로 녹색과 갈색 바탕 양면을 뒤집어서 쓸 수도 있었다.

↑ M36 야전복 차림인 독일 육군 기관총 사수. 목 아래로 늘어뜨린 것은 벨트 링크로 연결된 7.92×57mm 탄약. 가슴의 케이스는 수포 작용 가스를 막기 위한 시트. 벨트에는 루거 P08 권총용 홀스터(오른쪽)와 MG34/MG42 기관 총용 공구 케이스가 결속되어 있다. (War & Peace)

↑ 방한용 아노락 상하의를 착용한 독일 육군 장교. 오른쪽 인물은 벨트에 MP38/MP40 기관단총용 탄약 파우치가 결속되어 있다. 왼쪽 인물이 달고 있는 것은 지도 케이스.

↑ 독일 육군의 전투장비. 위에서부터 배낭과 M38 약모, 기관총용 벨트 링크, 전투식량 깡통, 건전지, MP40 기관단총, 쌍안경과 케이스, 발터 P38용 홀스터, 발터 P38, MP38/MP40용 탄약 파우치, 소총 수입도구와 케이스, 야전삽과 대검, 탄약 파우치, Kar98k 소총, 삽탄자에 끼워진 7.92×57mm 탄약, M24 막대 수류탄(좌우). (War & Peace)

울 원단으로 만든 오버코트에 개인 야전장비를 갖춘 독일 육군 병사. 장비는 위에서부터 방독면 케이스, 판초우의, 잡낭에 결속된 수통과 반합.

↑ HBT 작업복 차림의 독일 무장친위대 병사. HBT 원단으로 만들어진 옷은 원래 훈련이나 작업용으로 지급되었으나, 하기 야전복으로도 사용되었다. 옷깃과 소매의 계급장은 상병임을 나타내고 있다. (War & Peace)

췬다프(Zündapp) KS750 사이드카와 오토바이병. 사진 오른쪽의 오토바이병은 고무를 입힌 모터사이클 코트를 입고 있다.

↑ 독일 제1 SS 기갑사단의 전차병. 오른쪽 전차병은 상사 계급이며 부사관 정모를 쓰고 있다. 왼쪽 전차병의 계급은 병장. (War & Peace)

↓ MG42 기관총을 조준하고 있는 무장친위대 병사. 헬멧에는 위장 커버를 씌웠으며, 야전복 위에 위장 스목을 착용했다. 기관총 옆에는 과열된 총열과 교환하기 위한 예비 총열이 든 금속제 케이스와 운반 케이스에 든 탄약 상자가 놓여 있다. (War & Peace)

↓ 독일 육군 공수부대원. 왼쪽부터 녹색 원단, 워터 패턴 위장무늬, 스프린터 패턴 위장무늬가 들어간 강하 스목을 착용하고 있다. 소매에 붙은 계급장은 중위(오른쪽)와 상사(가운데). (War & Peace)

→ 열대지방용 복장을 한 육군 병사. 카키색 전투복은 북아프리카와 이탈리아 남부에서 사용되었다. (War & Peace)

↓ 리-엔필드 No.4 Mk. I 소총을 겨누고 있는 제51사단 미들섹스 연대의 병사. 왼쪽 병사는 헬멧에 모래주머니 등에 사용되는 아마포를 씌워 빛 반사를 방지했으며, 오른쪽 병사는 헬멧 위장 그물 안에 응급처치키트(패드 붙은 붕대)를 넣고 있다. (War & Peace)

↑ 비커스 중기관총 진지와 영국 육군 병사. 접시 모양인 Mk. II 헬멧은 염색한 아마포 조각을 붙인 그물로 위장되어 있다. 병사가 착용한 장비는 서스펜더, 벨트, 탄약 파우치로 구성된 P37 개인군장. 오른쪽 파우치 옆의 백은 Mk. II 경량 방독면용. (War & Peace)

↑ 영국 제51사단 154보병여단 7대대의 장병. 남성 대원들은 제2차 세계대전기의 대표적 복장인 P37 배틀 드레스와 배틀 드레스 바지를 착용하고 있으며 모자는 태머섄터라 불리는 스코틀랜드 전통모이다. 여성 대원들이 입고 있는 것은 ATS(Auxiliary Territorial Service, 보조 지방 의용군)의 제복과 정모.

← 스텐 Mk. V 기관
단총을 휴대한 공수
부대원. 독특한 형상
의 공수 헬멧과 데니
슨 스목을 착용하고
있다. 허리에 결속된
것은 와이어 커터가
수납된 파우치.
(War & Peace)

↓ 6파운드 대전차포를 설치 중인 영국 공수부대원. 밤색 베레모는 공수부대 병과색을 의미한다. 왼쪽 대원의 벨트에 결속된 것은 P37 장비의 홀스터와 나이프
칼집(나이프는 들어 있지 않다). (War & Peace)

↑ 유니버설 캐리어(브렌건 캐리어)에 탑승한 영국 제1 공수사단의 부대원. 입고 있는 복장은 북아프리카, 이탈리아, 인도 등의 열대 지방에서 사용된, 면으로 된 트로피컬 유니폼.

← 영국 공군 파일럿과 여성 대원. 파일럿은 No.1 서비스 드레스라 불리는 동싱 근무복을 착용하고 있다. 정모를 쓴 여성 대원의 복장은 근무 셔츠와 카키 드릴이라 불리는 열대용 바지. 베레모를 쓴 대원은 근무 셔츠에 파란 작업복 바지 차림이다. (War & Peace)

↓ 안쪽의 소련군 병사는 독소전 기간 중에 흔히 보였던 복장으로 1934년에 제정된 김나스초르카(Gymnastyorka)와 M1935 헬멧을 착용하고 있다. 등을 돌린 채 서있는 병사는 리프 패턴 위장무늬 커버올 차림이며 오른쪽부터 방독면 가방, 수통, 지도 케이스를 결속하고 있다. (War & Peace)

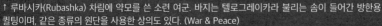

↑ 루바시카(Rubashka) 차림에 약모를 쓴 소련 여군. 바지는 텔로그레이카라 불리는 솜이 들어간 방한용 퀼팅이며, 같은 종류의 원단을 사용한 상의도 있다. (War & Peace)

↑ 1943년에 제식화된 소련 육군의 김나스초르카는 스탠딩 칼라 스타일인 루바시카로 개수되었는데, 이에 따라 계급장도 견장 스타일로 변경되었다. 사진에서는 잘 보이지 않지만, 어깨에 매고 있는 것은 PPSh-41 기관단총. (War & Peace)

↑ 소련군에서는 1941년에 여성용 제복이 제정되었지만, 독소전이 발발한 탓에 여군들도 남자들과 같은 복장을 해야 했다. 사진의 여군이 착용하고 있는 것은 루바시카. 오른팔 아래에 보이는 벨트에 결속한 것은 수통이다. (War & Peace)

↓ T-34-85 전차 옆에 레인 케이프를 천막 대신으로 치고 야영하는 모습. 사진 앞쪽으로는 M1940 헬멧, 식기, 모신나강 M1891/30 소총 등이 놓여 있다. (War & Peace)

↑ 양쪽 모두 루바시카를 입은 소련군 병사. 독소전 개전 당시 보병은 각반에 편상화가 기본이었다. 사진 안쪽 병사는 M1940 헬멧을 쓰고 부츠를 신고 있다. (War & Peace)

↑ 루바시카 차림에 약모를 쓴 소련군 병사. 약모는 필로트카라고 불렸다. 부사관 및 병용 부츠는 1943년 이후부터 보급되었다.

↑ 열대지방용 방서의(1938년 제정형)를 착용한 일본 육군 보병. 전투모 위로 커버와 위장망을 씌운 90식 철모를 쓰고 있다. 혁대에 소총탄용 탄약집을 결속했으며 피갑낭(방독면 케이스)을 왼팔 아래로 늘어뜨려 매고 있다. 오른팔 아래로 보이는 것은 잡낭.

← 1938년에 제정된 전투모에 98식 군 복과 바지를 착용한 육군 보병. 혁대에는 30년식 대검이 결속되어 있다. 각반은 끈을 앞으로 교차시켜 매는 방식. 착검한 99식 소총을 들고 있다.

← M1938 오버코트에 야 전 장비를 착용한 프랑스 육군 보병. 코트 목깃에 는 연대 번호가 들어가 있 다. 헬멧은 제1차 세계대 전 당시 채용된 M1915 를 개량한 M1936 헬멧. 오른쪽 어깨 아래로 늘 어뜨린 카키색 가방에는 ANP31 방독면이 수납되 어 있다.
(War & Peace)

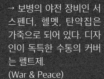

→ 보병의 야전 장비인 서 스펜더, 헬멧, 탄약집은 가죽으로 되어 있다. 디자 인이 독특한 수통의 커버 는 펠트제.
(War & Peace)

CONTENTS

세계의 밀리터리 이벤트에서 볼 수 있는
각국 장병들의 군장 2
제2차 세계대전의 경위 18
연합국으로 참전한 국가들 19

미군 20
육군 보병 21
전차병 29
공수부대원 32
해병대원 35
육군 항공대의 항공기 승무원 41
해군 항공대의 항공기 승무원 43
해군 44

영국군 46
유럽 전선의 육군 병사 47
북아프리카 전선의 육군 병사 49
전차병 51
공수부대원 53
코만도 부대 55
영국 극동 방면군 56
해군 57
공군 58

소련군 60
제2차 세계대전 초기 1939~1941년의 보병 61
1943년 이후의 보병 62
전차병 64
저격병 67
보병 이외 병과의 병사 68

프랑스군 70
1939~1940년의 육군 보병 71
육군 알펜 산악부대 74
장갑 차량 승무원 75
외인부대와 식민지군 77
자유 프랑스군 1944년 79

그 외 기타 연합군 80
캐나다군 81
오스트레일리아군 82
뉴질랜드군 82
남아프리카군 83
인도군 83
폴란드군 84
벨기에군 87
룩셈부르크군 87
덴마크군 88
네덜란드군 89
노르웨이군 90
그리스군 90
유고슬라비아군 91
파르티잔 부대 91
중화민국 국민혁명군 92
중국 공산당군 96

추축국으로 참전한 국가들 97

독일군 98
보병 99
육군의 야전복 106
작업복 114
동계 방한복 110
아프리카 군단 112
전차병 114
오토바이병 119
위장복 121
산악 보병 123
저격병 125
전투 공병 126
공수부대원 127
무장 친위대(야전복) 129
무장 친위대의 외인부대 132
공군 136
해군 140

일본군 144
태평양 전쟁의 육군 병사 145
육군의 방한장비 147
남방 전선의 육군 병사 149
낙하산 부대 151
육군 전차병 154
해군 육전대 157
육해군 특공대 160

육군 항공병 162
해군 항공병 164
항모 승무원 166

이탈리아군 168
유럽 전선의 육군 병사 169
북아프리카 전선의 육군 병사 173
국가 안보 의용 민병대(MVSN)와 식민지군 175
공수부대 177
RSI 해군 데치마 플로틸리아 마스 해병사단 ... 180
남왕국군과 RSI군 181
차량 탑승원 183

그 외 기타 추축군 185
핀란드군 186
루마니아군 188
헝가리군 190
슬로바키아군 192
불가리아군 194
독일군의 의용부대 195
만주국군 198
인도 국민군(INA) 200
중화민국 임시정부군 201
난징 국민정부군 201

각국의 기타 부대 및 장비 202
헌병대 203
의무병 207
각국의 여군 병사 209
군용 자전거 219
각국의 야전용 부츠 229
각국의 인식표 230
권총용 홀스터 231
슬링 236
낙하산 238

■제2차 대전의 발발

1939년 9월 1일, 독일군이 폴란드를 침공하면서 영국과 프랑스 정부는 폴란드와의 상호 방위 조약에 근거하여 독일에 선전포고를 했고 이에 따라 제2차 대전이 시작되었다. 폴란드는 독일뿐 아니라 독소 불가침 조약을 맺고 있던 소련의 동부 진공(9월 17일)으로 인해 동서 양면으로 공격을 받았고, 9월 27일에 항복했다. 영국과 프랑스 정부는 이 기간 동안에 폴란드에 군을 파견한 것이 아니라 독일 국경을 사이에 두고 대치하는 것에 불과한 '가짜 전쟁(Phoney war)'이라 불리는 상태가 이어졌다.

1940년 4월 독일군은 덴마크와 노르웨이를 침공했으며, 같은 해 5월에는 네덜란드와 벨기에를 점령하고 프랑스 침공을 개시했다. 그리고 6월 22일, 프랑스가 항복하면서 서유럽은 독일군 점령 하에 놓이게 됐다.

■발칸 반도~소련 침공

다음으로 독일은 영국 상륙을 계획했다. 그 전초전으로 영국 본토에 대한 항공기 공격이 1940년 7월부터 시작되었다. '영국 본토 항공전(Battle of Britain)'이라 불리는 이 공방전에서 독일 공군은 영국 공군의 저항으로 제공권을 확보하지 못했고, 결국 영국 본토 상륙은 중지됐다.

이후, 이탈리아를 지원하기 위해 독일은 1941년 2월 14일에 북아프리카 전선에 파병했고 4월에는 발칸 반도를 침공하여 그리스까지 점령했다. 그리고 6월 22일에 소련 침공 작전인 '바르바로사 작전(Unternehmen Barbarossa)'을 발동, 마침내 독소전이 시작됐다.

■태평양 전쟁의 개전

한편, 아시아 및 극동 방면의 정세는, 프랑스 항복에 따라 중국으로의 보급로를 끊기 위해 일본은 1940년 9월 23일에 프랑스령 인도차이나를 침공했으며 27일에는 일·독·이 삼국동맹을 체결했다.

중일 전쟁과 만주 문제로 악화된 미국과 일본의 외교관계는 인도차이나 침공과 삼국동맹으로 인해 더욱 악화됐다. 일본 정부는 미국과의 교섭을 계속하면서도 미·영과의 개전을 결정, 12월 8일에 진주만 공습과 말레이 반도 상륙 등의 군사 작전을 감행하면서 태평양 전쟁이 시작됐다.

이후 일본군은 홍콩, 싱가포르, 필리핀, 인도네시아, 버마를 침공, 1942년 3월까지 점령지역을 확대해나갔다.

■연합군의 반격

승리를 계속하던 일본군은 1942년 6월의 미드웨이 해전, 과달카날 전투(1942년 8월~1943년 2월)에서 패배했다. 미군이 거둔 이 승리는 태평양 전쟁에서의 전황을 일거에 전환시킬 만큼 큰 영향을 주었다.

유럽에서도 태평양 전쟁 개전 3일 전에 모스크바를 목전에 두고 독일군의 공세가 돈좌되면서 소련의 첫 반격이 시작되려 하고 있었다.

1942년 11월에는 북아프리카에 연합군이 상륙했으며, 동부 전선의 스탈린그라드에서는 독일 제6군이 소련군에 포위되는 등의 움직임이 있었다.

연합군의 반격에 대해 독일군은 각 전선에서 공세를 길있으나, 부분적인 승리에 그쳤다. 이탈리아 전선에서는 1943년 7월에 연합군이 시칠리아에 상륙한 것을 시작으로, 이탈리아 본토 상륙 그리고 이탈리아 항복(9월)으로 이어졌고, 동부 전선에서는 소련군의 대규모 반격 작전이 시작되면서 이후, 독일군은 방어와 후퇴를 반복하게 되었다.

■1944~1945년

연합군은 1944년 6월 6일에 노르망디 상륙 작전을 실행, 격전 끝에 8월에는 파리를 해방했으며, 연말에는 프랑스와 벨기에 그리고 네덜란드의 일부 지방을 해방시켰다.

또한 태평양 전선에서도 대규모 상륙 작전이 실시되어, 6월 15일에 미군은 마리아나 제도의 사이판 등에 상륙(7월 함락)했으며, 사이판을 점령한 미군은 비행장을 정비하여 B-29 폭격기를 이용한 일본 본토 공격을 본격적으로 시작했다.

■그리고 종전으로

소련군의 공격으로 독일군은 후퇴를 계속했다. 소련군은 자국의 영토를 되찾는 것으로 그치지 않고 1945년 2월까지 헝가리, 불가리아, 유고슬라비아, 폴란드를 차례차례 해방했으며, 일부 부대는 독일 본토까지 진공했다.

서부 전선의 연합군도 3월에는 라인강을 건너 독일 본토에 들어가 서부와 남부 지방을 점령하며, 베를린 방향으로 진격해나갔다. 베를린 공격을 소련군이 담당하게 되면서 4월 16일에는 공격이 시작되었다. 소련군은 27일에 베를린을 포위했고, 독일군은 시가전으로 저항을 계속했으나, 4월 30일에 히틀러가 자살하면서 결국 베를린은 함락됐다. 5월 8일, 독일의 항복으로 유럽에서의 전쟁이 끝났다.

태평양 전선에서는 미군의 필리핀 상륙(1944년 10월~1945년 8월), 이오지마 전투(2~3월), 오키나와 전투(4~6월) 등의 격전이 계속되면서 일본군은 지구전과 자살 공격 등으로 계속해서 저항했다. 하지만 3월부터 일본 본토 무차별 폭격이 시작되고 히로시마, 나가사키(8월 6일, 9일) 원자폭탄 투하 그리고 소련이 대일본 개전(8월 9일)을 선언하면서 일본 정부는 8월 14일에 연합군의 포츠담 선언을 수락했으며, 휴전 후인 9월 2일에 항복 문서에 조인하면서 제2차 세계대전이 종결되었다.

제2차 세계대전의 경위

연합국으로 참전한 국가들

1939년 9월 1일, 독일이 폴란드를 침공하자 영국과 프랑스는 독일에 대해 선전포고를 했다. 개전 초기에는 미국은 아직 참전하지 않은 채, 1935년에 제정된 중립법(Neutrality Act)에 따라 중립을 고수하고 있었다. 하지만 제2차 세계대전의 개전에 이어 극동 방면에서 일본의 위협이 증대됨에 따라 미국은 영국의 요청을 받아들여 중립법을 개정하고 영국과 소련, 중국에 무기 대여 등의 지원을 실시했다. 그리고 1941년 12월 8일 일본의 진주만 공습을 계기로 미국이 본격적으로 참전을 개시하면서 연합군의 리더 격 역할을 수행하게 됐다.

◉제2차 대전의 발발과 미국의 지원

1939년 9월 1일, 독일의 폴란드 침공으로 제2차 대전이 시작되었는데, 이듬해 6월에 이르러서는 노르웨이, 덴마크, 프랑스까지 차례차례 독일에 패하면서 이들 국가들은 독일의 점령 하에 놓이게 되었다.

제2차 대전 이전, 미국은 유럽의 정세에 대해 중립을 취하고 있었다. 영국은 독일의 폴란드 침공 직후, 미국의 전력과 공업력을 필요로 하여 미국에 참전할 것을 요구했으나, 미국에는 중립법이 있었으며, 미국 내부의 여론 또한 유럽의 전쟁에 참가하는 것을 반대하는 목소리가 강했다.

그래서 미국 대통령인 프랭클린 루즈벨트는 직접적인 개입 대신 물자를 지원하기로 했다. 먼저, 1939년에 중립법을 개정(교전국에 대한 무기 수출 금지 조항 폐지)한 것을 시작으로, 프랑스 항복 이후인 1940년 9월에는 제1차 대전 당시의 구형 구축함 50척을 영국과 캐나다에 공여했으며, 그 대가로 영국 내 군사 기지의 일부 사용권을 인정하는 '구축함 기지 교환 협정(Destroyers for Bases Agreement)'을 체결했다. 그리고 1941년 3월 11일에 '무기 대여법(Lend-Lease Act)'을 제정하면서 미국은 본격적으로 영국 및 영연방국을 원조(후에 중국, 독소전 개전 이후의 소련에도 적용)하기 시작했다. 무기 대여법은 무상, 유상, 양도, 대여, 임대 등의 방법으로 미국이 군수 물자와 민수품을 공급하는 법으로, 원조된 군수 물자는 항공기(전투기, 수송기, 폭격기), 차량(전차, 장갑차, 트럭), 선박(호위 항모, 상륙용 주정, 수송선)부터 식량, 의복 등이었으며, 종전 시까지 지속되었다.

◉대서양 헌장의 체결

미국이 지원을 개시하고 5개월이 지난 8월 9일, 미국의 루즈벨트 대통령과 영국 총리 윈스턴 처칠은 캐나다의 뉴펀들랜드 섬 플라센티아 만의 영국 전함 프린스 오브 웨일즈와 미국 중순양함 오거스타 함상에서 대서양 회의를 개최하고 '대서양 헌장(Atlantic Charter)'을 체결했다. 해당 헌장의 내용은 영토의 불확대, 평화의 확립, 안전 보장의 시스템이 확립되기까지 침략국의 무장을 해제시키는 등의 8개 항으로 구성되어, 전후 세계 평화의 유지, 안전 보장, 경제 안정 등에 각국이 협력할 것을 제창하고 있었다. 이 대서양 헌장은 후에 국제 연합의 설립으로 이어지는 국제 협조의 기본 구상이 되기도 했다.

1941년 9월 24일, 프랑스와 벨기에, 체코슬로바키아, 그리스, 룩셈부르크, 네덜란드, 노르웨이, 폴란드, 유고슬라비아 등의 망명 정부와 소련 정부는 대서양 헌장의 지지를 표명했고 이들 정부가 연합국이 되었다.

◉연합국 공동 선언

1941년 12월 8일, 일본이 영미와 개전하면서 전쟁의 불길은 유럽에서 태평양과 아시아로 번져나갔다. 여기에 더해 같은 달 12일에 독일도 미국에 선전포고를 하면서 미국은 유럽과 태평양이라는 두 전선에 본격적으로 참전하게 됐다. 미국 참전 직후인 12월 22일, 영미 양국 수뇌는 이후의 전쟁 수행에 관한 회의인 '아르카디아 회담(Arcadia Conference)'을 열고, 일본, 독일, 이탈리아와의 전쟁 수행에 협력하고, 물적·인적 자원 모두를 투입해 싸울 것이며, 단독으로 강화나 휴전을 맺지 않는다는 내용이 발의되었다. 그리고 미국과 영국을 포함한 26개 참가국의 서명을 받아 1942년 1월 1일에 공동 선언이 이루어지면서 연합국이 성립됐다.

이때 서명한 국가는 미국, 영국, 소련, 중화민국의 주요 4개국에 캐나다, 코스타리카, 쿠바, 도미니카, 엘살바도르, 과테말라, 아이티, 온두라스, 니카라과, 파나마, 인도, 오스트레일리아, 뉴질랜드, 남아프리카였으며, 여기에 독일에 점령당한 벨기에, 룩셈부르크, 네덜란드, 노르웨이, 폴란드, 체코슬로바키아, 유고슬라비아, 그리스의 망명 정부가 참가했다.

그리고 1942년에는 멕시코, 필리핀(망명 정부), 에티오피아, 1943년에는 콜롬비아, 브라질, 볼리비아, 이라크, 이란, 1944년에는 라이베리아, 프랑스, 1945년에는 페루, 칠레, 파라과이, 베네주엘라, 우루과이, 에콰도르, 터키, 이집트, 사우디아라비아, 레바논, 시리아가 가맹하면서 전부 합쳐 48개국이 됐는데, 이들 국가들과 망명 정부가 연합국이 되었으며, 이들의 군대가 바로 '연합군'이라 불리게 됐다.

◉연합 참모 본부의 설립

연합국 공동 선언이 이뤄진 다음 달인 1942년 2월, 미군과 영국군에 의해 연합 참모 본부가 설립됐다. 영국 참모 본부와 미국 통합 참모 본부로 조직된 본부는 미국 워싱턴 D.C에 설치되어 연합군의 육해공군을 총괄했으며 유럽, 아프리카, 태평양, 아시아 전선에서의 군사 작전을 조정하고 지휘하여 전쟁을 수행했다.

미군

제2차 대전의 미군은 유럽, 북아프리카, 이탈리아, 태평양의 각 전선에서 싸워나갔다. 때문에 미군의 군장은 지역의 환경이나 임무에 맞춰 다양한 종류가 장병들에게 지급되었다. 또한 해병대는 육군과는 다른 독자적인 군장을 사용하여 태평양 전선에서 싸웠다. 전쟁 중에 육군과 해병대 모두 공수복이나 위장복, M1943 필드 재킷 등의 새로운 전투복을 채용했다.

육군 보병

1941년 말부터 제2차 대전에 참전한 미국 육군 보병의 개인 장비는 다른 참전국과 마찬가지로 기본적으로는 제1차 대전 이전, 또는 제2차 대전 이전인 전간기에 채용된 것으로, 통상 근무복은 야전복을 겸하고 있었다. 전쟁 후반에 들어서는 야전에 적합한 디자인과 기능을 겸비한 신형 피복과 개인 장비가 등장했지만, 최전선에서는 여전히 구형 군장이 종전 시까지 사용되기도 했다.

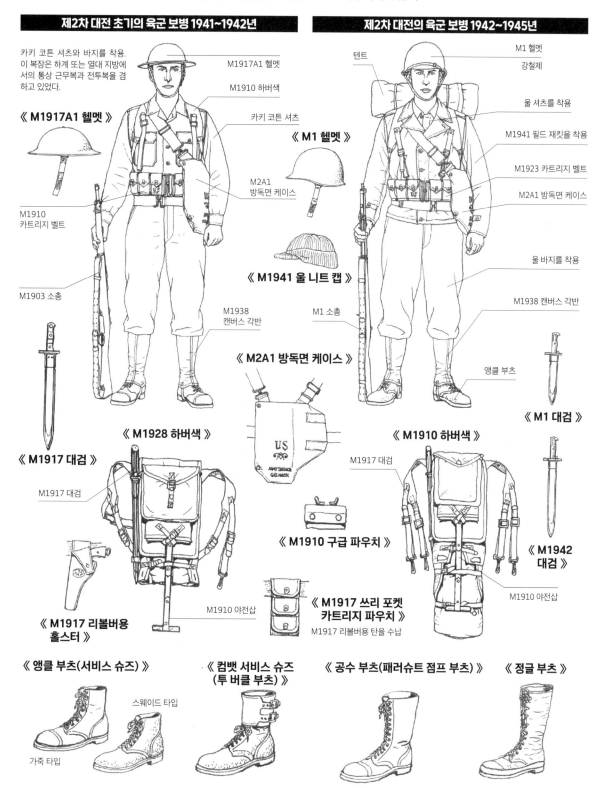

제2차 대전 초기의 육군 보병 1941~1942년

카키 코튼 셔츠와 바지를 착용. 이 복장은 하계 또는 열대 지방에서의 통상 근무복과 전투복을 겸하고 있었다.

M1917A1 헬멧
M1910 하버색
카키 코튼 셔츠

《 M1917A1 헬멧 》

《 M1 헬멧 》

M2A1 방독면 케이스

M1910 카트리지 벨트

M1903 소총

《 M1941 울 니트 캡 》

M1938 캔버스 각반

《 M1917 대검 》

M1917 대검

《 M2A1 방독면 케이스 》

US
ARMY SERVICE GAS MASK

《 M1928 하버색 》

《 M1910 구급 파우치 》

M1910 야전삽

《 M1917 리볼버용 홀스터 》

《 M1917 쓰리 포켓 카트리지 파우치 》
M1917 리볼버용 탄을 수납

제2차 대전의 육군 보병 1942~1945년

텐트
M1 헬멧
강철제
울 셔츠를 착용
M1941 필드 재킷을 착용
M1923 카트리지 벨트
M2A1 방독면 케이스
울 바지를 착용
M1938 캔버스 각반
M1 소총
앵클 부츠

《 M1 대검 》

《 M1910 하버색 》
M1917 대검

《 M1942 대검 》

M1910 야전삽

《 앵클 부츠(서비스 슈즈) 》
스웨이드 타입
가죽 타입

《 컴뱃 서비스 슈즈 (투 버클 부츠) 》

《 공수 부츠(패러슈트 점프 부츠) 》

《 정글 부츠 》

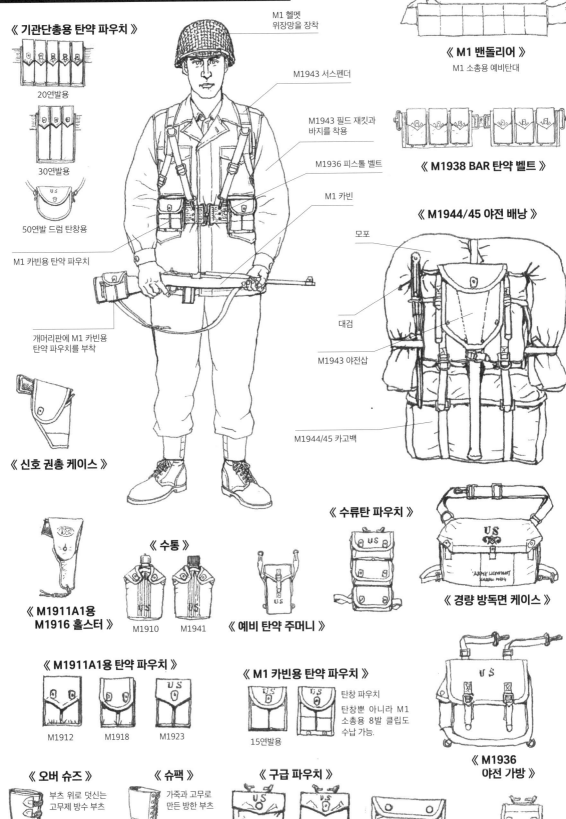

《 기관단총용 탄약 파우치 》

20연발용

30연발용

50연발 드럼 탄창용

M1 카빈용 탄약 파우치

개머리판에 M1 카빈용
탄약 파우치를 부착

《 신호 권총 케이스 》

M1 헬멧
위장망을 장착

M1943 서스펜더

M1943 필드 재킷과
바지를 착용

M1936 피스톨 벨트

M1 카빈

《 M1 밴돌리어 》

M1 소총용 예비탄대

《 M1938 BAR 탄약 벨트 》

《 M1944/45 야전 배낭 》

모포

대검

M1943 야전삽

M1944/45 카고백

《 M1911A1용
M1916 홀스터 》

《 수통 》

M1910   M1941

《 예비 탄약 주머니 》

《 수류탄 파우치 》

《 경량 방독면 케이스 》

ARMY LIGHTWINT
KANAL M54

《 M1911A1용 탄약 파우치 》

M1912   M1918   M1923

《 M1 카빈용 탄약 파우치 》

15연발용

탄창 파우치

탄창뿐 아니라 M1
소총용 8발 클립도
수납 가능.

《 M1936
야전 가방 》

《 오버 슈즈 》

부츠 위로 덧신는
고무제 방수 부츠

《 슈팩 》

가죽과 고무로
만든 방한 부츠

《 구급 파우치 》

미군용으로 만들
어진 영국제 모델   M1942

《 총류탄 조준기
케이스 》

《 컴퍼스 케이스 》

미국 극동 육군

극동 방면 연합군을 지휘할 사령부로 1941년 7월 26일, 미국 극동 육군이 설치됐다. 사령부는 필리핀 마닐라에 위치했고, 사령관으로는 더글러스 맥아더가 소장으로 현역에 복귀했다. 필리핀에 주둔했던 미 육군 장병의 장비는 거의가 제1차 대전의 것으로 미국은 아직 참전할 준비가 되어 있지 않았다. 과달카날 전투 이후의 태평양 전선에서는 입기 편하고 정글전에 적합한 HBT 작업복이 야전복으로 사용됐다.

《 하계/열대용 스타일 장교 》
- 카키 코튼 셔츠
- 카키 코튼 바지

《 대전 초기의 병사 》
- M1917A1 헬멧
- M1917 대검
- M1910 카트리지 벨트
- M1903 소총

《 초기의 장비 》
- M1911 서비스 햇
- M1917A1 헬멧
- M1917 대검
- M1910 하버색
- 수통

《 M1911 서비스 햇(제모) 》

《 방서 헬멧 》

《 M1942 HBT 작업복 》

《 M1943 HBT 작업복 》

《 M1942 HBT 작업복 차림의 병사 》

M1 헬멧은 1941년에 채용되었으나 M1917A1을 대체하게 된 것은 1942년이 되고나서부터였다.

- Mk.2 수류탄
- M1 소총

M1942 HBT 작업복 상의
HBT 작업복은 원피스 스타일로도 만들어졌다.

- M1928 하버색
- M1910 하버색의 개량형
- M1910 야전삽

- M1936 서스펜더
- M1941 수통
- M1943 야전삽

《 M1943 HBT 작업복 차림의 병사 》

- M1943 HBT 작업복 상의
- M1938 BAR 탄약 벨트
- M1923 카트리지 벨트
- M1942 HBT 작업복 바지
- M1943 HBT 작업복 바지
  커다란 카고 포켓이 달려 있다.
- BAR M1918A2

《 육군 전차병 》

- 커버올 스타일 M1943 HBT 작업복을 착용
- M1911A1용 M3 숄더 홀스터
- 전차병 헬멧

M1941 필드 재킷

M1941 필드재킷은 이전까지의 미군 복제 상에 없었던 야전복으로, 1938년에 개발이 시작됐다. 개발 과정에서 디자인은 당시의 민간에서 사용되던 윈드브레이커를 기본으로 삼았다. 1940년에 시제품(M1938)이 만들어져 사단 단위로 평가 시험이 이뤄졌다. 그리고 이를 개량한 모델이 1941년에 채용됐다.

재킷의 등쪽 좌우에는 팔을 움직이기 편하도록 플리츠가 들어갔다.

세운 뭇깃을 여밀 수 있도록 덮개가 부착되어 있다.

신형 전투복으로 등장한 M1941 필드 재킷. 종전 시까지 계속 사용되면서 제2차 대전 미군을 이미지하는 전투복으로 자리잡았다.

좌우 팔뚝에 P와 W라는 문자가 들어간 M1941 필드 재킷. 이것은 전시 포로용으로, M1943 필드 재킷이 채용되면서 잉여품으로 남겨진 것을 포로에게 지급한 것이다.

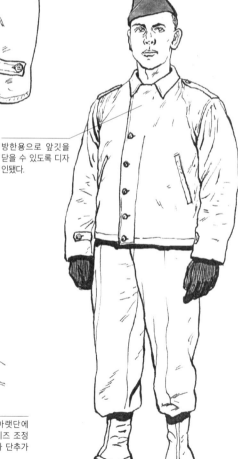

방한용으로 앞깃을 닫을 수 있도록 디자인됐다.

겉감은 코튼 포플린 원단, 안감은 가벼운 울 원단이 사용됐다.

앞 여밈은 지퍼와 단추를 사용한다.

등쪽 아랫단에는 사이즈 조정용 탭과 단추가 있다.

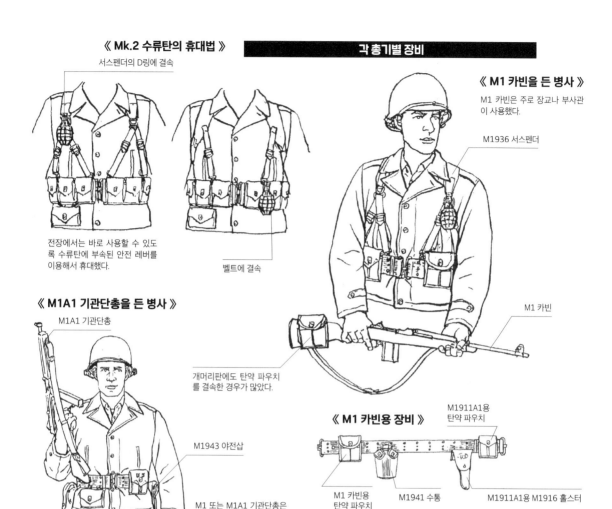

《 Mk.2 수류탄의 휴대법 》

서스펜더의 D링에 결속

전장에서는 바로 사용할 수 있도록 수류탄에 부속된 안전 레버를 이용해서 휴대했다.

벨트에 결속

《 M1 카빈을 든 병사 》

M1 카빈은 주로 장교나 부사관이 사용했다.

M1936 서스펜더

M1 카빈

《 M1A1 기관단총을 든 병사 》

M1A1 기관단총

M1943 야전삽

개머리판에도 탄약 파우치를 결속한 경우가 많았다.

M1 또는 M1A1 기관단총은 소총보다 크기가 작으면서 완전 자동 사격이 가능, 시가전과 같은 근접 전투에 적합한 화기였다.

《 M1 카빈용 장비 》

M1911A1용 탄약 파우치

M1 카빈용 탄약 파우치

M1941 수통

M1911A1용 M1916 홀스터

《 M1 및 M1A1 기관단총용 장비 》

M1911A1용 탄약 파우치

구급 파우치

M1941 수통

기관단총용 20연발 파우치

M1911A1용 M1916 홀스터

《 BAR M1918A2를 든 병사 》

BAR M1918A2는 무겁고 거추장스러웠지만 연사 성능과 많은 장탄수 때문에 병사들의 신뢰를 받는 총기였다.

M1938 BAR 탄약 벨트

BAR M1918A2

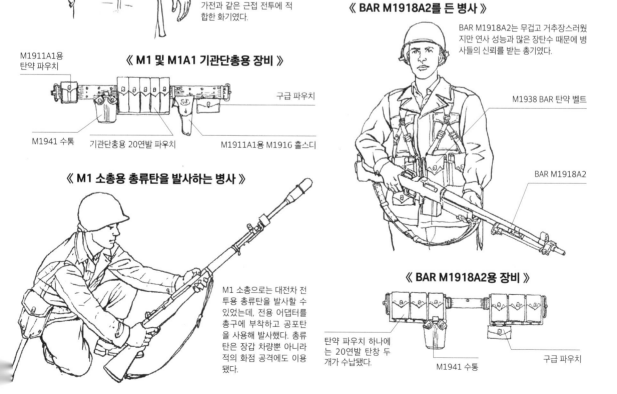

《 M1 소총용 총류탄을 발사하는 병사 》

M1 소총으로는 대전차 전투용 총류탄을 발사할 수 있었는데, 전용 어댑터를 총구에 부착하고 공포탄을 사용해 발사했다. 총류탄은 장갑 차량뿐 아니라 적의 화점 공격에도 이용됐다.

《 BAR M1918A2용 장비 》

탄약 파우치 하나에는 20연발 탄창 두 개가 수납됐다.

M1941 수통

구급 파우치

1944년 후반의 육군 보병

미군은 M1941 필드 재킷보다 야전에 적합한 전투복을 개발, 1943년에 이를 채용했다. 이것이 바로 M1943 필드 재킷으로, 이와 동시에 야전용 바지도 같이 채용됐다. 처음에는 이탈리아 전선의 부대에 지급이 시작됐는데 보급 문제도 있어 종전 무렵까지도 유럽 전선의 모든 미군 장병들에게 지급이 이뤄지지는 못했다.

M1 헬멧

M1943 필드 재킷

M1923 카트리지 벨트

구급 파우치

M1 소총

M1943 서스펜더

M1943 서스펜더

M1941 수통

M1943 야전삽

와이어 커터

M1936 캔버스 각반

앵클 부츠

《 개인 전투 장비 》

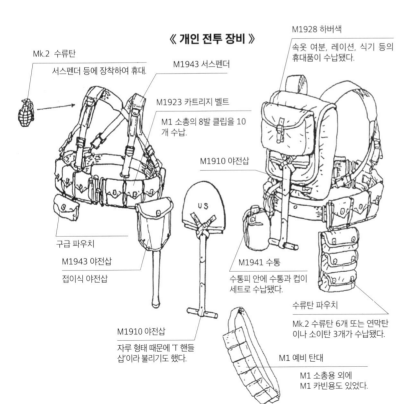

Mk.2 수류탄
서스펜더 등에 장착하여 휴대.

M1943 서스펜더

M1923 카트리지 벨트

M1 소총의 8발 클립을 10개 수납.

M1928 하버색
속옷 여분, 레이션, 식기 등의 휴대품이 수납됐다.

M1910 야전삽

구급 파우치

M1943 야전삽
접이식 야전삽

M1910 야전삽
자루 형태 때문에 'T 핸들 삽'이라 불리기도 했다.

M1941 수통
수통피 안에 수통과 컵이 세트로 수납됐다.

수류탄 파우치
Mk.2 수류탄 6개 또는 연막탄이나 소이탄 3개가 수납됐다.

M1 예비 탄대
M1 소총용 외에
M1 카빈용도 있었다.

《 M1 헬멧 》

강철제로 내피와 외피로 이뤄진 이중 구조. 표면은 빛 반사를 막기 위해 거칠거칠하게 도색됐다.

위장망을 씌운 상태.

《 M1943 필드 재킷 》

M1941 필드재킷보다 좀 더 야전에 적합한 디자인으로 변화했다.

《 오마하 해변에 상륙한 레인저 부대 병사 》

M5 어설트 마스크 백

고무로 만든 방수 방독면 케이스

구명 벨트

어설트 베스트

한쪽 버클을 움직여 사이즈를 조절할 수 있다.

호스 끝부분의 잠금쇠

튜브가 덜 부풀었을 때는 기낭 측면의 호스를 통해 공기를 불어넣을 수 있다.

방수 비닐에 든 M1 소총

《 이중형 구명 벨트 》

기낭이 둘로 나뉜 튜브형 구명 벨트(life preserver belt). 원래는 해군 장비품이었으나 상륙 작전 당시 육군 장병들에게도 지급됐다.

벨트 고정 버클

벨트 끝부분에 CO$_2$ 가스 봄베가 설치되어 있어, 내장된 레버를 누르면 가스가 방출, 벨트를 부풀게 했다.

봄베는 캡을 열고 교환 가능

기낭을 접은 상태

팽창된 상태

기낭의 단면

버클

버클 외에 태브로도 사이즈를 조정할 수 있다.

《 1기낭형 구명 벨트 》

이 모델은 사용자가 호스로 직접 부풀리는 단순한 구조.

바깥쪽

안쪽

장착용 스트랩은 2종의 베리에이션이 있었다.

결속시의 모습

배기 밸브

호스 끝부분의 잠금쇠

고리가 달린 결속용 스트랩

부풀린 모습

《 어설트 베스트를 착용한 병사 》

어설트 베스트는 개인 장비를 하나로 묶어 휴대할 수 있도록 해줬지만 움직이는데 거추장스러웠기에 병사들 사이에서 기피되었고, 상륙 후에는 거의 사용되지 않았다.

《 어설트 베스트 》

베스트의 앞여밈 부분이나 주머니에는 퀵 릴리즈 형식의 태브가 붙어 있어 신속하게 입고 벗거나 주머니를 열 수 있었다.

위쪽 주머니 측면에는 대검용 슬릿이 설치되어 있다.

위쪽 주머니의 플랩에 있는 아일릿(Eyelet)에는 야전삽 등을 결속할 수 있다.

정면에는 상하 4곳에 주머니가 달려 있다. 이 주머니에는 탄약이나 수류탄 등이 수납됐다.

노르망디 상륙작전 당시, 상륙 제1파 부대가 장비했던 어설트 베스트. 영국군의 전술 조끼(Assault Jerkin)를 바탕으로 개발됐다.

《 오버 코트 차림 병사 》

겨울철에는 겨울용 내의와 울 셔츠, 스웨터, 필드 재킷을 겹쳐 입은 위에 오버 코트를 착용했다.

- 울 머플러
- M1943 서스펜더
- 장갑
- M1923 카트리지 벨트
- 구급 파우치
- 병/부사관용 M1942 오버 코트
- M1 소총
- 오버 슈즈

《 M1943 필드 재킷을 입은 병사 》

M1943 필드 재킷은 전투복으로 시스템화되어 있어, 전용 방한 라이너가 준비되었으나, 보급 등의 문제로 인해 최전선의 장병들에게는 거의 지급되지 못했다.

- 위장 그물을 씌운 M1 헬멧
- 울 머플러
- M1943 서스펜더
- 방한 장갑
- M1A1 기관단총
- 방한 후드
- M1943 필드 재킷
- 경량 방독면 케이스

《 M1941 니트캡 》

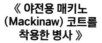

일명 '지프캡(Jeep cap)'이라 불리며 병사들의 사랑을 받았다.

《 설상 위장복을 입은 병사 》

설상 위장복은 산악 부대용으로 지급되었기에 보병 부대에선 거의 사용되지 않았다.

- 산악 및 스키용 양면 파카를 사용.
- M1943 서스펜더
- M1923 카트리지 벨트
- 소총에도 하얀 천을 감아 위장했다.
- 본격적인 실상용 방한 부츠인 슈팩이 지급된 것은 1945년에 들어서 부터였다.

M1943 필드 재킷은 탈착식 후드도 부착 가능. 후드는 목깃과 견장대(epaulet)를 이용해 고정된다.

많은 병사들이 경량 방독면 케이스를 잡낭으로 이용했다.

- 기관단총용 탄약 파우치
- M1941 수통
- M1943 야전삽

《 야전용 매키노 (Mackinaw) 코트를 착용한 병사 》

《 레인 코트를 착용한 병사 》

《 시트를 이용한 동계 장비 》

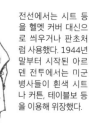

전선에서는 시트 등을 헬멧 커버 대신으로 씌우거나 판초처럼 사용했다. 1944년 말부터 시작된 아르덴 전투에서는 미군 병사들이 흰색 시트나 커튼, 테이블보 등을 이용해 위장했다.

전차병

미군에서는 기갑 부대 등의 차량 승무원에게 탱커 재킷과 탱커 트라우저스를 지급했다. 방한 기능을 갖춘
이 재킷과 바지는 전차병뿐만 아니라 다른 부대에서도 인기를 끌어 많은 장병들이 이를 착용했다.

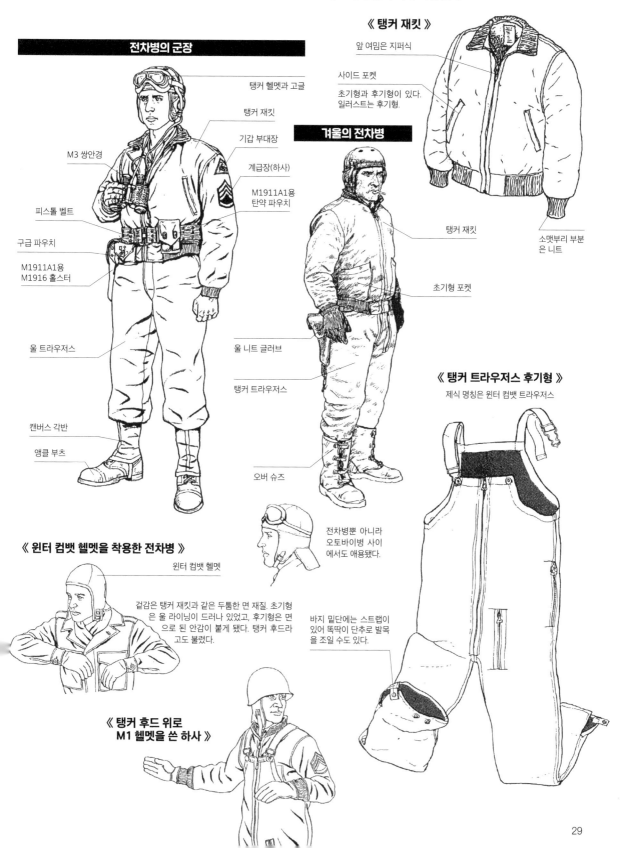

전차병의 군장

- 탱커 헬멧과 고글
- 탱커 재킷
- 기갑 부대장
- 계급장(하사)
- M1911A1용 탄약 파우치
- M3 쌍안경
- 피스톨 벨트
- 구급 파우치
- M1911A1용 M1916 홀스터
- 울 트라우저스
- 캔버스 각반
- 앵클 부츠

《 탱커 재킷 》

- 앞 여밈은 지퍼식
- 사이드 포켓
- 초기형과 후기형이 있다. 일러스트는 후기형.
- 소맷부리 부분은 니트

겨울의 전차병

- 탱커 재킷
- 초기형 포켓
- 울 니트 글러브
- 탱커 트라우저스
- 오버 슈즈

전차병뿐 아니라 오토바이병 사이에서도 애용됐다.

《 탱커 트라우저스 후기형 》

제식 명칭은 윈터 컴뱃 트라우저스

바지 밑단에는 스트랩이 있어 똑딱이 단추로 발목을 조일 수도 있다.

《 윈터 컴뱃 헬멧을 착용한 전차병 》

윈터 컴뱃 헬멧

겉감은 탱커 재킷과 같은 두툼한 면 재질. 초기형은 울 라이닝이 드러나 있었고, 후기형은 면으로 된 안감이 붙게 됐다. 탱커 후드라고도 불렀다.

《 탱커 후드 위로 M1 헬멧을 쓴 하사 》

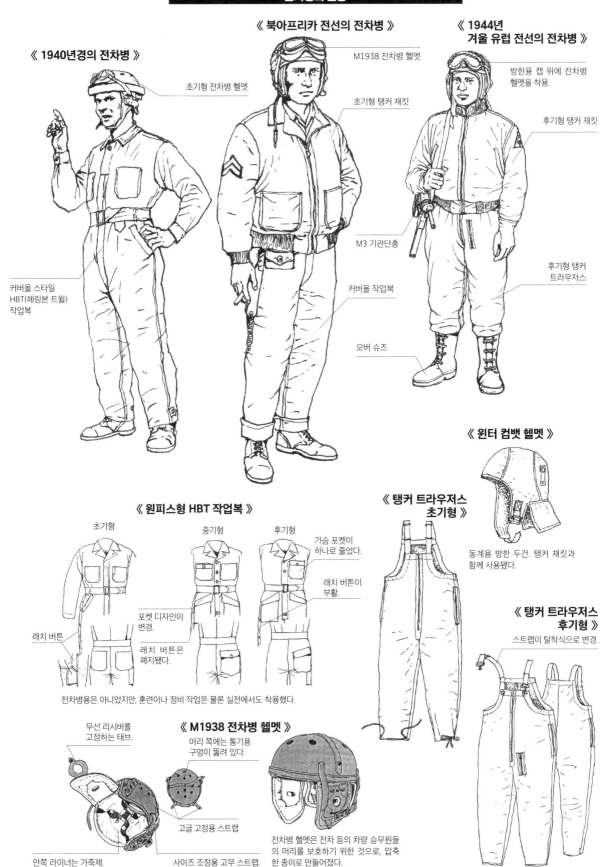

《 1940년경의 전차병 》

초기형 전차병 헬멧

커버올 스타일
HBT(헤링본 트윌)
작업복

《 북아프리카 전선의 전차병 》

M1938 전차병 헬멧

초기형 탱커 재킷

M3 기관단총

커버올 작업복

《 1944년
겨울 유럽 전선의 전차병 》

방한용 캡 위에 전차병
헬멧을 착용.

후기형 탱커 재킷

후기형 탱커
트라우저스

오버 슈즈

《 원피스형 HBT 작업복 》

초기형   중기형   후기형

가슴 포켓이
하나로 줄었다.

래치 버튼이
부활.

포켓 디자인이
변경.

래치 버튼은
폐지됐다.

래치 버튼

전차병용은 아니지만, 훈련이나 정비 작업은 물론 실전에서도 착용했다.

《 윈터 컴뱃 헬멧 》

《 탱커 트라우저스
초기형 》

동계용 방한 두건. 탱커 재킷과
함께 사용됐다.

《 탱커 트라우저스
후기형 》

스트랩이 탈착식으로 변경.

《 M1938 전차병 헬멧 》

무선 리시버를
고정하는 태브.

머리 쪽에는 통기용
구멍이 뚫려 있다.

고글 고정용 스트랩

안쪽 라이너는 가죽제.

사이즈 조정용 고무 스트랩.

전차병 헬멧은 전차 등의 차량 승무원들
의 머리를 보호하기 위한 것으로, 압축
한 종이로 만들어졌다.

《 탱커 재킷 》

제식 명칭은 윈터 컴뱃 재킷. 차량 승무원들의 차내 활동성을 고려하여 디자인됐다. 기갑 이외 병과의 장병들도 애용했다.

초기형

포켓이 슬릿형으로 변경됐다.

후기형

안감은 울 블랭킷 라이닝.

초기형은 패치 포켓 스타일이었다.

탱커 재킷의 착용례

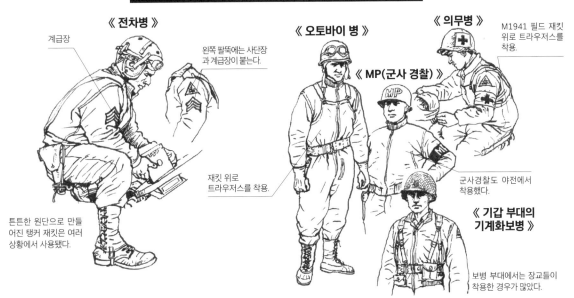

《 전차병 》

계급장

왼쪽 팔뚝에는 사단장과 계급장이 붙는다.

재킷 위로 트라우저스를 착용.

튼튼한 원단으로 만들어진 탱커 재킷은 여러 상황에서 사용됐다.

《 오토바이 병 》

《 의무병 》

M1941 필드 재킷 위로 트라우저스를 착용.

《 MP(군사 경찰) 》

군사경찰도 야전에서 착용했다.

《 기갑 부대의 기계화보병 》

보병 부대에서는 장교들이 착용한 경우가 많았다.

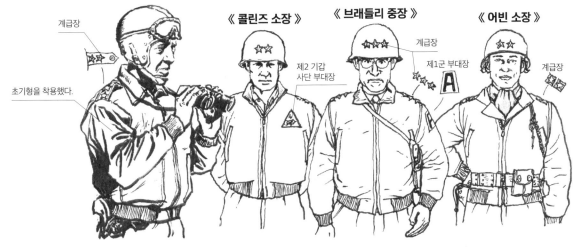

《 미국 본토에서 훈련 중인 패튼 소장 》

계급장

초기형을 착용했다.

《 콜린즈 소장 》

제2 기갑 사단 부대장

《 브래들리 중장 》

계급장

제1군 부대장

《 어빈 소장 》

계급장

공수부대원

미군이 처음으로 강하작전을 수행한 것은 1944년 6월 6일에 실시된 노르망디 상륙작전 당시의 일이다. 공수부대는 상륙부대의 지원 및 내륙 진공 루트의 확보를 위해 상륙부대에 앞서 적지로 강하했다. 작전 시에는 장비, 화기, 물자 등을 최대한(약 30~100kg) 몸에 달고 강하하기에 이를 위해 공수부대 전용의 의복과 장비가 다수 개발됐다.

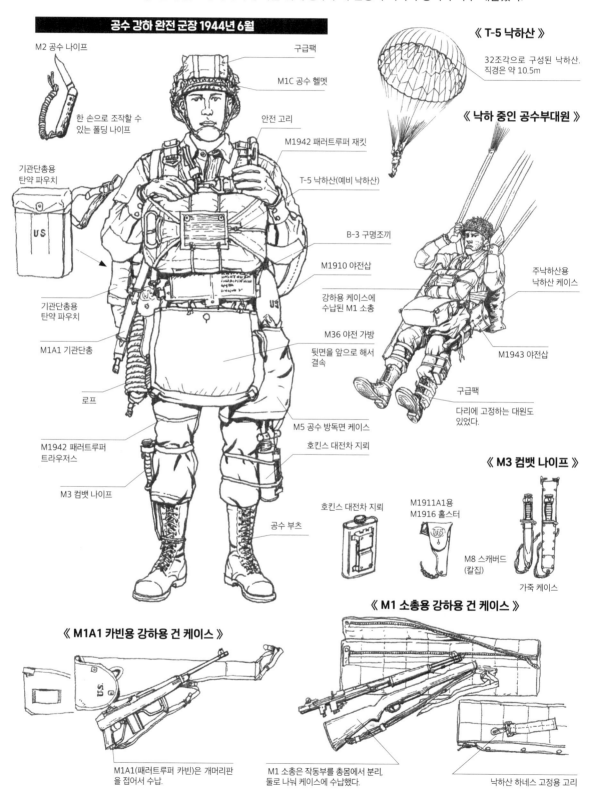

공수 강하 완전 군장 1944년 6월

M2 공수 나이프
한 손으로 조작할 수 있는 폴딩 나이프
기관단총용 탄약 파우치
기관단총용 탄약 파우치
M1A1 기관단총
로프
M1942 패러트루퍼 트라우저스
M3 컴뱃 나이프

구급팩
M1C 공수 헬멧
안전 고리
M1942 패러트루퍼 재킷
T-5 낙하산(예비 낙하산)
B-3 구명조끼
M1910 야전삽
강하용 케이스에 수납된 M1 소총
M36 야전 가방
뒷면을 앞으로 해서 결속
M5 공수 방독면 케이스
호킨스 대전차 지뢰
공수 부츠

《 T-5 낙하산 》
32조각으로 구성된 낙하산.
직경은 약 10.5m

《 낙하 중인 공수부대원 》
주낙하산용 낙하산 케이스
M1943 야전삽
구급팩
다리에 고정하는 대원도 있었다.

《 M3 컴뱃 나이프 》
호킨스 대전차 지뢰
M1911A1용 M1916 홀스터
M8 스캐버드 (칼집)
가죽 케이스

《 M1 소총용 강하용 건 케이스 》
《 M1A1 카빈용 강하용 건 케이스 》
M1A1(패러트루퍼 카빈)은 개머리판을 접어서 수납.
M1 소총은 작동부를 총몸에서 분리, 둘로 나눠 케이스에 수납했다.
낙하산 하네스 고정용 고리

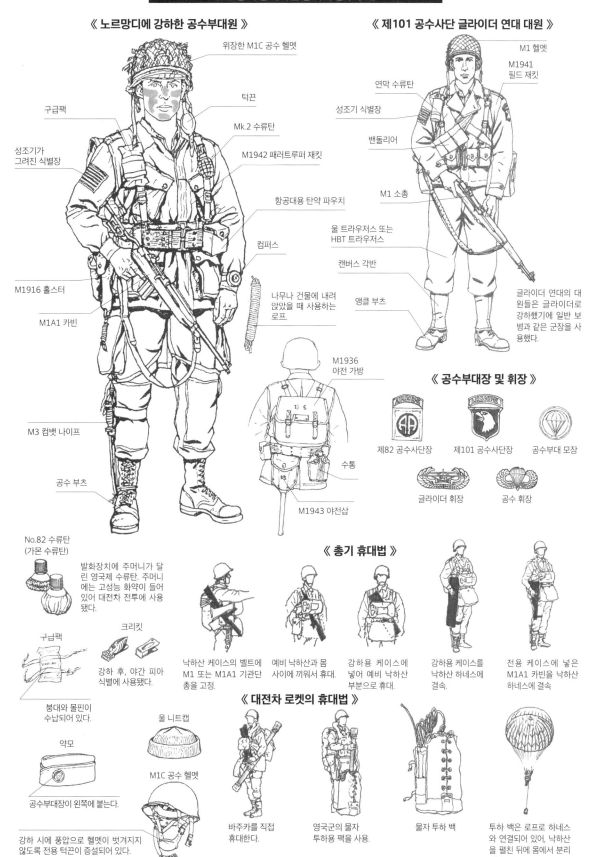

《 노르망디에 강하한 공수부대원 》

위장한 M1C 공수 헬멧
턱끈
Mk.2 수류탄
M1942 패러트루퍼 재킷
항공대용 탄약 파우치
컴퍼스
구급팩
성조기가 그려진 식별장
M1916 홀스터
M1A1 카빈
M3 컴뱃 나이프
공수 부츠

나무나 건물에 내려 앉았을 때 사용하는 로프.

《 제101 공수사단 글라이더 연대 대원 》

M1 헬멧
M1941 필드 재킷
연막 수류탄
성조기 식별장
밴돌리어
M1 소총
울 트라우저스 또는 HBT 트라우저스
캔버스 각반
앵클 부츠

글라이더 연대의 대원들은 글라이더로 강하했기에 일반 보병과 같은 군장을 사용했다.

M1936 야전 가방
수통
M1943 야전삽

《 공수부대장 및 휘장 》

제82 공수사단장   제101 공수사단장   공수부대 모장

글라이더 휘장   공수 휘장

No.82 수류탄 (가몬 수류탄)
발화장치에 주머니가 달린 영국제 수류탄. 주머니에는 고성능 화약이 들어있어 대전차 전투에 사용됐다.

크리킷
강하 후, 야간 피아 식별에 사용됐다.

구급팩
붕대와 몰핀이 수납되어 있다.

약모
공수부대장이 왼쪽에 붙는다.

울 니트캡

M1C 공수 헬멧
강하 시에 풍압으로 헬멧이 벗겨지지 않도록 전용 턱끈이 증설되어 있다.

《 총기 휴대법 》

낙하산 케이스의 벨트에 M1 또는 M1A1 기관총을 고정.

예비 낙하산과 몸 사이에 끼워서 휴대.

강하용 케이스에 넣어 예비 낙하산 부분으로 휴대.

강하용 케이스를 낙하산 하네스에 결속.

전용 케이스에 넣은 M1A1 카빈을 낙하산 하네스에 결속

《 대전차 로켓의 휴대법 》

바주카를 직접 휴대한다.

영국군의 물자 투하용 팩을 사용.

물자 투하 백

투하 백은 로프로 하네스와 연결되어 있어, 낙하산을 펼친 뒤에 몸에서 분리됐다.

《 M1942 공수복 》

가슴 포켓을 개량.

벨트를 변경

《 공수복 시제품 》

1941년에 시범 제작된 투피스 방식의 공수부대용 전투복. 수집가들 사이에서는 M1941 공수복이라 불리고 있다.

양쪽의 카고 포켓을 대형화.

《 M1942 공수복의 등 부분 》

재킷 아래로 의복을 받쳐 입었을 때, 활동에 방해가 되지 않도록 등 중앙과 좌우로 플리츠가 들어가 있다.

《 M1943 강하용 야전 바지 》

증설된 카고 포켓.

카고 포켓에 물건을 수납했을 때에 사용하는 고정용 스트랩을 추가.

무릎은 천을 덧대어 보강.

시제품(M1941 공수복)을 개량해서 채용된 공수복. 재킷과 바지 포켓의 플랩을 크게 만들고 플리츠를 증설하여 수납 용량을 크게 늘렸다.

《 M1943 필드 재킷 》

특수 피복을 폐지하고자 한 미군에서는 M1943 필드 재킷을 전군 공통의 야전복으로 정했다. 그래서 공수부대도 전용 강하복 대신 M1943 필드 재킷을 사용하게 됐다.

M1943 야전 바지에는 카고 포켓이 붙어 있지 않았기에 공수부대에서는 지급받은 바지에 부대단위로 포켓을 추가하는 등의 개조를 실시했다.

해병대원

제2차 대전(태평양 전쟁) 개전 시의 미군은 아직 완전히 전쟁 준비가 되어 있지 않은 상태였다. 육군과 마찬가지로 해병대의 복장 및 장비는 제1차 대전 당시의 것과 거의 다를 바가 없었지만 차차 장비가 갱신되면서 육군과는 다른 해병대의 독자적인 피복을 개발, 사용했다.

태평양 전쟁 초기의 해병대원 1941~1942년

태평양 전쟁 개전 당시, 해병대는 하와이, 미드웨이, 웨이크섬, 필리핀 등에 배치되어 있었다. 모두가 열대 지역이었기에 하계 복장인 해병대 카키 코튼 유니폼을 착용했는데, 착용한 장비는 모두가 대전 이전에 채용된 것이었다.

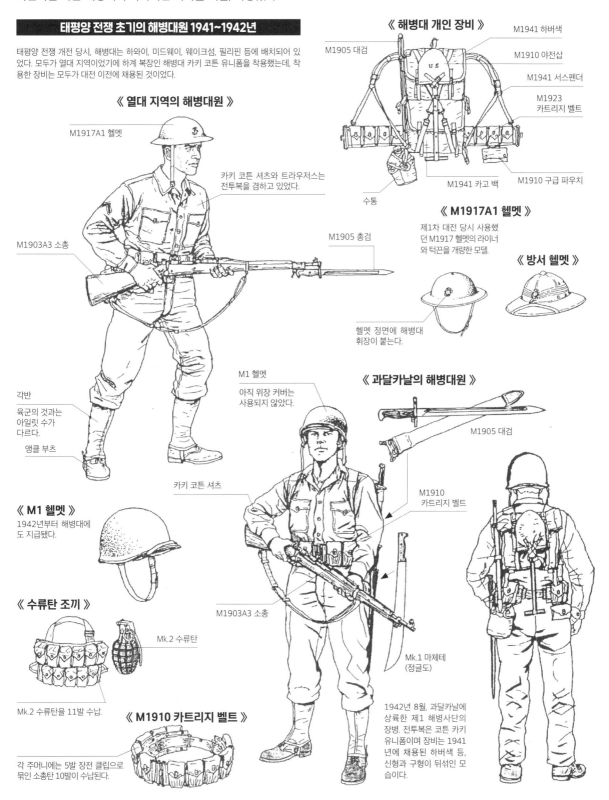

《 열대 지역의 해병대원 》

M1917A1 헬멧

카키 코튼 셔츠와 트라우저스는 전투복을 겸하고 있었다.

M1903A3 소총

M1905 총검

각반
육군의 것과는 아일릿 수가 다르다.

앵클 부츠

《 해병대 개인 장비 》

M1905 대검

M1941 하버색

M1910 야전삽

M1941 서스펜더

M1923 카트리지 벨트

M1941 카고 백

M1910 구급 파우치

수통

《 M1917A1 헬멧 》

제1차 대전 당시 사용했던 M1917 헬멧의 라이너와 턱끈을 개량한 모델.

《 방서 헬멧 》

헬멧 정면에 해병대 휘장이 붙는다.

《 M1 헬멧 》

1942년부터 해병대에도 지급됐다.

《 수류탄 조끼 》

Mk.2 수류탄

Mk.2 수류탄을 11발 수납.

《 M1910 카트리지 벨트 》

각 주머니에는 5발 장전 클립으로 묶인 소총탄 10발이 수납된다.

M1 헬멧
아직 위장 커버는 사용되지 않았다.

《 과달카날의 해병대원 》

M1905 대검

M1910 카트리지 벨트

카키 코튼 셔츠

M1903A3 소총

Mk.1 마체테 (정글도)

1942년 8월, 과달카날에 상륙한 제1 해병사단의 장병. 전투복은 코튼 카키 유니폼이며 장비는 1941년에 채용된 하버색 등, 신형과 구형이 뒤섞인 모습이다.

태평양 전쟁의 해병대원 1943~1945년

과달카날 전투에서 승리한 태평양 전선의 미군은 1943년부터 공세에 들어갔다. M1 소총이 보급되고 전투복으로 HBT 작업복이 지급되면서 야전 장비도 한층 실전적으로 변해 갔다.

《 해병대원의 위장 커버 씌운 헬멧 》

실전에서 헬멧용 위장 커버가 사용된 것은 1943년 11월 타라와 상륙 작전부터였다.

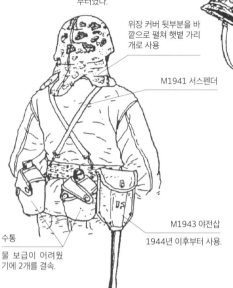

위장 커버 뒷부분을 바깥으로 펼쳐 햇볕 가리개로 사용

M1941 서스펜더

M1943 야전삽
1944년 이후부터 사용.

수통
물 보급이 어려웠기에 2개를 결속.

《 P1941 HBT작업복과 바지를 착용한 해병대원 》

위장 커버를 씌운 M1 헬멧

M1941 서스펜더

P1941 HBT 작업복

M1923 카트리지 벨트

구급 파우치

M1 소총

P1941 HBT 트라우저스

《 P1941 HBT 셔츠 》

해병대의 작업복으로, 육군과는 디자인과 색 모두 달랐다. 태평양 전선에서는 전투복으로 사용됐는데, 가슴 포켓에는 해병대 휘장이 찍혀 있었다.

《 HBT 작업모 》

HBT 햇

HBT 캡

'데이지 메이 햇'이라 불렸다. 작업이나 훈련 시에 착용.

정면에 해병대 휘장이 찍혀 있다. 전장에서는 이 모자 위에 헬멧을 착용한 병사도 많았다.

《 컴뱃 나이프 》

해병대원 사이에서는 'Ka-Bar'라는 애칭으로 불렸다.

《 수통 》

크로스 플랩 방식 수통 커버는 해병대의 특징적인 장비 중 하나. 수통 본체는 육군과 같은 것을 사용했다.

《 구급 키트 》

US

열대 정글에서 활동했기에 붕대뿐 아니라 정제수, 소독약, 립 크림 등도 같이 들어 있었다.

《 M1941 서스펜더 》

서스펜더도 해병대 독자 장비. 스트레이트 타입으로 하버색의 고정에도 사용했다.

《 정글 부츠 》

육군이 1942년에 채용한 캔버스 원단과 고무제 부츠. 해병대에서는 일부 부대에서 시험 사용했다.

《 P1941 HBT 트라우저스 》

상의와 같은 원단을 사용한 바지. 주머니는 앞뒤로 각 2개 있었다.

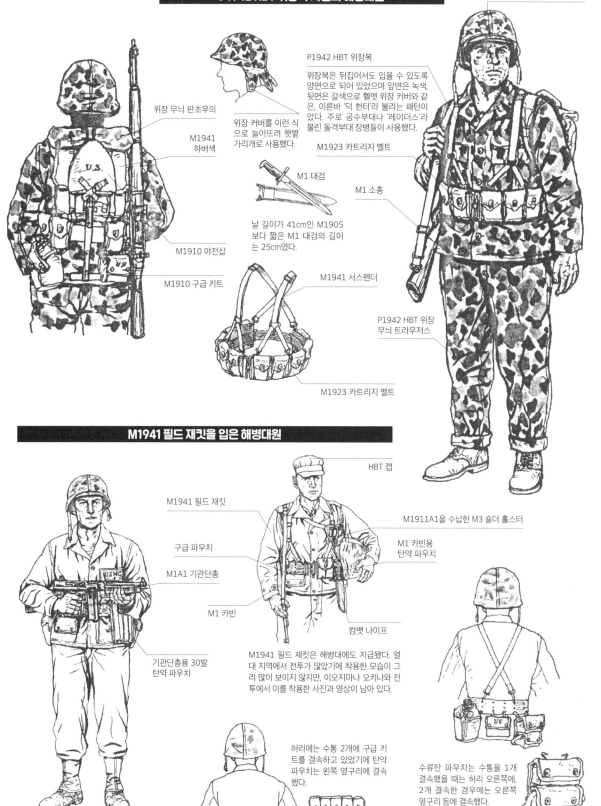

P1942 HBT 위장복 차림의 해병대원

위장 커버를 씌운 M1 헬멧

위장 무늬 판초우의

위장 커버를 이런 식으로 늘어뜨려 햇볕 가리개로 사용했다.

P1942 HBT 위장복
위장복은 뒤집어서도 입을 수 있도록 양면으로 되어 있었으며 앞면은 녹색, 뒷면은 갈색으로 헬멧 위장 커버와 같은, 이른바 '덕 헌터'라 불리는 패턴이었다. 주로 공수부대나 '레이더스'라 불린 돌격부대 장병들이 사용했다.

M1941 하버색

M1923 카트리지 벨트

M1 대검

M1 소총

날 길이가 41cm인 M1905보다 짧은 M1 대검의 길이는 25cm였다.

M1910 야전삽

M1910 구급 키트

M1941 서스펜더

M1923 카트리지 벨트

P1942 HBT 위장 무늬 트라우저스

M1941 필드 재킷을 입은 해병대원

HBT 캡

M1941 필드 재킷

M1911A1을 수납한 M3 숄더 홀스터

구급 파우치

M1 카빈용 탄약 파우치

M1A1 기관단총

M1 카빈

컴뱃 나이프

기관단총용 30발 탄약 파우치

M1941 필드 재킷은 해병대에도 지급됐다. 열대 지역에서 전투가 많았기에 착용한 모습이 그리 많이 보이지 않지만, 이오지마나 오키나와 전투에서 이를 착용한 사진과 영상이 남아 있다.

해병대는 M1928A1 기관단총과 M1A1 기관단총을 사용했다. 탄약 파우치는 육군과 같은 20연발 외에 해병대 독자품인 30연발 탄약 파우치를 사용했다.

허리에는 수통 2개에 구급 키트를 결속하고 있었기에 탄약 파우치는 왼쪽 옆구리에 결속했다.

수류탄 파우치는 수통을 1개 결속했을 때는 허리 오른쪽에, 2개 결속한 경우에는 오른쪽 옆구리 등에 결속했다.

수류탄 파우치

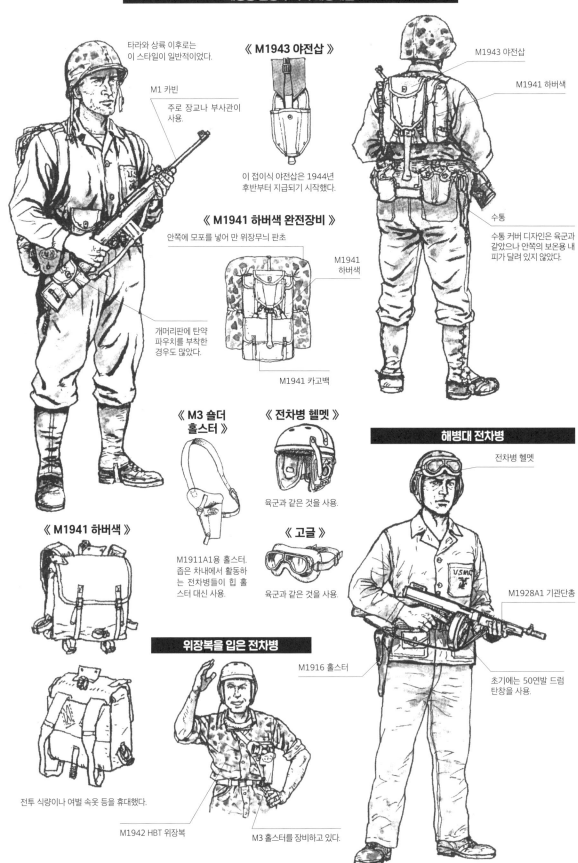

타라와 상륙 이후로는 이 스타일이 일반적이었다.

M1 카빈
주로 장교나 부사관이 사용.

《 M1943 야전삽 》
이 접이식 야전삽은 1944년 후반부터 지급되기 시작했다.

《 M1941 하버색 완전장비 》
안쪽에 모포를 넣어 만 위장무늬 판초
M1941 하버색
M1941 카고백

개머리판에 탄약 파우치를 부착한 경우도 많았다.

M1943 야전삽
M1941 하버색
수통
수통 커버 디자인은 육군과 같았으나 안쪽의 보온용 내피가 달려 있지 않았다.

《 M3 숄더 홀스터 》
M1911A1용 홀스터. 좁은 차내에서 활동하는 전차병들이 힙 홀스터 대신 사용.

《 전차병 헬멧 》
육군과 같은 것을 사용.

《 고글 》
육군과 같은 것을 사용.

해병대 전차병
전차병 헬멧
M1928A1 기관단총
초기에는 50연발 드럼 탄창을 사용.

《 M1941 하버색 》
전투 식량이나 여벌 속옷 등을 휴대했다.

위장복을 입은 전차병
M1916 홀스터
M1942 HBT 위장복
M3 홀스터를 장비하고 있다.

M1917A1 헬멧

제1차 대전 당시 사용한 M1917 헬멧을 1939년에 개량한 헬멧. 라이너를 바꾸면서 턱끈도 가죽에서 고무제로 변경됐다.

M1 헬멧

M1 헬멧은 M1917A1를 대체하고자 1941년 6월에 채용됐다. 이전까지의 냄비형 헬멧과 비교해 머리 방어력을 높일 수 있도록 둥근 모양으로 디자인됐고, 이로 인해 '스틸팟(쇠솥)'이라 불렸다.

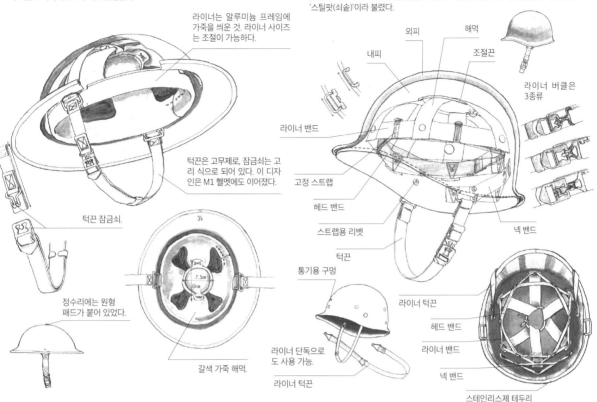

라이너는 알루미늄 프레임에 가죽을 씌운 것. 라이너 사이즈는 조절이 가능하다.

턱끈은 고무제로, 잠금쇠는 고리 식으로 되어 있다. 이 디자인은 M1 헬멧에도 이어졌다.

턱끈 잠금쇠.

정수리에는 원형 패드가 붙어 있었다.

갈색 가죽 해먹.

외피

해먹

내피

조절끈

라이너 버클은 3종류

라이너 밴드

고정 스트랩

헤드 밴드

스트랩용 리벳

턱끈

통기용 구멍

라이너 단독으로도 사용 가능.

라이너 턱끈

라이너 턱끈

헤드 밴드

라이너 밴드

넥 밴드

넥 밴드

스테인리스제 테두리

헬멧의 마킹

계급장

중장

대령

대위

병장

사관 후보생

준사관 후보생

위생병

적십자 마크의 베리에이션

부대 마크

제327 글라이더 보병 연대

제509 공수 보병 대대

제501 공수 연대

제502 공수 연대

제506 공수 연대

제321 글라이더 보병 대대

제377 공수 보병 대대

제907 공수 포병 대대

제463 포병 대대

사령부 직속 포병

제81 대공포 대대

사단 정찰 소대

사단 사령부 통신대

제426 보급 중대

제801 병기 중대

제326 공병 대대

제326 위생 중대

제187 강하 연대 전투단 제3 대대

제551 공수 보병 대대

제505 공수 보병 대대

제502 공수 보병 연대

부대 마크

제3 보병 사단

제1 보병 사단

제29 보병 사단

제90 보병 사단(대위)

제2 레인저 대대

계급 식별 마크

장교

부사관

MP

육군의 정복

해병대의 정복

《 장교용 정복 》

1939년에 제정된 장교용 정복. 병/부사관용 정복보다 좀 더 진한 카키색이었기에 '초콜릿'이라 불리기도 했다. 바지는 재킷과 같은 색 외에 '핑크 트라우저스'라 불린 베이지 색까지 2종류가 있었다.

《 WAC 장교용 정복 》

육군 여군 부대의 장교용 정복은 남성용과 같은 색 원단을 사용했다. 1944년에는 단추가 플라스틱에서 황동으로 재질이 변경됐다.

《 울 필드 재킷 》

'아이크 재킷'이라는 애칭으로 유명한 이 재킷은 원래 동계 야전복으로 채용됐던 것이다. 하지만 장교들이 후방에서 착용하는 것을 선호했기에 원래의 용도와 달리 일종의 약식 정복으로 사용됐다.

《 블루 드레스를 입은 해병대원 》

해병대의 예식용 정복. 재킷은 싱글 브레스트에 스탠딩 칼라 스타일. 장교용은 단추가 4개, 병/부사관용은 6개 달려 있었다.

미 육군의 계급장

〔모장〕 장교

〔모장〕 부사관/병

〔장교〕

〔부사관〕

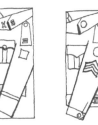

〔견장〕

| 원수 | 대장 | 중장 | 소장 | 준장 | 대령 | 중령 (은색) | 소령 (금색) | 대위 | 중위 | 소위 (은색) (금색) | 1등 준위 | 2등 준위 |

〔완장〕

| 상사 | 선임 상사 | 중사 | 하사 | 3급 기술병 | 병장 | 4급 기술병 | 상병 | 5급 기술병 | 일병 |

미 해병대의 계급장

〔모장〕

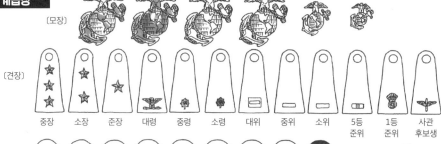

〔견장〕

| 중장 | 소장 | 준장 | 대령 | 중령 | 소령 | 대위 | 중위 | 소위 | 5등 준위 | 1등 준위 | 사관 후보생 |

〔완장〕

| 상급 상사 | 상사 | 1등 중사 | 기능 중사 | 소대 선임 중사 | 2등 중사 | 병장 | 상병 | 일병 |

해군 항공기 승무원장

해군 파일럿장

육군 항공대의 항공기 승무원

미 육군 항공대의 승무원에게는 비행 중의 혹독한 환경에서 임무를 수
행하고 적의 공격으로부터 몸을 보호하기 위한 장비가 준비됐다.

《 50 미션 크러시 캡 》

모자를 쓴 위로 헤드셋
을 착용하기 때문에 일
부러 구긴 모습의 정모.
임무를 50회 완수했음
을 나타내는 증표이기
도 했다.

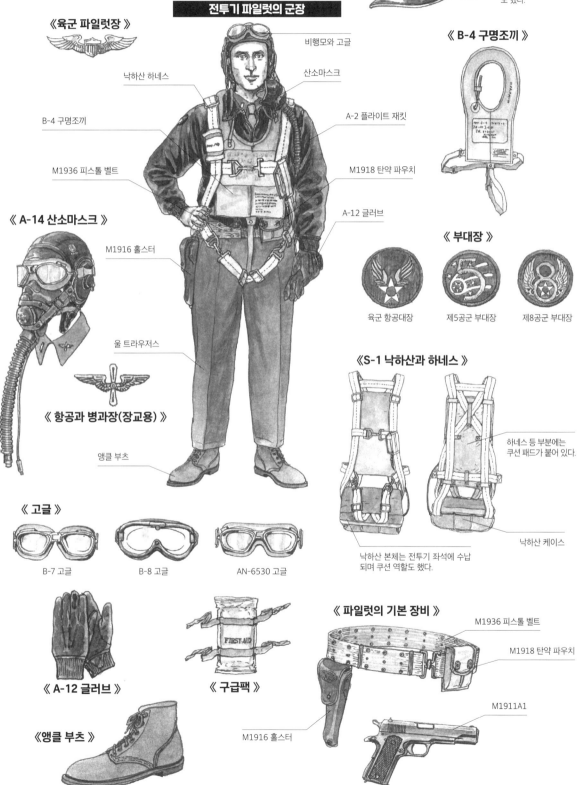

《 육군 파일럿장 》

전투기 파일럿의 군장

비행모와 고글

낙하산 하네스

산소마스크

B-4 구명조끼

A-2 플라이트 재킷

M1936 피스톨 벨트

M1918 탄약 파우치

A-12 글러브

《 A-14 산소마스크 》

M1916 홀스터

울 트라우저스

《 항공과 병과장(장교용) 》

앵클 부츠

《 B-4 구명조끼 》

《 부대장 》

육군 항공대장

제5공군 부대장

제8공군 부대장

《 S-1 낙하산과 하네스 》

하네스 등 부분에는
쿠션 패드가 붙어 있다.

낙하산 케이스

낙하산 본체는 전투기 좌석에 수납
되며 쿠션 역할도 했다.

《 고글 》

B-7 고글

B-8 고글

AN-6530 고글

《 A-12 글러브 》

《 구급팩 》

《 파일럿의 기본 장비 》

M1936 피스톨 벨트

M1918 탄약 파우치

《 앵클 부츠 》

M1916 홀스터

M1911A1

유럽 전선의 폭격기 승무원

기압과 기온이 낮은 고고도를 비행하기에 이 정도 장비는 필수였다.

B-2 캡

A-3 낙하산 하네스

B-4 구명조끼

A-9A 글러브

B-3 재킷

A-3 트라우저스

A-3 체스트 타입 낙하산

A-6 슈즈

B-3 재킷을 입은 파일럿(대위)

크러시 캡

폭격기 파일럿은 비행 중에 비행모보다는 정모를 쓰는 쪽을 선호했다.

《 폭격기 승무원의 캡 》

B-1 캡(하계용)

B-2 캡(동계용)

《폭격기나 수송기 등에서 쓰인 무전용 장비 》

T-30-V 성대 마이크

HS-38 헤드셋

《 승무원용 헬멧 》

M3 비행 헬멧

M4 비행 헬멧

《 A-9A 글러브(동계용) 》

《 A-8 산소마스크 》

《 B-6 비행모 (동계용) 》

《 A-3 트라우저스 (동계용) 》

《 A-10 산소마스크 》

《 파일럿 슈즈 》

A-6 슈즈

A-6A 슈즈

폭격기의 기관총수

승무원을 대공포탄 파편 등으로부터 보호하기 위한 방탄조끼도 지급됐다.

M1 풀 아머 베스트

M4 아머 에이프런

해군 항공대의 항공기 승무원

태평양 전선에서는 열대 지역에서의 작전 행동이 많았기에 파일럿의
군장은 유럽 전선에 비해 비교적 가벼운 차림이었다.

태평양 전선의 해군 파일럿

AN-6530 고글

M450 비행모

낙하산 하네스

M6682 비행복

Mk.1 나이프

B-3 구명조끼

앵클 부츠

《 B-3 구명조끼 》

CO₂ 가스로
부풀리는 구명조끼.

착수한 다음 위치를
알리는 착색제

《 M450 비행모와
AN-6530 고글 》

비행모는 해군의 하계용이며
고글은 육군과 같은 모델.

《 AN-H-15 비행모와
A-13 산소마스크 》

비행모는 하계용
카키 코튼제.

《 S-1 낙하산 》

하네스

서바이벌 키트

낙하산 케이스

《 M3 숄더
홀스터 》

숄더 스트랩

예비탄용 루프

《 M6682 비행복 》

《 해군 파일럿의 모자 》

사관용 정모

약모

N-3 HBT 캡

《 S&W 밀리터리 폴리스
리볼버 빅토리 모델 》

《 Mk.1 나이프 》

카키 코튼제 하계용 비행복

해군

《 사관용 정모 》

《 사격 관제관 》
통신용 헤드셋과 마이크로폰
구명조끼

사격 관제관은 '토커'라고 불렸으며 대공포 및 대공 기관포를 통제했다.

《 N1 덱 재킷을 착용한 갑판원 》
수병용 작업모
N1 덱 재킷
두툼한 코튼 원단으로 만들어진 방한용 재킷. 목깃과 안쪽에는 털이 덧대어져 있다.

《 카키 섬머 셔츠와 트라우저스를 착용한 사관 》

《 사관용 약모 》
계급장이 붙는다.

오른손에 든 깃발로 이함 신호를 보낸다.

갑판 작업모

《 항모의 이함 사관 》
황색 셔츠를 착용

《 갑판 작업모 》
비행모와 비슷한 디자인. 이 모자도 직별에 따라 색이 나뉘어 있다.

갑판 작업모

《 갑판 작업원 》
비행갑판에서 작업을 실시할 때, 각 직별을 식별할 수 있도록 작업원의 셔츠는 색이 구분되어 있다.
구명 벨트

《 수병용 작업모 》
테두리를 내릴 수도 있도록 되어 있다.

《 MI-2454-B 헤드셋 》
통신용 헤드폰과 마이크 세트.
헤드폰
마이크
관내 통신 박스에 접속하여 사용.
Mk. II 토커즈 헬멧

《 함상의 통신원 》
MI-2454-B 헤드셋
구명조끼

던거리(Dungaree) 유니폼

《 수병의 표준적인 작업 스타일 》

《 해군에서 사용된 헬멧 》
M1917A1 헬멧
함상에서는 미드웨이 해전 무렵까지 사용됐다.

M1 헬멧

Mk. II 토커즈 헬멧
통신병용 헬멧

《 사관 》

단추는 금색 6개.

계급장은 소매에 들어간다.

서비스드레스 블루. 사관, 준사관용 동계 근무복을 착용.

부사관 정모. 톱이 흰색으로 되어 있다.

《 부사관 》

계급장은 왼쪽 어깨에 붙는다.

단추는 8개.

선행장
성적 우수자에게 수여됐다.

부사관의 정복도 장교에 준하는 서비스드레스 블루를 착용.

《 해군 군사경찰 》

'SP'라는 문자가 들어간 완장.

피스톨 벨트
권총 등으로 무장하는 경우도 있다.

경봉

《 수병 》

각반
색은 흰색 또는 카키

미 해군 군사경찰 부대, 통칭 SP(Shore Patrol)의 수병. 해군 내의 질서 유지와 범죄 단속을 담당했다.

미 해군의 세일러복은 짙은 감색 울 원단으로 만들어졌으며, 리본은 검정색이었다. 본 일러스트에서는 흰색 작업모를 착용했으나, 정장일 경우에는 세일러모를 착용했다.

미 해군의 계급장

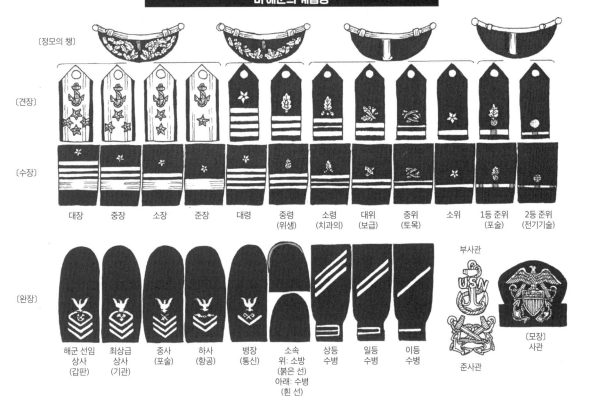

〔정모의 챙〕

〔견장〕

〔수장〕

대장	중장	소장	준장	대령	중령 (위생)	소령 (치과의)	대위 (보급)	중위 (토목)	소위	1등 준위 (포술)	2등 준위 (전기기술)

〔완장〕

해군 선임 상사 (갑판)	최상급 상사 (기관)	중사 (포술)	하사 (항공)	병장 (통신)	소속 위: 소방 (붉은 선) 아래: 수병 (흰 선)	상등 수병	일등 수병	이등 수병

부사관

준사관

〔모장〕
사관

45

영국군

영국 육해공군 및 해병대의 군복은 타국과 마찬가지로 예복에서 야전복까지 여러 종류가 제정되어 있었는데, 그중에서 공통으로 사용된 야전복이 P37 배틀 드레스(해군은 1943년에 제정)이다. 또한 야전용인 P37 장비도 전군에서 사용됐다.

유럽 전선의 육군 병사

유럽 전선에서 영국 육군이 사용한 군장은 야전복인 P37(패턴 1937) 배틀 드레스와 P37 개인 장비로, 양자 모두 1937년에 제정됐다. P37 배틀 드레스는 카키색 울 원단으로 만들어졌으며, 상의의 길이가 허리까지 오는 짧은 재킷 스타일인 것이 특징이었다. 이 야전복은 전시에 근무복으로도 사용됐다.

제2차 대전 당시의 일반적인 육군 병사

- Mk. II 헬멧
- P37 배틀 드레스 상의
- 서스펜더
- 벨트
- 탄약 파우치
- P37 배틀 드레스 바지
- 캔버스제 각반
- 레인 케이프(우의)
- 하버색
- 티 컵
- 야전삽
- No.4 Mk. I 소총
- 곡괭이
- 수통
- M1907 대검

《 Mk. I 헬멧 》

1915년에 개발. 표준이 된 개량형 Mk. II와 함께 제2차 대전에서도 사용됐다.

《 Mk. III 헬멧 》

방어력을 개선한 신형 헬멧. 1943년 후반에 개발되어 1944년 중반부터 부대 보급이 시작됐다.

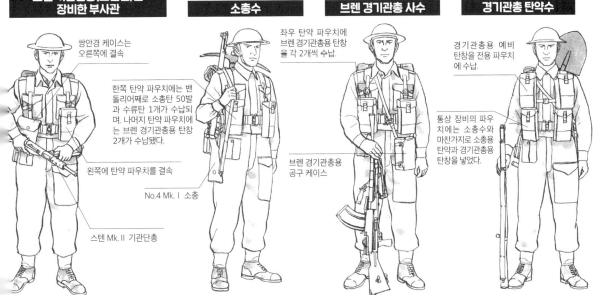

스텐 기관단총(스텐건)을 장비한 부사관

쌍안경 케이스는 오른쪽에 결속

한쪽 탄약 파우치에는 밴돌리어째로 소총탄 50발과 수류탄 1개가 수납되며, 나머지 탄약 파우치에는 브렌 경기관총용 탄창 2개가 수납됐다.

왼쪽에 탄약 파우치를 결속

No.4 Mk. I 소총

스텐 Mk. II 기관단총

소총수

좌우 탄약 파우치에 브렌 경기관총용 탄창을 각 2개씩 수납.

브렌 경기관총용 공구 케이스

브렌 경기관총 사수

경기관총 탄약수

경기관총용 예비 탄창을 전용 파우치에 수납.

통상 장비의 파우치에는 소총수와 마찬가지로 소총용 탄약과 경기관총용 탄창을 넣었다.

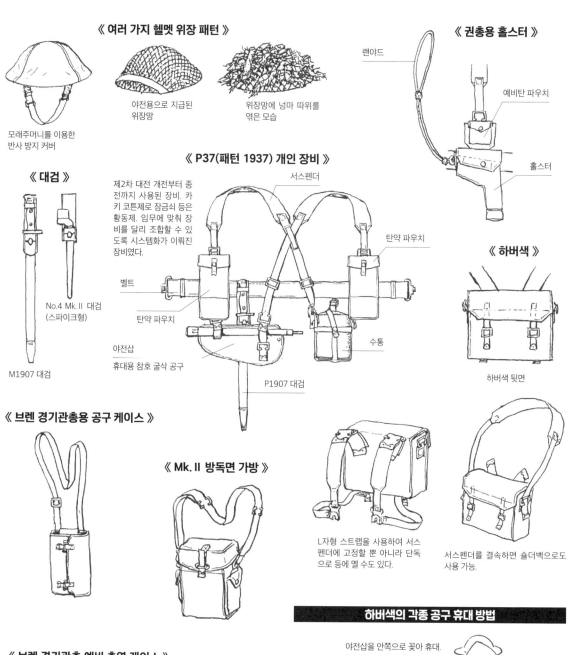

《 여러 가지 헬멧 위장 패턴 》

모래주머니를 이용한
반사 방지 커버

야전용으로 지급된
위장망

위장망에 넝마 따위를
엮은 모습

《 권총용 홀스터 》

랜야드

예비탄 파우치

홀스터

《 대검 》

No.4 Mk.Ⅱ 대검
(스파이크형)

M1907 대검

《 P37(패턴 1937) 개인 장비 》

제2차 대전 개전부터 종전까지 사용된 장비. 카키 코튼제로 잠금쇠 등은 황동제. 임무에 맞춰 장비를 달리 조합할 수 있도록 시스템화가 이뤄진 장비였다.

서스펜더

탄약 파우치

벨트

탄약 파우치

야전삽
휴대용 참호 굴삭 공구

수통

P1907 대검

《 하버색 》

하버색 뒷면

《 브렌 경기관총용 공구 케이스 》

《 Mk.Ⅱ 방독면 가방 》

L자형 스트랩을 사용하여 서스펜더에 고정할 뿐 아니라 단독으로 등에 멜 수도 있다.

서스펜더를 결속하면 숄더백으로도 사용 가능.

하버색의 각종 공구 휴대 방법

《 브렌 경기관총 예비 총열 케이스 》

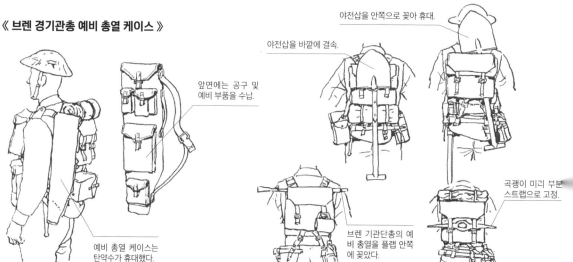

앞면에는 공구 및 예비 부품을 수납.

예비 총열 케이스는 탄약수가 휴대했다.

야전삽을 안쪽으로 꽂아 휴대.

야전삽을 바깥에 결속.

브렌 기관단총의 예비 총열을 플랩 안쪽에 꽂았다.

곡괭이 미리 부분 스트랩으로 고정.

북아프리카 전선의 육군 병사

영국은 아프리카와 동남아시아에 많은 식민지를 갖고 있었기에 20세기까지 이들 지역에서 사용하는 피복을 개발, 제2차 대전에서는 열대 지역에서의 활동에 적합한 군장을 장비했다.

열대용 군복

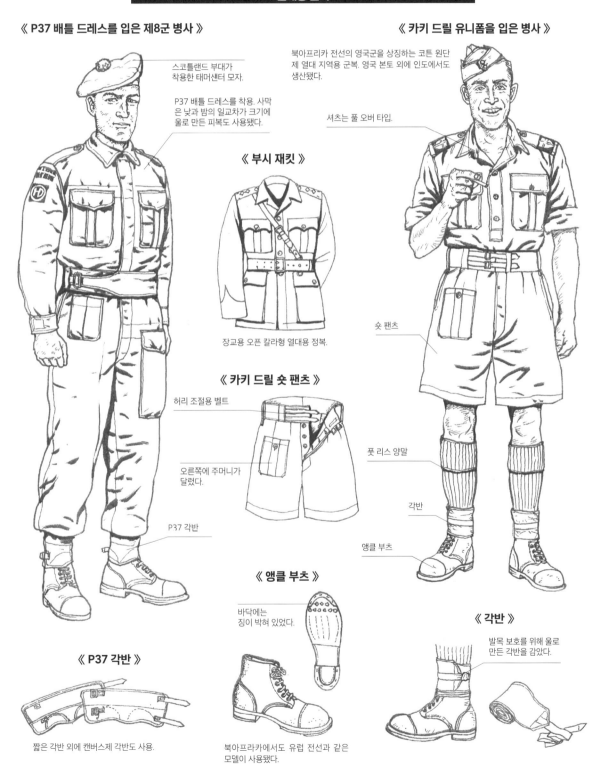

《 P37 배틀 드레스를 입은 제8군 병사 》

스코틀랜드 부대가 착용한 태머샌터 모자.

P37 배틀 드레스를 착용. 사막은 낮과 밤의 일교차가 크기에 울로 만든 피복도 사용됐다.

《 부시 재킷 》

장교용 오픈 칼라형 열대용 정복.

《 카키 드릴 숏 팬츠 》

허리 조절용 벨트

오른쪽에 주머니가 달렸다.

P37 각반

《 카키 드릴 유니폼을 입은 병사 》

북아프리카 전선의 영국군을 상징하는 코튼 원단제 열대 지역용 군복. 영국 본토 외에 인도에서도 생산됐다.

셔츠는 풀 오버 타입.

숏 팬츠

풋 리스 양말

각반

앵클 부츠

《 앵클 부츠 》

바닥에는 징이 박혀 있었다.

《 P37 각반 》

짧은 각반 외에 캔버스제 각반도 사용.

북아프리카에서도 유럽 전선과 같은 모델이 사용됐다.

《 각반 》

발목 보호를 위해 울로 만든 각반을 감았다.

《 약모 》

《 정모 》

《 방서모 》

《 커버를 씌운 Mk.Ⅱ 헬멧 》

헬멧은 사막전용으로 녹색, 탄(Tan), 카키색으로 칠해졌다. 일러스트는 천으로 만든 커버를 씌운 모습.

장거리 사막 정찰대(LRDG) 대원

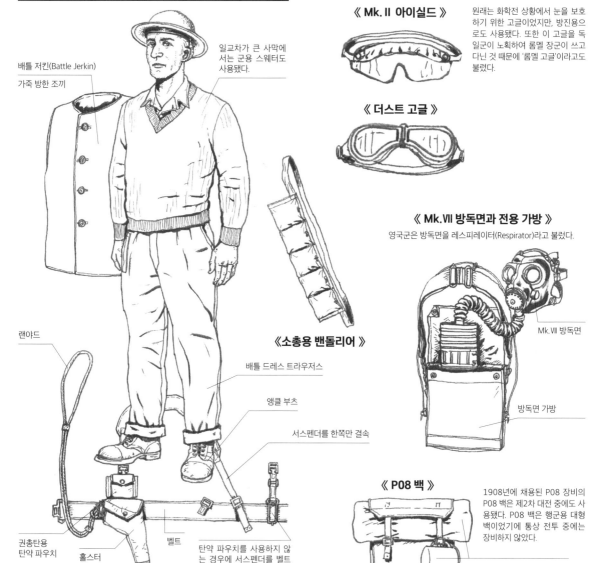

일교차가 큰 사막에서는 군용 스웨터도 사용됐다.

배틀 저킨(Battle Jerkin)

가죽 방한 조끼

《 Mk.Ⅱ 아이실드 》

원래는 화학전 상황에서 눈을 보호하기 위한 고글이었지만, 방진용으로도 사용됐다. 또한 이 고글을 독일군이 노획하여 롬멜 장군이 쓰고 다닌 것 때문에 '롬멜 고글'이라고도 불렸다.

《 더스트 고글 》

《소총용 밴돌리어 》

《 Mk.Ⅶ 방독면과 전용 가방 》

영국군은 방독면을 레스피레이터(Respirator)라고 불렀다.

Mk.Ⅶ 방독면

방독면 가방

랜야드

배틀 드레스 트라우저스

앵클 부츠

서스펜더를 한쪽만 결속

《 P08 백 》

1908년에 채용된 P08 장비의 P08 백은 제2차 대전 중에도 사용됐다. P08 백은 행군용 대형 백이었기에 통상 전투 중에는 장비하지 않았다.

플랩 부분에 우의와 티 컵을 결속.

권총탄용 탄약 파우치

홀스터

벨트

탄약 파우치를 사용하지 않는 경우에 서스펜더를 벨트와 연결하는 어태치먼트.

《 장교 등이 홀스터를 휴대할 경우의 P37 장비 》

P08 백에 서포트 스트랩을 부작한 모습

서포트 스트랩

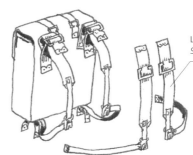

L형 스트랩을 P08 백에 결속하면 단독으로 사용 가능.

전차병

영국 전차병의 기본 복장은 보병과 같은 P37 배틀 드레스였으나, 그 외에도 열대용 피복이나 데님 원단
으로 만든 오버올, 동계용 방한 오버올 그리고 이들 복장의 위장무늬 모델도 사용했다.

유럽 전선의 전차병

《 제2차 대전 이전~대전 초기의 전차병 》

베레모의 색은 기갑부대
의 병과색인 검정.

1935~1939년까
지 사용된 P37배
틀 드레스와 비슷
한 디자인을 한 전
차병용 투피스 오
버올.

《 제2차 대전기의 일반적인 전차병 》

검정색 베레모

중사 계급장

보병과 같은 배틀
드레스 상하의를 착용.

통화용 마이크로폰

차량 승무원용
글러브

레그 홀스터

각반

앵클 부츠

북아프리카 전선의 전차병

무전 헤드폰

피복은 보병과 마찬
가지로 열대용을 사
용했다.

《 1942년에 채용된 오버올 》

데님 원단으로 만든 원피스
타입으로 색상은 회록색.

왼쪽 주머니에는 펜 꽂이가
달려 있다.

오른쪽 엉덩이에도 주머니
가 있다.

헬멧 정면에는 보호패드가
붙어 있다.

《 RTR 헬멧 》

RTR=Royal Tank Regiment,
1936년에 채용됐다.

좌우 대퇴부에 대형 주머니가 달려 있다.

《 RAC 헬멧 》

공수 헬멧을 이용해 만들었다.
RAC=Royal Armoured Corps

《 1943년에 채용된 오버올 》

부상을 입었을 때 차내에서 끌어낼 수 있도록 하네스가 내장되어 있다.

하네스가 박음질되어 있다.

권총을 수납할 수 있는 주머니도 달려 있다.

《 동계용 위장 오버올 》

동계용 오버올과 같은 디자인을 한 위장 타입.

다른 영연방군에서도 위장 패턴만 다른 비슷한 오버올을 채용했다.

《 동계용 오버올 》

대전 후기에 이르러서는 헬멧을 착용한 전차병이 많아졌다.

전면부 지퍼는 입고 벗기 용이한 더블 패스너식.

색상은 카키색. 방한을 위해 안감으로 울을 사용했다.

목깃을 2개의 스트랩으로 닫을 수 있었다.

목깃을 푼 상태.

팔꿈치와 엉덩이 부분이 보강되어 있다.

《 후드를 장착한 동계용 오버올 》

탈착식 후드

냉기가 들어오지 않도록 지퍼 부분은 플랩으로 덮여 있다.

권총용 탄약 파우치

홀스터

《 데님 원단 작업용 오버올 》

《 면으로 만든 작업용 오버올 》

《 오버올용 후드 》

똑딱 단추로 탈착 가능.

후드 앞면을 조이는 데 쓰는 드로 코드(draw code).

공수부대원

노르망디 상륙작전과 마켓 가든 작전으로 유명한 영국 공수부대. 그들이 사용한 군장은 공수 강하와
강하 후 전투에 특화된 것이었다.

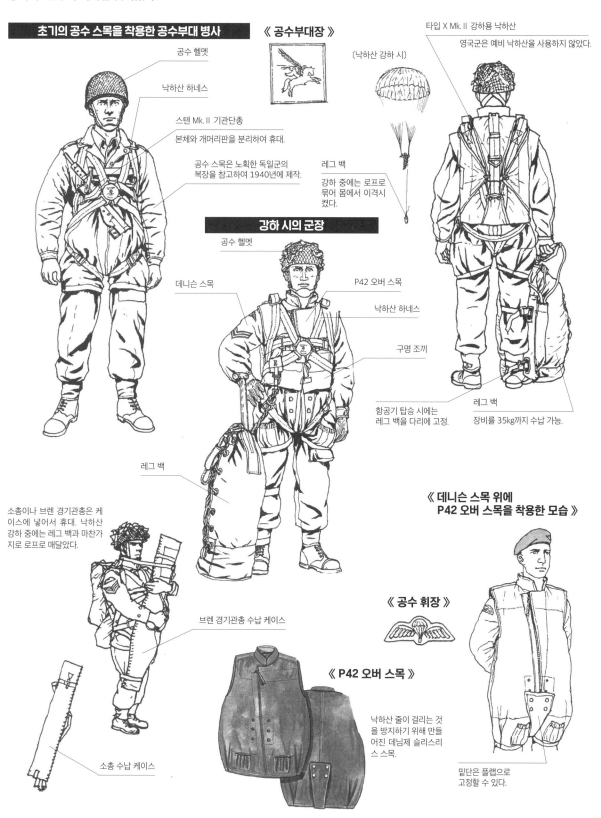

초기의 공수 스목을 착용한 공수부대 병사

공수 헬멧

낙하산 하네스

스텐 Mk.II 기관단총
본체와 개머리판을 분리하여 휴대.

공수 스목은 노획한 독일군의
복장을 참고하여 1940년에 제작.

《 공수부대장 》

강하 시의 군장

공수 헬멧

데니슨 스목

P42 오버 스목

낙하산 하네스

구명 조끼

항공기 탑승 시에는
레그 백을 다리에 고정.

레그 백

타입 X Mk.II 강하용 낙하산

영국군은 예비 낙하산을 사용하지 않았다.

〔낙하산 강하 시〕

레그 백
강하 중에는 로프로
묶어 몸에서 이격시
켰다.

레그 백
장비를 35kg까지 수납 가능.

레그 백

소총이나 브렌 경기관총은 케
이스에 넣어서 휴대. 낙하산
강하 중에는 레그 백과 마찬가
지로 로프로 매달았다.

브렌 경기관총 수납 케이스

소총 수납 케이스

《 데니슨 스목 위에
P42 오버 스목을 착용한 모습 》

《 공수 휘장 》

《 P42 오버 스목 》

낙하산 줄이 걸리는 것
을 방지하기 위해 만들
어진 데님제 슬리브리
스 스목.

밑단은 플랩으로
고정할 수 있다.

《 공수부대 베레모 》

색상은 적갈색

베레에 붙는 휘장

《 훈련용 강하 헬멧 》

카키 코튼 원단을 사용. 고무 패드가 내장되어 있고, 그 모양 때문에 '러버 범퍼'라고 불렸다.

《 공수 헬멧 》

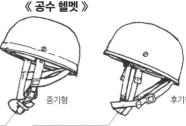

초기형   중기형   후기형

가죽 턱끈   면직물로 만든 턱끈

《 데니슨 스목 초기형 》

포켓 붙는 형태를 변경.

1942년에 채용된 풀 오버 스타일의 공수부대용 위장 스목.

《 데니슨 스목 후기형 》

플랩을 고정하기 위한 똑딱 단추가 추가됐다.

1944년에 개량된 세컨드 타입. 옷자락 뒤집힘 방지 플랩은 사용하지 않을 때 고정할 수 있도록 뒷부분에 똑딱 단추가 증설됐다.

후기형의 소매는 원통형으로, 소매 입구를 조이는 플랩이 붙었다. 많은 병사들은 소매로 바람이 들어오는 것을 막고자 양말 등을 이용해 초기형과 비슷한 모습으로 개조하곤 했다.

《 야전 행군 장비 》

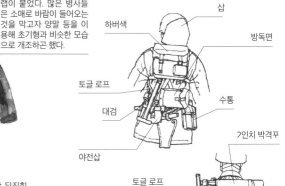

삽
방독면
하버색
토글 로프
대검
수통
야전삽
7인치 박격포
토글 로프
륙색
방독면 가방

공수부대 병사의 전투 장비

《 병/부사관 》

공수 헬멧
위장무늬 페이스 베일
토글 로프
탄약 파우치

No.4 Mk.Ⅰ 소총

《 장교 》

베레모
장교 외에도 착용했다.

쌍안경

권총용 탄약 파우치

No.36 수류탄

스텐 Mk. V 기관단총

L형 라이트

탄약 파우치

P37 홀스터

레그 포켓

공수부대용 스목의 주머니는 일반용보다 수납 용량이 더 컸다.

토글 로프

소총용 밴돌리어

기관단총 탄창 수납용 밴돌리어

P37 홀스터
리볼버용과 자동권총 겸용 모델이 있었다.

권총용 탄약 파우치. M1911A1 또는 브라우닝 하이파워용.

리볼버용 탄약 파우치

호킨스 대전차 지뢰   연막 수류탄   가몬 수류탄 (대전차용)   No.36 수류탄

코만도 부대

영국군의 특수부대인 코만도는 기습, 강습 공격을 통한 독일 점령지 내의 군사 거점 파괴를 위해 1940년에 창설됐다.

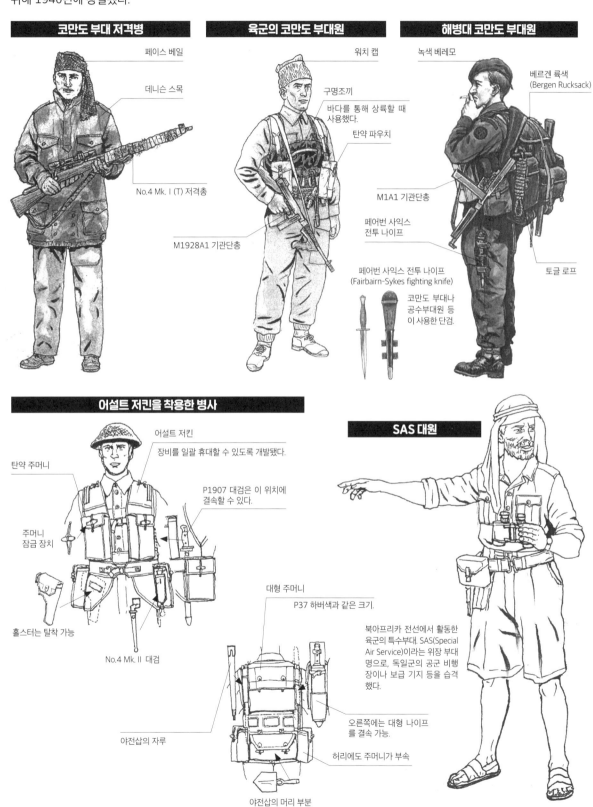

코만도 부대 저격병

페이스 베일

데니슨 스목

No.4 Mk. I (T) 저격총

M1928A1 기관단총

육군의 코만도 부대원

워치 캡

구명조끼
바다를 통해 상륙할 때 사용했다.

탄약 파우치

M1A1 기관단총

페어번 사익스
전투 나이프

페어번 사익스 전투 나이프
(Fairbairn-Sykes fighting knife)

코만도 부대나
공수부대원 등
이 사용한 단검.

해병대 코만도 부대원

녹색 베레모

베르겐 륙색
(Bergen Rucksack)

토글 로프

어설트 저킨을 착용한 병사

어설트 저킨
장비를 일괄 휴대할 수 있도록 개발됐다.

탄약 주머니

P1907 대검은 이 위치에
결속할 수 있다.

주머니
잠금 장치

홀스터는 탈착 가능

No.4 Mk. II 대검

SAS 대원

대형 주머니
P37 하버색과 같은 크기.

북아프리카 전선에서 활동한
육군의 특수부대. SAS(Special
Air Service)이라는 위장 부대
명으로, 독일군의 공군 비행
장이나 보급 기지 등을 습격
했다.

오른쪽에는 대형 나이프
를 결속 가능.

허리에도 주머니가 부속

야전삽의 자루

야전삽의 머리 부분

영국 극동 방면군

일본군의 말레이 작전에 대응한 것은 영국 극동 방면군 사령부에 소속되어 말레이 반도 및 싱가포르 방위를
맡고 있던 말레이군이었는데, 말레이군의 육군 부대는 영국, 인도, 오스트레일리아군의 육군 부대로 편제되어
있었다. 이외에 태평양 전쟁 개전 시, 홍콩, 버마의 부대도 영국 극동 방면군의 지휘 아래 있었다.

극동 방면군 장교

열대용 제복

숏 팬츠를 착용.

풋 리스 양말

앵클 부츠

극동 방면군 병사

구형인
No.1 Mk.III 소총

개인장비는 구형인
P08 장비를 사용.

P08 탄약 파우치

카키 드릴 셔츠

P37 탄약 파우치

오스트레일리아군

슬라우치 햇
(Slouch hat)

No.1 Mk.III
소총

말레이 반도에 파견
된 오스트레일리아군
은 1개 사단이었다.

《 극동 방면군의 개인 장비 》

P08 하버색

반합

야전삽

수통

《 방서모 》

통상 근무 시에 착용.

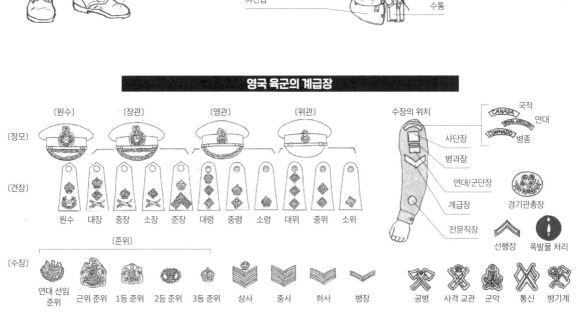

영국 육군의 계급장

	〔원수〕	〔장관〕			〔영관〕			〔위관〕		
〔정모〕										
〔견장〕											
	원수	대장	중장	소장	준장	대령	중령	소령	대위	중위	소위

	〔준위〕					상사	중사	하사	병장
〔수장〕	연대 선임
준위	근위 준위	1등 준위	2등 준위	3등 준위				

수장의 위치

국적 CANADA
연대
병종

사단장
병과장
연대/군단장
계급장
전문직장

경기관총장

선행장
폭발물 처리

공병 · 사격 교관 · 군악 · 통신 · 병기계

해군

오랜 역사를 자랑하는 영국 해군의 군복은 정복부터 작업복까지
계급과 임무에 맞춰 다양한 종류가 존재했다.

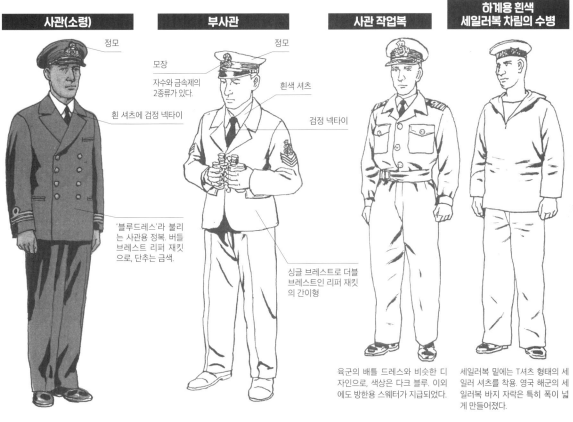

사관(소령)

정모

흰 셔츠에 검정 넥타이

'블루드레스'라 불리는 사관용 정복. 버튼 브레스트 리퍼 재킷으로, 단추는 금색.

부사관

모장
자수와 금속제의 2종류가 있다.

정모

흰색 셔츠

검정 넥타이

싱글 브레스트로 더블 브레스트인 리퍼 재킷의 간이형

사관 작업복

육군의 배틀 드레스와 비슷한 디자인으로, 색상은 다크 블루. 이외에도 방한용 스웨터가 지급되었다.

하계용 흰색 세일러복 차림의 수병

세일러복 밑에는 T셔츠 형태의 세일러 셔츠를 착용. 영국 해군의 세일러복 바지 자락은 특히 폭이 넓게 만들어졌다.

영국 해군의 계급장

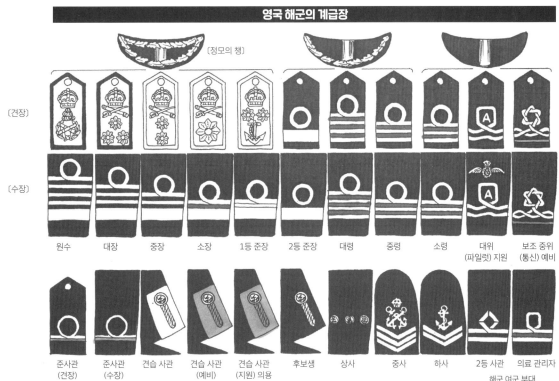

〔정모의 챙〕

〔견장〕

〔수장〕

| 원수 | 대장 | 중장 | 소장 | 1등 준장 | 2등 준장 | 대령 | 중령 | 소령 | 대위
(파일럿) 지원 | 보조 중위
(통신) 예비 |

| 준사관
(견장) | 준사관
(수장) | 견습 사관 | 견습 사관
(예비) | 견습 사관
(지원) 의용 | 후보생 | 상사 | 중사 | 하사 | 2등 사관 | 의료 관리자 |

해군 여군 부대

공군

영국 공군은 영국 본토 공방전부터 독일 본토 공습에 이르기까지 여러 항공
작전을 수행했는데, 항공기 승무원은 각종 장비를 몸에 두르고 출격했다.

《 공군 정복 차림의 파일럿 》

전투기 파일럿은 블루 그레이 정복 위에 낙하
산 하네스와 구명조끼를 착용하고 출격하는
일이 많았다.

《 승무원용 비행복 》

정복 위에 착용했으나, 전투기 파일럿 사이에
서는 그리 선호되지 못했다고 한다.

《 어빈 재킷을 착용한 파일럿 》

고고도용 방한 비행 재킷. 폭격기 승무원 외에
전투기 파일럿도 겨울철에 많이 착용했다.

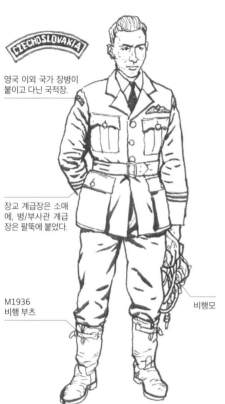

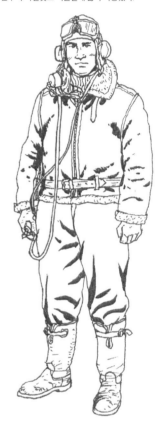

CZECHOSLOVAKIA

영국 이외 국가 장병이
붙이고 다닌 국적장.

장교 계급장은 소매
에, 병/부사관 계급
장은 팔뚝에 붙었다.

M1936
비행 부츠

비행모

《 C-2 시트형 낙하산 》

낙하산 하네스

낙하산 케이스

전투기 등에 사용
된 시트형 낙하산.
낙하산 케이스는
좌석의 쿠션 역할
도 했다.

《 M1932 구명조끼 》

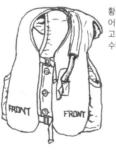

황색 면직물로 만들
어졌으며 안쪽에는
고무로 만든 기낭이
수납되어 있었다.

《 B형 비행모 》

Mk.IV 고글
(바이저 장착)

가죽 외에 면직물로 만든
것도 있었으며 지역이나 계
절에 맞춰 사용됐다.

산소마스크(직물제)

산소 호스

무전용 코드

《 RAF 의용군 기장 》

부족한 파일럿을 보충하기 위해 당시 영국에 망명해온 여러 국가의
파일럿들을 의용군으로 공군에 편입시켜 의용 비행대를 편성했다.

체코 · 폴란드 · 노르웨이 · 자유프랑스 · 네덜란드 · 벨기에

《 어빈 재킷을 착용한 항공기 승무원 》

B형 비행모

Mk.IV 고글

낙하산 하네스는 체스트 타입.

어빈 재킷

양의 모피로 만든 방한 재킷.

《 열대 복장을 착용한 공군 중위 》

장교의 계급장은 견장에 붙었다.

《 정복에 비행 장비를 장착한 항공기 승무원 》

폭격기 등에서 사용된 체스트형 낙하산 하네스

낙하산 케이스

《 4포켓형 정복 》
정모와 정복 모두 색상은 블루 그레이.

《 P37 배틀 드레스 》
공군용은 블루 그레이 색상의 원단으로 만들어졌다.

영국 공군의 계급장

정모용 모장

금속 모장

1등 준위

2등 준위

파일럿장

항법사장

항공기 승무원장

대령

대위

중령

중위

소령

소위

상사

중사

하사

59

소련군

제1차 대전 후, 러시아 혁명으로 인한 내전과 간섭 전쟁을 거쳐 탄생
한 소련 육군의 군장은 1935년부터 1943년 사이에 3차례에 걸쳐 대
대적인 개정이 이뤄졌다. 이에 따라 군복은 제정 시대의 스타일이 폐
지되었다가 디자인 일부가 부활하는 등, 전시 체제 아래서의 변화가
있었다. 제2차 대전의 소련군 병사의 전형적 이미지인 스탠딩 칼라
군복인 루바시카도 이 시대에 채용된 것이다.

제2차 세계대전 초기 1939~1941년의 보병

소련군 장병들이 개전 당시에 사용한 군장은 1935년에 대규모 개정이 이뤄지면서 제정된 군장이었다.
핀란드와의 '겨울 전쟁'부터 독소전 초기까지 해당 장비를 착용하고 전투에 임했다.

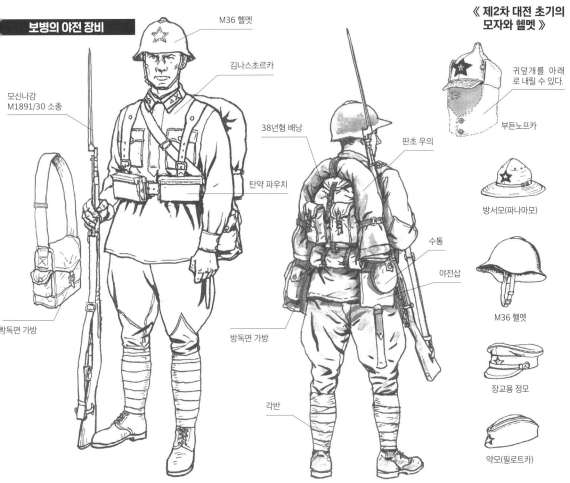

보병의 야전 장비

- M36 헬멧
- 김나스초르카
- 모신나강 M1891/30 소총
- 38년형 배낭
- 판초 우의
- 탄약 파우치
- 방독면 가방
- 수통
- 야전삽
- 방독면 가방
- 각반

《 제2차 대전 초기의 모자와 헬멧 》

- 귀덮개를 아래로 내릴 수 있다.
- 부돈노프카
- 방서모(파나마모)
- M36 헬멧
- 장교용 정모
- 약모(필로트카)

《 오버 코트를 착용한 병사 》

- 1922년형 부돈노프카
- 부돈노프카는 1940년에 폐지됐다.

《 장교의 야전 군장 》

- 정모
- 김나스초르카
- 권총용 홀스터
- 장교용 벨트 (어깨띠 있음)
- 쌍안경 케이스
- 지도 케이스

《 파나마모를 쓴 장교 》

- 파나마모는 아열대용 방서모로 채용됐다.

1943년 이후의 보병

1943년의 복장 규정 개정에서는 장병들의 사기를 고무시키기 위해 피복의 견장 등에 제정 시대의
디자인이 부활했다. 또한 M40 헬멧이 채용되고 장화가 보급되는 등 스타일이 일신됐다.

보병의 기본 스타일

약모

루바시카

방독면 가방

탄약
파우치

갈색 가죽
주머니

방독면 가방

장화

모신나강 M1891/30 소총

판초 우의

1938 년형 배낭

야전삽

모장

약모

1943년에 제정된 견장

《 대검(스파이크형 총검) 》

소련군에서는 제정 러시아 시대부터 이어져온 스파
이크형 대검을 사용했는데 이것은 두툼한 방한 장비
를 착용한 적을 찌르기 위함이었다.

《 루바시카 》

1943년 복장 규정의 개정으로 김나스초르카
를 루바시카가 대체하면서 계급장은 견장형
으로 변경됐다. 채용 초기, 병/부사관용에는
주머니가 없었다.

《 면 바지 》

무릎 부분은 원단을 2중으로 보강. 허리 뒷면에는
허리 사이즈 조절용 벨트가 부속됐다.

《 모신나강 소총용 탄약 파우치 》

각 주머니에는 5발 묶음 클립
(삽탄자) 3개가 수납됐다.

《 1940년형 방독면 가방 》

《 병사용 가죽 벨트와 장비 》

야전삽

수통

탄약 파우치

수통 커버

《 배낭 》

카키 캔버스 재질. 어깨 끈은
벨트로 연결할 수 있어 서스펜
더 역할을 겸했다.

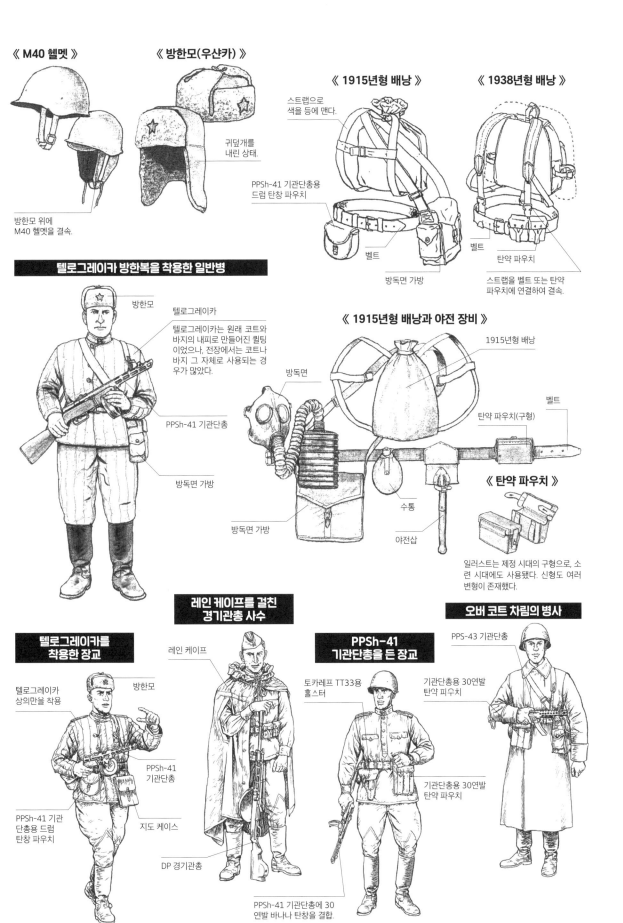

《 M40 헬멧 》

방한모 위에
M40 헬멧을 결속.

《 방한모(우샨카) 》

귀덮개를
내린 상태.

《 1915년형 배낭 》

스트랩으로
색을 등에 맨다.

PPSh-41 기관단총용
드럼 탄창 파우치

벨트

방독면 가방

《 1938년형 배낭 》

벨트

탄약 파우치

스트랩을 벨트 또는 탄약
파우치에 연결하여 결속.

텔로그레이카 방한복을 착용한 일반병

방한모

텔로그레이카

텔로그레이카는 원래 코트와
바지의 내피로 만들어진 퀼팅
이었으나, 전장에서는 코트나
바지 그 자체로 사용되는 경
우가 많았다.

PPSh-41 기관단총

방독면 가방

《 1915년형 배낭과 야전 장비 》

방독면

1915년형 배낭

벨트

탄약 파우치(구형)

수통

야전삽

방독면 가방

《 탄약 파우치 》

일러스트는 제정 시대의 구형으로, 소
련 시대에도 사용됐다. 신형도 여러
변형이 존재했다.

텔로그레이카를 착용한 장교

텔로그레이카
상의만을 착용

방한모

PPSh-41
기관단총

PPSh-41 기관
단총용 드럼
탄창 파우치

지도 케이스

레인 케이프를 걸친 경기관총 사수

레인 케이프

DP 경기관총

PPSh-41 기관단총에 30
연발 바나나 탄창을 결합.

PPSh-41 기관단총을 든 장교

토카레프 TT33용
홀스터

기관단총용 30연발
탄약 파우치

오버 코트 차림의 병사

PPS-43 기관단총

기관단총용 30연발
탄약 피우치

기관단총용 30연발
탄약 파우치

전차병

전차병 군장은 1930년대에 전용 군장의 정비가 시작되어 제2차 대전까지 야전에 적합한 군장이 제정
되어갔다. 하지만 통일된 군장이 정비되기 전에 독소전이 시작되어 생산과 보급에 혼란이 발생했다. 그
결과 대전 중에 제정된 것을 포함하여 다종다양한 종류가 존재했다.

1930년대의 전차병

《 오버 코트를 입은 중령 》

부됸노프카

김나스초르카 통상근무복

《 1939년 할힌골 전투 당시의 군장 》

파나마모

1935년 제정된
김나스초르카

《 1939년 가을 무렵의 전차병 》

전차모

김나스초르카

《 1939년 육군 기술 본부원 》

약모

코튼 커버올을
착용.

1931년에 채용
된 초기형 가죽
전차모

코튼 커버올
색은 감색, 검정,
회색 등.

전차병용 가죽 코트

《 1936~1940년의 육군 소령 》

의례용 정복

《 1930년대 초기의 전차병 》

《 1936~1940년의 기갑부대 대령 》

1941년 이후의 전차병

《 친위대 기갑부대 대위 》

《 표준적인 스타일의 전차병 》

전차모

고글 달린 전차모

카키색
커버올을 착용

밑에는
김나스초르카를 착용

루바시카를 착용

가죽코트를 착용

동계 전차모

블루 그레이 커버올

장갑 차량 승무원용
커버올은 색상과 디
자인이 다른 변형이
다수 존재했다.

방한모

오버 코트를
착용

루바시카를 착용.

방한 코트인
슈바를 착용.

《 1944년 겨울의
기갑부대 소위 》

통상근무복인 키텔을 착용

《 1943년 가을 친위기갑부대 소령 》

《 1941년 가을 야전 스타일의 기갑부대 소장 》

《 기갑부대 상급 중위 》

《 제2차 대전 중에 쓰인 전차모의 베리에이션 》

전차모는 검정 가죽 또는 카키색이나 검정색 직물로 만들어졌는데, 기본 디자인은 모두가 거의 같았지만 머리 쿠션패드의 형상이나 턱끈 잠그는 법, 뒷통수의 사이즈 조절 스트랩의 세부 만듦새가 달랐다.

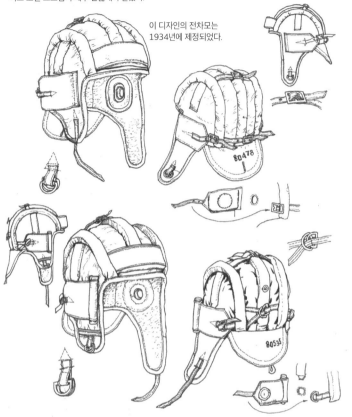

이 디자인의 전차모는
1934년에 제정되었다.

《 전차모 휴대 사례 》

벨트 뒤로 플랩을
통과시켜 고정했다.

《 방진용 고글 》

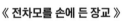

고글은 간이형부터 항공용까지
다양한 종류가 쓰였다.

《 전차모를 손에 든 장교 》

정모에 고글을
씌운 모습.

《 텔로그레이카 상의를 입은 전차병 》

텔로그레이카 상의

텔로그레이카는 좁은 전차 안에서 코트보다
움직이기 편했기에 전차병들도 사용했다.

커버올

《 1945년 베를린 전투에서의 전차병 》

검정 가죽 재킷

일부 부대에서만
사용됐다.

저격병

제2차 대전에서 소련의 저격병은 소수 인원으로 독일군의 진격을 지연시키는 등의 활약을 보였는데,
특히 스탈린그라드 등의 시가전에서 그 위력을 발휘했다. 또한 저격병 중에는 다수의 여군 병사들도
있어, 그 이름을 역사에 남겼다.

《 독소전 초기의 저격병 》

위장을 겸한
레인 케이프를 착용

모신나강 M1891/30
저격 소총을 천으로
감아 위장했다.

《 위장 커버올을 입은 저격병 》

'아메바 패턴'이라 불리는
위장무늬.

OP형 M1940 조준경을 장
착한 토카레프 SVT-40 반자
동 소총을 사용.

《 설상 위장복 차림 여군 저격병 》

《 1943년 쿠르스크 전투에서의 여군 저격병 》

PE 조준경이 달린 모신나강
M1891/30 저격 소총

위장 커버올

방한 피복 위에
흰색 설상 위장복을 착용.

《 통상 근무복 차림의 여군 저격병 》

여선용 루바시카.

부츠는 양모
펠트제의 방한 부츠.

보병 이외 병과의 병사

보병, 전차병 외의 공수부대나 정찰 부대, 공병 부대 등의 장병들이 입은 야전복은 기본적으로 보병 부대의 것과 같았으나, 독자적인 장비도 사용했다. 또한 레닌그라드 등의 곳에서는 해군 수병으로 편제된 해군 육전대도 상륙전에 참가했다.

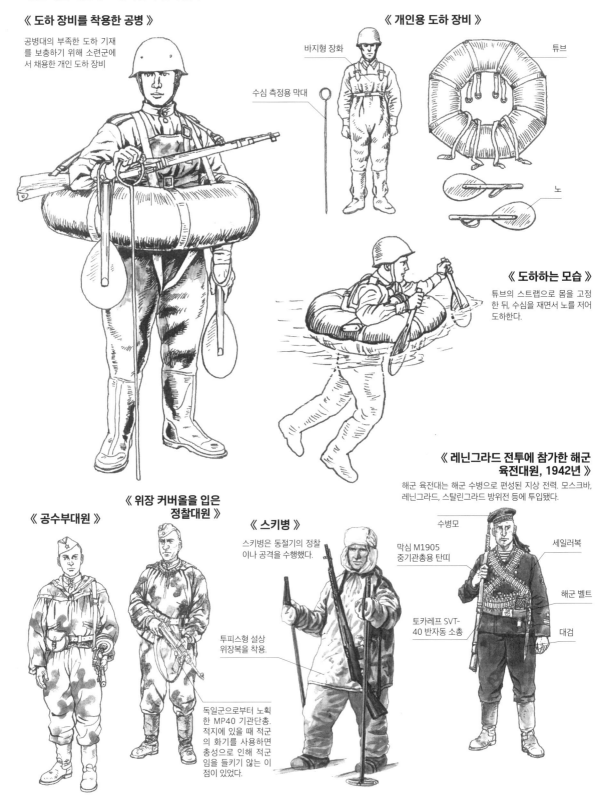

《 도하 장비를 착용한 공병 》

공병대의 부족한 도하 기재를 보충하기 위해 소련군에서 채용한 개인 도하 장비

《 개인용 도하 장비 》

바지형 장화

수심 측정용 막대

튜브

노

《 도하하는 모습 》

튜브의 스트랩으로 몸을 고정한 뒤, 수심을 재면서 노를 저어 도하한다.

《 레닌그라드 전투에 참가한 해군 육전대원, 1942년 》

해군 육전대는 해군 수병으로 편성된 지상 전력. 모스크바, 레닌그라드, 스탈린그라드 방위전 등에 투입됐다.

수병모

세일러복

막심 M1905 중기관총용 탄띠

해군 벨트

토카레프 SVT-40 반자동 소총

대검

《 공수부대원 》

《 위장 커버올을 입은 정찰대원 》

독일군으로부터 노획한 MP40 기관단총. 적지에 있을 때 적군의 화기를 사용하면 총성으로 인해 적군임을 들키지 않는 이점이 있었다.

《 스키병 》

스키병은 동절기의 정찰이나 공격을 수행했다.

투피스형 설상 위장복을 착용.

《 1935년 제정된 김나스초르카에
승마바지를 입은 장교 》

《 정모에 1943년
제정된 루바시카를 착용한 장교 》

《 장교용 가죽 오버 코트를
착용한 장교 》

나강
M1895 리볼버용
홀스터

샤로바리
승마 바지

샘 브라운 벨트와
홀스터를 착용.

코트 아래에는
루바시카를 입고 있다.

지도 케이스를 휴대

소련 육군의 계급장

〔장교〕

〔병〕

금장의 바탕색은 병과색.
정모의 밴드도 병과색으
로 되어 있다.

라즈베리 레드=보병
붉은색=기갑
검정색=공병
파란색=기병

계급은 견장식으로 바
뀌었다. 견장 색은 병과
색. 또한 병과장도 붙게
됐다.

《 1935~1942년 》

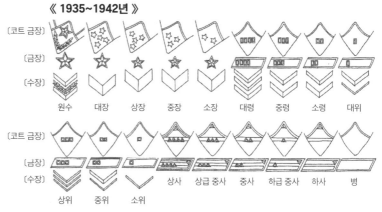

〔코트 금장〕								
〔금장〕								
〔수장〕								
원수	대장	상장	중장	소장	대령	중령	소령	대위

〔코트 금장〕								
〔금장〕								
〔수장〕				상사	상급 중사	중사	하급 중사	하사	병
상위	중위	소위						

《 1943년 이후 》

| 〔견장〕 | | | | | | | | | | | |
| 원수 | 대장 | 상장 | 중장 | 소장 | 대령 | 중령 | 소령 | 대위 | 상위 | 중위 | 소위 |

| 〔견장〕 | | | | | |
| 상사 | 상급 중사 | 중사 | 하급 중사 | 하사 | 병 |

프랑스군

1930년대는 각국의 군장에 변화가 일어난 시기였다. 프랑스 육군도 제1차 대전에서 사용했던 이른바 '지평선 청색(Bleu horizon)' 이라 불리던 푸른 군복에서 야전에 더욱 적합한 카키색을 기조로 하는 군복으로 통일했다. 제2차 대전이 발발하고 독일에 패한 프랑스 장병들은 영국으로 건너가 자유 프랑스군을 편성, 미군 또는 영국군식 군장을 착용하고 대전 후반에 활약했다.

1939~1940년의 육군 보병

제2차 대전이 발발한 1939년, 프랑스군 보병 군장은 제1차 대전의 것과 같거나 약간의 개량이 이뤄진 것이었다. 1940년 5월의 프랑스 전투에서는 군장의 갱신이 거의 이뤄지지 않아 구식 장비인 채로 최신 장비를 갖춘 독일군과 싸워야 했다.

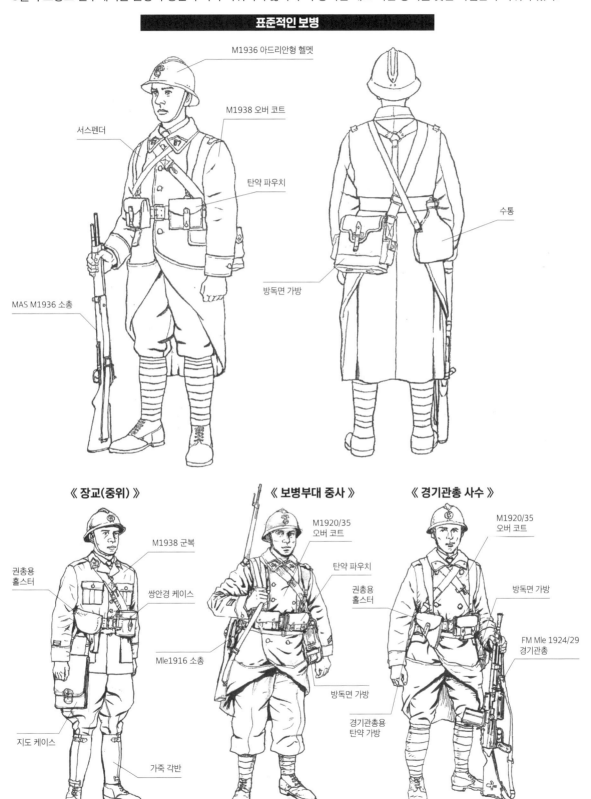

표준적인 보병

M1936 아드리안형 헬멧

M1938 오버 코트

서스펜더

탄약 파우치

수통

MAS M1936 소총

방독면 가방

《 장교(중위) 》

M1938 군복

권총용 홀스터

쌍안경 케이스

Mle1916 소총

지도 케이스

가죽 각반

《 보병부대 중사 》

M1920/35 오버 코트

탄약 파우치

권총용 홀스터

방독면 가방

경기관총용 탄약 가방

《 경기관총 사수 》

M1920/35 오버 코트

방독면 가방

FM Mle 1924/29 경기관총

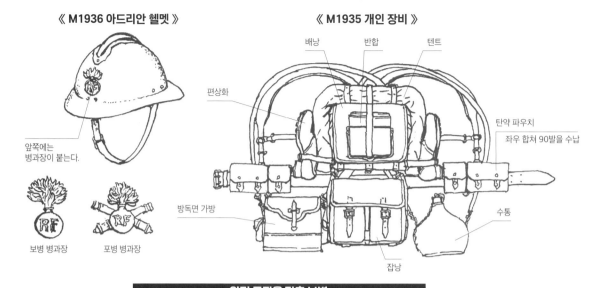

《 M1936 아드리안 헬멧 》

앞쪽에는
병과장이 붙는다.

보병 병과장   포병 병과장

《 M1935 개인 장비 》

배낭   반합   텐트

편상화

탄약 파우치
좌우 합쳐 90발을 수납

방독면 가방

수통

잡낭

완전 군장을 갖춘 보병

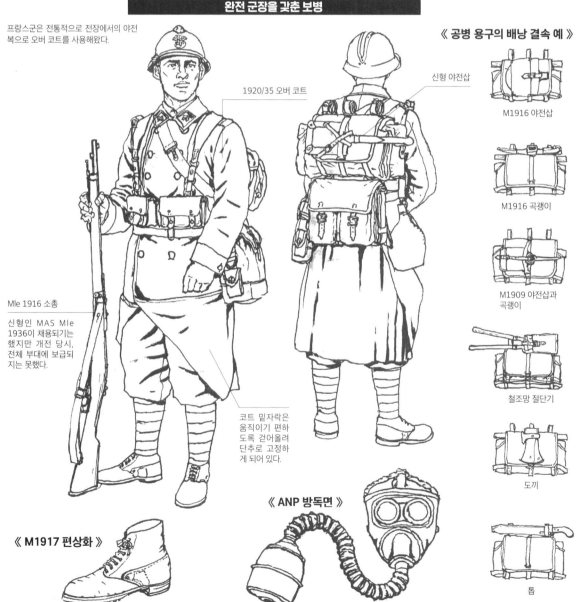

프랑스군은 전통적으로 전장에서의 야전
복으로 오버 코트를 사용해왔다.

1920/35 오버 코트

Mle 1916 소총

신형인 MAS Mle
1936이 채용되기는
했지만 개전 당시,
전체 부대에 보급되
지는 못했다.

코트 밑자락은
움직이기 편하
도록 걷어올려
단추로 고정하
게 되어 있다.

《 M1917 편상화 》

《 ANP 방독면 》

《 공병 용구의 배낭 결속 예 》

신형 야전삽

M1916 야전삽

M1916 곡괭이

M1909 야전삽과
곡괭이

철조망 절단기

도끼

톱

장교/부사관

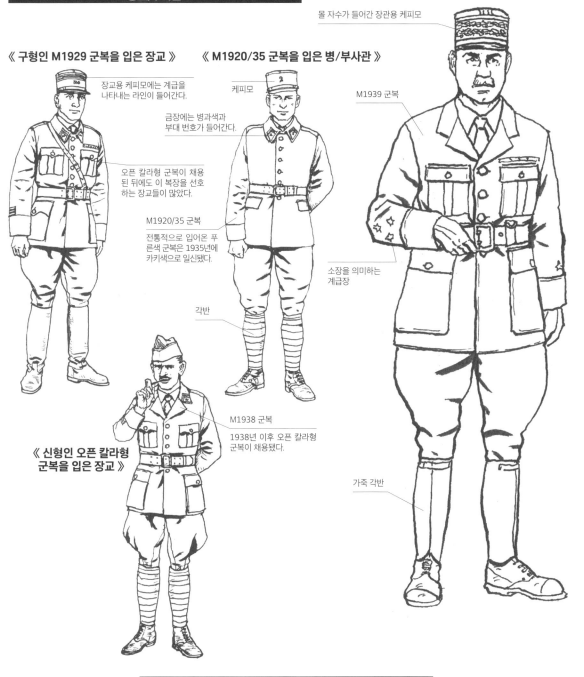

《 장관급 장교(소장) 》

몰 자수가 들어간 장관용 케피모

《 구형인 M1929 군복을 입은 장교 》

장교용 케피모에는 계급을 나타내는 라인이 들어간다.

오픈 칼라형 군복이 채용된 뒤에도 이 복장을 선호하는 장교들이 많았다.

《 M1920/35 군복을 입은 병/부사관 》

케피모

금장에는 병과색과 부대 번호가 들어간다.

M1920/35 군복

전통적으로 입어온 푸른색 군복은 1935년에 카키색으로 일신됐다.

각반

M1939 군복

《 신형인 오픈 칼라형 군복을 입은 장교 》

M1938 군복

1938년 이후 오픈 칼라형 군복이 채용됐다.

소장을 의미하는 계급장

가죽 각반

케피모의 식별장

케피모에는 병과와 계급이 표시되었다.

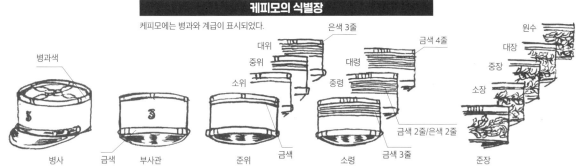

병과색

병사

금색

부사관

준위

금색

소위

중위

대위

은색 3줄

소령

중령

대령

금색 2줄/은색 2줄

금색 3줄

금색 4줄

준장

소장

중장

대장

원수

육군 알펜 산악 부대

알펜 산악 부대는 알프스 산악지대의 프랑스와 이탈리아 국경 방위를 위해 1888년에 편제됐다. 이 부대는 산악지에서 활동하기에 전투 장비뿐 아니라 방한 피복과 등산, 스키 장비가 지급됐다.

알펜 산악 부대의 군장

MAS Mle 1936 소총

알펜 산악부대의 특징인 다크 블루 베레모

M1940 아노락

탄약 파우치

《 부대 휘장 》

베레모용

헬멧용

《 카메디엥 방한 재킷 》

아노락 아래 입는 양 가죽 라이너

《 산악 각반 》

《 산악 파카 차림의 병사 》

헬멧에는 커버를 씌워 위장했다.

산악 파카
양면이 각각 흰색과 카키색으로 뒤집어 입을 수 있다.

오버 팬츠
양면이 각각 흰색과 카키색으로 뒤집어 입을 수 있다.

《 알펜 산악 부대의 개인 장비 》

수통

야전삽

M1940 배낭

방독면

판초우의와 모포

잡낭

《 M1940 배낭 》

등 부분에 프레임이 부속된 배낭.

《 스키 장비를 갖춘 병사 》

고글

커버를 씌운 헬멧

산악 재킷

M1940 배낭

방독면 가방

스톡

《 산악 부츠 》

스키를 장착할 수 있다.

장갑 차량 승무원

전간기인 1920년대부터 제2차 대전 전까지 프랑스군은 경전차부터 중전차까지 다종다양한 전차를 장비한 기갑부대를 편제했다. 1935년에는 군복의 개정이 실시되어 전차병에게도 신형 군장이 지급됐다. 또, 전차 부대 외에 오토바이 등 기계화된 부대의 대원들에게도 장갑 차량 승무원과 같은 피복과 장비가 지급됐다.

전차병

《 전차 제28대대의 중위 》
- 차량부대용 M1935 헬멧
- M1935 갈색 가죽 하프 코트
- 루비 Mle1916용 홀스터
- M1935 캔버스제 오버 팬츠

《 금장 》
- 병과색(카키) 전차 제6대대
- 라이트 그레이 전차 제2대대
- 전차 제512연대

《 헬멧용 병과장 》
- 전차대
- 장갑차대

《 계급장 》
- 소위
- 대위

《 전차병의 표준적 스타일 》
- 베레모 색상은 다크 그레이. 정면에 전차부대장이 부착된다.
- M1935 하프 코트
- 계급장
- M1935 헬멧
- Mle1935용 홀스터
- M1935 바지

베레모의 전차부대장

방독면 가방

《 M1935 하프 코트 》
갈색 가죽 코트. 프랑스 군에서는 전차병용으로 제1차 대전부터 가죽 코트가 채용됐다.

《 M1935 재킷을 착용한 전차병 》
- 금장이 부착된다.
- M1935 재킷

《 M1935 헬멧 》
전차를 포함한 장갑 차량 승무원용 헬멧
정면에 패드가 부속된다.

《 방진 고글 》
전차병이나 오토바이병이 사용.
십자 모양 슬릿이 들어간 눈부심 방지용 고글.

《 M1935 바지 》
- 야전복 등의 바지 위로 입을 수 있는 오버 팬츠.
- 바지단에 스트랩이 있어 발목을 조일 수 있다.

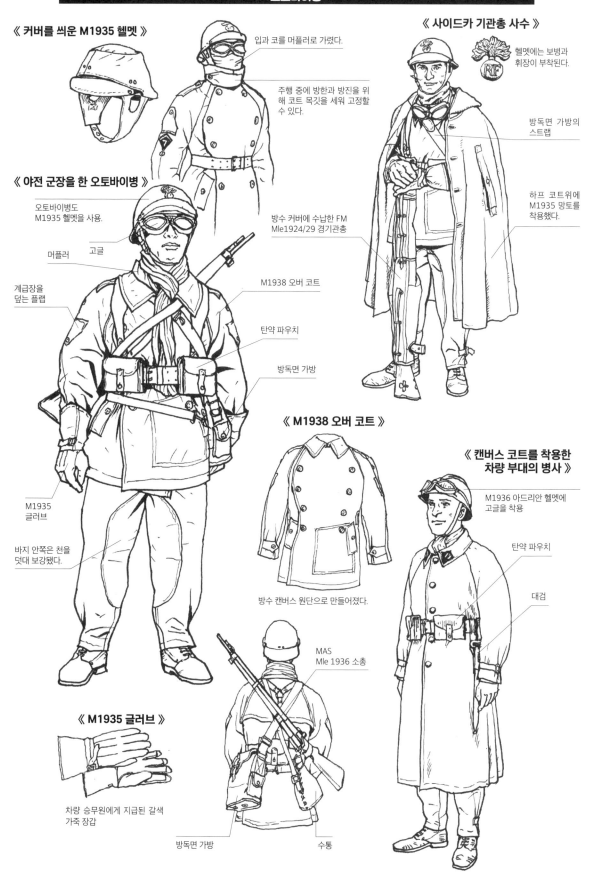

《 커버를 씌운 M1935 헬멧 》

입과 코를 머플러로 가렸다.

주행 중에 방한과 방진을 위해 코트 목깃을 세워 고정할 수 있다.

《 사이드카 기관총 사수 》

헬멧에는 보병과 휘장이 부착된다.

방독면 가방의 스트랩

하프 코트위에 M1935 망토를 착용했다.

《 야전 군장을 한 오토바이병 》

오토바이병도 M1935 헬멧을 사용.

머플러

고글

계급장을 덮는 플랩

방수 커버에 수납한 FM Mle1924/29 경기관총

M1938 오버 코트

탄약 파우치

방독면 가방

M1935 글러브

바지 안쪽은 천을 덧대 보강됐다.

《 M1938 오버 코트 》

《 캔버스 코트를 착용한 차량 부대의 병사 》

M1936 아드리안 헬멧에 고글을 착용

탄약 파우치

대검

방수 캔버스 원단으로 만들어졌다.

MAS Mle 1936 소총

《 M1935 글러브 》

차량 승무원에게 지급된 갈색 가죽 장갑

방독면 가방

수통

외인부대와 식민지군

프랑스군에는 본국 부대 외에 해외 주둔 부대, 식민지 주민으로 구성된 식민지 부대도 편제되어 있었다.
프랑스 항복 후, 프랑스 국외에 있던 이들 식민지 부대는 독일의 괴뢰 정권인 비시 정권 아래 있었으나,
북아프리카에 연합군이 상륙한 이후, 연합군 편에 서서 독일군과 싸웠다.

외인부대

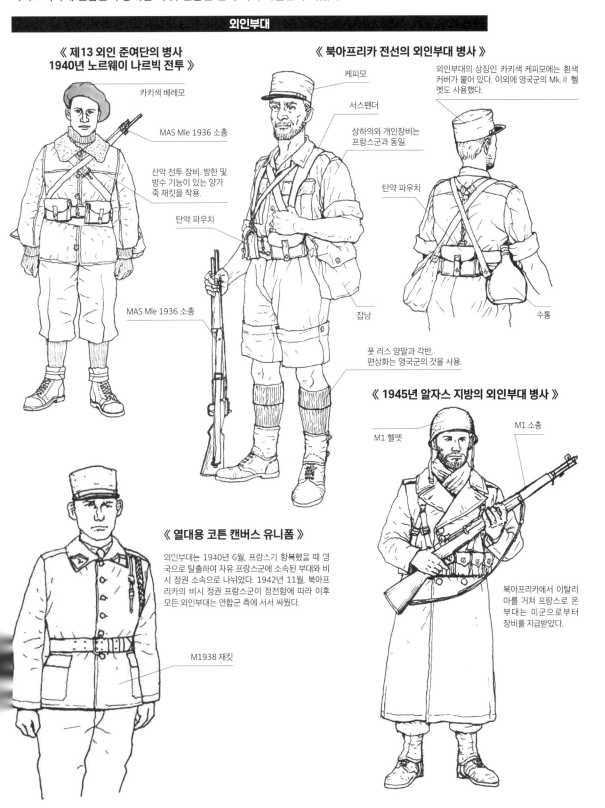

《 제13 외인 준여단의 병사
1940년 노르웨이 나르빅 전투 》

카키색 베레모

MAS Mle 1936 소총

산악 전투 장비. 방한 및
방수 기능이 있는 양가
죽 재킷을 착용.

탄약 파우치

MAS Mle 1936 소총

《 북아프리카 전선의 외인부대 병사 》

케피모

서스펜더

상하의와 개인장비는
프랑스군과 동일.

탄약 파우치

잡낭

풋 리스 양말과 각반,
편상화는 영국군의 것을 사용.

외인부대의 상징인 카키색 케피모에는 흰색
커버가 붙어 있다. 이외에 영국군의 Mk.II 헬
멧도 사용했다.

수통

《 1945년 알자스 지방의 외인부대 병사 》

M1 헬멧

M1 소총

북아프리카에서 이탈리
아를 거쳐 프랑스로 온
부대는 미군으로부터
장비를 지급받았다.

《 열대용 코튼 캔버스 유니폼 》

외인부대는 1940년 6월, 프랑스기 항복했을 때 영
국으로 탈출하여 자유 프랑스에 소속된 부대와 비
시 정권 소속으로 나뉘었다. 1942년 11월, 북아프
리카의 비시 정권 프랑스군이 정전함에 따라 이후
모든 외인부대는 연합군 측에 서서 싸웠다.

M1938 재킷

《 주아브 연대의 병사 》

1831년에 알제리인을 중심으로 편제된 부대. 전통 복장은 제2차 대전 당시에도 사용됐다. 야전 장비는 본토 프랑스군과 동일.

다크 블루 위에 붉은 자수를 넣은 주아브 재킷 착용.

라이트 카키 열대복

붉은색 주아브 팬츠

Mle 1916 카빈

《 세네갈 저격병 연대의 병사 》

세네갈 저격병 연대는 세네갈인을 기간병력으로 편제. 알제리인이나 세네갈인들이 쓴 정모는 붉은 터키모로 야전에서는 카키색 커버를 씌웠다. 이외에 전투 시에는 헬멧도 착용했다.

M1916 소총

더블 브레스트 군복

장식띠(진홍색)

마체테

《 프랑스 육군 야전 군장 차림의 모로코인 병사 》

모로코인 부대는 북아프리카에서 1940년부터 이탈리아군과 싸웠고, 그 후에는 자유 프랑스군에 합류, 이탈리아 전선에서 싸웠다.

《 주아브 연대의 열대용 통상 근무복 》

장식띠(다크 블루)

MAS Mle 1936 소총

《 자유 프랑스군 모로코 연대의 병사 》

M1903 소총

장비는 미군에서 지급된 것을 사용.

민속 의상인 '질레바(Djellaba)'를 착용.

자유 프랑스군 1944년

자유프랑스군은 프랑스가 항복했을 때 영국으로 탈출한 본국 병력에 외인부대, 식민지군으로 편제되었다. 이외에 연합군의 북아프리카 상륙 후, 알제리 등의 식민지에서는 비시 정부에서 이탈하여 자유 프랑스군에 합류하는 부대도 있었다. 자유 프랑스군은 미국과 영국의 지원을 받고 있었기에 군장은 미국식 또는 영국식이었다.

자유 프랑스군의 병사

《 영국군식 장비 차림의 코만도 부대원 》

부대나 소속에 따라 미군식 또는 영국군식 군장으로 나뉘었다.

P37 배틀 드레스

P37 장비

No.4 Mk.I 소총

《 1944년 8월 파리 입성 당시의 제2 기갑사단장 르클레르 장군 》

《 미군식 장비 차림의 제2 모로코 보병사단의 병사 》

M1 헬멧

M1941 필드 재킷

M1 소총

《 미군식 장비의 전차병 》

전차병 헬멧

미군은 자유 프랑스군에 전차 1,400대, 각종 총기 20만 정 외에 피복, 식량 등의 군수품을 제공했다.

M1941 필드 재킷

케피모   M1936 헬멧   전차병 헬멧

미국, 영국으로부터 지원을 받은 자유 프랑스군이었지만, 일부 부대는 심볼이라 할 수 있는 케피모나 헬멧 등의 프랑스식 장비를 사용했다. 계급장이나 휘장 등은 프랑스군의 것 그대로였다.

프랑스 육군의 계급장

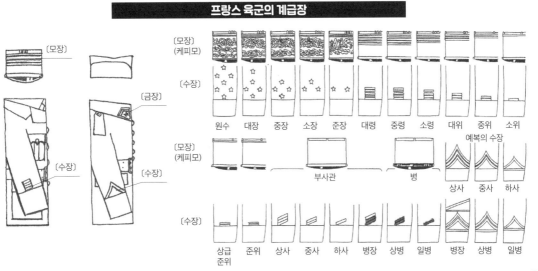

〔모장〕
〔케피모〕

〔수장〕

원수	대장	중장	소장	준장	대령	중령	소령	대위	중위	소위

예복의 수장

〔모장〕
〔케피모〕

부사관   병

상사   중사   하사

〔수장〕

상급 준위	준위	상사	중사	하사	병장	상병	일병	병장	상병	일병

〔모장〕

〔금장〕

〔수장〕

〔수장〕

그 외
기타 연합군

제2차 대전의 연합군이라 하면 미군, 영국군, 소련군을 떠올리게 된다. 하지만, 이 세 국가 외에도 많은 나라들이 1942년 1월의 연합국 공동 선언에 서명하고 연합국의 일원으로 추축국과 싸웠다. 이들 연합군은 과연 어떤 군장을 사용했을까. 여기서는 제2차 대전 초반에 추축국에게 패하고 만 유럽 각국에 더하여 영연방, 그리고 중국군의 군장을 소개하고자 한다.

캐나다군

캐나다군은 영연방의 일원으로 제2차 대전이 시작되자 연합국으로 싸웠다. 캐나다군의 배틀 드레스는 영국군과 거의 같았지만, 캐나다에서 생산했으며 색상은 영국보다 녹색이 진하게 들어간 카키색이었다.

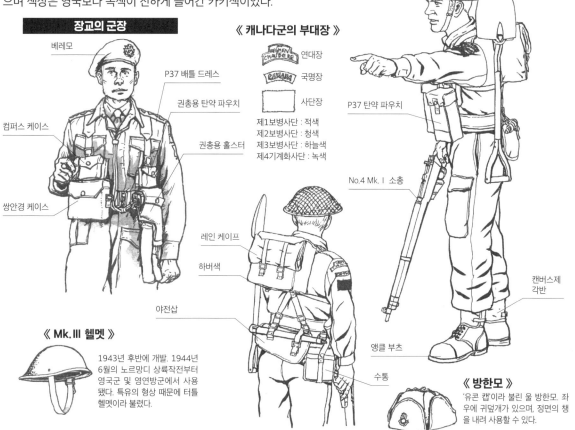

장교의 군장

- 베레모
- P37 배틀 드레스
- 권총용 탄약 파우치
- 권총용 홀스터
- 컴퍼스 케이스
- 쌍안경 케이스

《 캐나다군의 부대장 》

- 연대장
- 국명장
- 사단장

제1보병사단 : 적색
제2보병사단 : 청색
제3보병사단 : 하늘색
제4기계화사단 : 녹색

- 레인 케이프
- 하버색
- 야전삽

《 Mk.Ⅲ 헬멧 》

1943년 후반에 개발. 1944년 6월의 노르망디 상륙작전부터 영국군 및 영연방군에서 사용됐다. 특유의 형상 때문에 터틀 헬멧이라 불렸다.

육군 병사의 기본 스타일

- Mk.Ⅱ 헬멧
- 하버색 옆에 삽을 결속
- P37 탄약 파우치
- No.4 Mk.Ⅰ 소총
- 캔버스제 각반
- 앵클 부츠
- 수통

《 방한모 》

'유콘 캡'이라 불린 울 방한모. 좌우에 귀덮개가 있으며, 정면의 챙을 내려 사용할 수 있다.

대전 후반의 보병

- 위장 그물을 씌운 Mk.Ⅲ 헬멧
- 방한용 가죽 저킨
- P37 탄약 파우치
- 스텐 Mk.Ⅱ 기관단총
- No.4 Mk.Ⅰ 소총

공수부대원

- 공수 헬멧
- 데니슨 스목
- P37 탄약 파우치

캐나다군 공수부대는 1941년에 창설되어 1944년 6월에 제1공수대대가 노르망디 상륙작전의 일환인 공수작전에 참가했다.

전차병

검정 베레모에는 전차부대의 휘장이 부착되었다.

- 데님 원단으로 만든 탱크 오버올.
- 권총용 탄약 파우치
- 권총용 홀스터

오스트레일리아군

영연방의 일원인 오스트레일리아는 1939년 9월에 독일에 선전포고를 했다. 이후 오스트레일리아군은 북아프리카 전선과 이탈리아 전선, 태평양 전선 등에서 싸웠고, 종전 시까지 40만 명을 파병했다. 군장은 영국식이다.

《 슬라우치 햇 》

영국 식민지 시대부터 군에서 사용된 울 펠트제 모자로, 1903년에 오스트레일리아군의 정모로 채용됐다.

모장

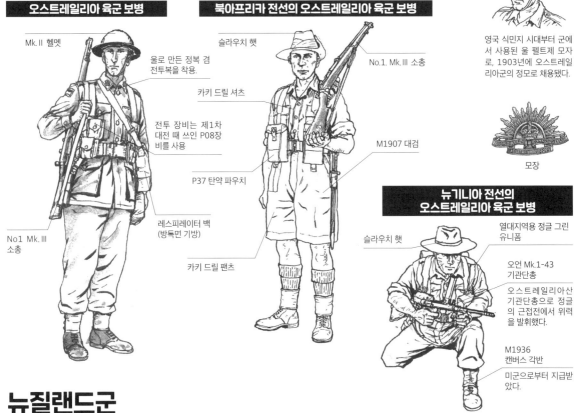

오스트레일리아 육군 보병

Mk. II 헬멧

울로 만든 정복 겸 전투복을 착용.

전투 장비는 제1차 대전 때 쓰인 P08장비를 사용

레스피레이터 백 (방독면 가방)

No1 Mk. III 소총

북아프리카 전선의 오스트레일리아 육군 보병

슬라우치 햇

No.1. Mk. III 소총

카키 드릴 셔츠

M1907 대검

P37 탄약 파우치

카키 드릴 팬츠

뉴기니아 전선의 오스트레일리아 육군 보병

슬라우치 햇

열대지역용 정글 그린 유니폼

오언 Mk.1-43 기관단총

오스트레일리아산 기관단총으로 정글의 근접전에서 위력을 발휘했다.

M1936 캔버스 각반

미군으로부터 지급받았다.

태평양 전선의 오스트레일리아 병사는 카키색 외에 그린 코튼제 야전복을 사용했다. 또한 미국의 지원으로 미국산 전투 장비도 일부 부대에 지급됐다.

뉴질랜드군

영연방 국가인 뉴질랜드도 유럽, 이탈리아, 북아프리카, 태평양의 여러 전선에 육군을 파병했다. 뉴질랜드의 군장도 영국군의 것에 준한 모습이었다.

이탈리아 전선의 뉴질랜드군 브렌 경기관총 사수

뉴질랜드군 견장 검정 바탕에 흰색으로 'NEW ZEALAND'라는 문자가 들어갔다.

위장 그물을 씌운 Mk. II 헬멧

제2 보병사단 부대장

P37 배틀 드레스

P37 탄약 파우치

브렌 Mk. I 경기관총

경기관총용 공구 케이스

각반

앵클 부츠

P37 배틀 드레스 트라우저스

뉴질랜드군의 열대지역용 군장

Mk. II 헬멧

카키드릴 셔츠

개인 장비는 P08 장비를 사용.

카키 드릴 팬츠

P1907 대검

No.1 Mk. III 소총

《 뉴질랜드군의 슬라우치 햇 》

모장

모장이 부착된다.

남아프리카군

남아프리카는 1939년 9월 4일, 독일에 선전포고를 했으며, 주로 육군 병력이 북아프리카에서 싸웠다.

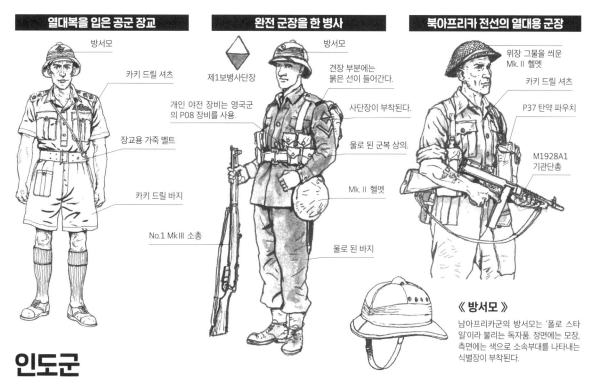

열대복을 입은 공군 장교
- 방서모
- 카키 드릴 셔츠
- 장교용 가죽 벨트
- 카키 드릴 바지

완전 군장을 한 병사
- 제1보병사단장
- 방서모
- 견장 부분에는 붉은 선이 들어간다.
- 사단장이 부착된다.
- 개인 야전 장비는 영국군의 P08 장비를 사용.
- 울로 된 군복 상의.
- Mk.II 헬멧
- No.1 MkIII 소총
- 울로 된 바지

북아프리카 전선의 열대용 군장
- 위장 그물을 씌운 Mk.II 헬멧
- 카키 드릴 셔츠
- P37 탄약 파우치
- M1928A1 기관단총

《 방서모 》
남아프리카군의 방서모는 '폴로 스타일'이라 불리는 독자품. 정면에는 모장, 측면에는 색으로 소속부대를 나타내는 식별장이 부착된다.

인도군

인도는 1939년 9월 대전 발발부터 1945년 8월 종전까지 250만 명의 장병을 동원하여 중동, 북아프리카, 이탈리아, 버마 전선 등지에서 추축군과 싸웠다.

시크 교도는 터번을 착용. 민족이나 지역에 따라 두르는 법이 여러 가지였다.

구르카 병은 슬라우치 햇을 주로 썼다.

제5 인도 보병사단의 병사

북아프리카 가잘라 전투 (1942년 5~6월)에 참가했다.

제3 인도 차량화 사단 병사
- Mk.II 헬멧에 커버를 씌웠다.
- 열대복 위에 스웨터를 착용
- 야전 장비는 P08을 착용.
- No.1 Mk.III 소총

북아프리카전선의 시크교도 병사
- 터번
- 카키 드릴 셔츠
- 일명 '구르카 나이프'라 불리는 전통 단검.
- No.1 Mk.III 소총
- 수통

구르카 병
- 슬라우치 햇
- 쿠크리
- P37 탄약 파우치

네팔의 구르카족으로 편제된 구르카 여단의 병사. 용맹함으로 유명하며 제2차 대전 중에는 북아프리카, 이탈리아, 버마 전선에 투입됐다.

폴란드군

독일군의 전격전과 소련군의 침공으로 폴란드는 개전 후 1개월 만에 항복할 수밖에 없었다. 항복 후, 폴란드 정부의 각료 일부는 망명지인 영국에서 망명 정부를 수립하고 자유 폴란드군(폴란드 공화국)을 편성했는데, 이외에도 폴란드 국내에서 독일군에 저항한 국내군, 런던 망명 정부에 대항하여 소련의 지원을 받아 창설된 폴란드 국민 해방 위원회(루블린 정부)의 폴란드 군단도 독일군과 싸웠다.

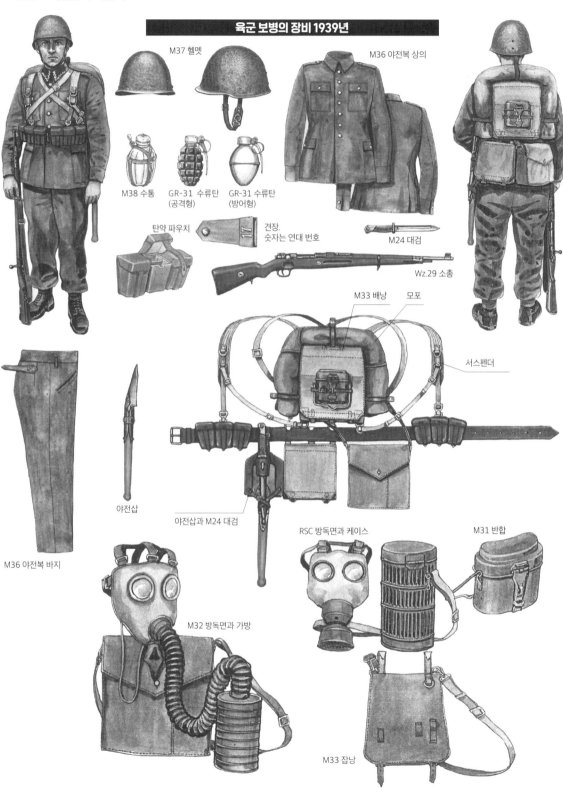

육군 보병의 장비 1939년

M37 헬멧

M36 야전복 상의

M38 수통

GR-31 수류탄 (공격형)

GR-31 수류탄 (방어형)

탄약 파우치

견장. 숫자는 연대 번호

M24 대검

Wz.29 소총

M33 배낭

모포

서스펜더

야전삽

야전삽과 M24 대검

M36 야전복 바지

M32 방독면과 가방

RSC 방독면과 케이스

M31 반합

M33 잡낭

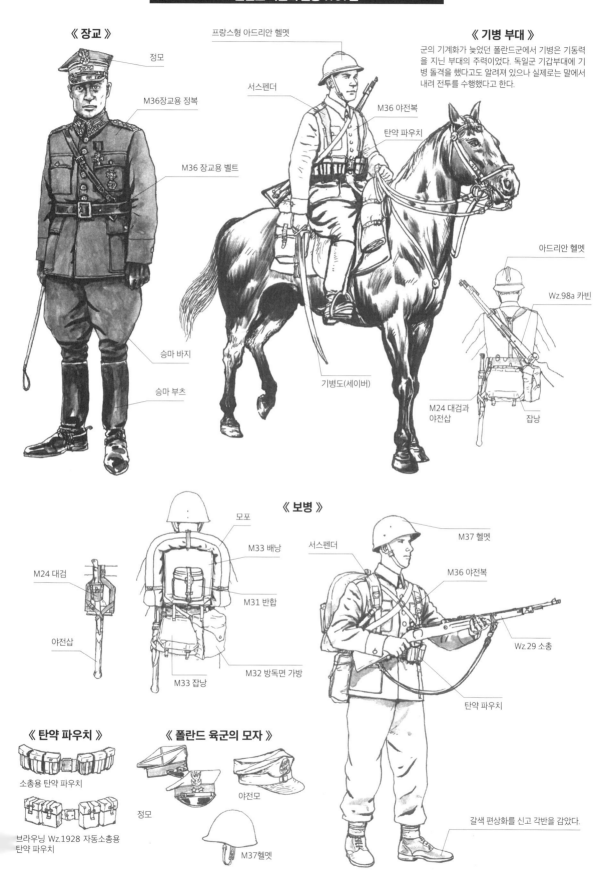

《 장교 》

정모

M36장교용 정복

M36 장교용 벨트

승마 바지

승마 부츠

프랑스형 아드리안 헬멧

서스펜더

M36 야전복

탄약 파우치

기병도(세이버)

《 기병 부대 》

군의 기계화가 늦었던 폴란드군에서 기병은 기동력을 지닌 부대의 주력이었다. 독일군 기갑부대에 기병 돌격을 했다고도 알려져 있으나 실제로는 말에서 내려 전투를 수행했다고 한다.

아드리안 헬멧

Wz.98a 카빈

M24 대검과 야전삽

잡낭

《 보병 》

M24 대검

야전삽

모포

M33 배낭

M31 반합

M32 방독면 가방

M33 잡낭

서스펜더

M37 헬멧

M36 야전복

Wz.29 소총

탄약 파우치

갈색 편상화를 신고 각반을 감았다.

《 탄약 파우치 》

소총용 탄약 파우치

브라우닝 Wz.1928 자동소총용 탄약 파우치

《 폴란드 육군의 모자 》

정모

야전모

M37헬멧

《 자유 폴란드군 경기관총 사수(이탈리아 전선) 》

자유 폴란드군은 이탈리아 전선의 격전지였던 몬테카시노의 전투에 투입되어 몬테카시노 점령에 성공했다.

위장 그물을 씌운 Mk. II 헬멧.

야전복과 장비는 영국군과 동일.

브렌 경기관총

PPSh-41 기관단총

헬멧의 국가장 (데칼)

《 폴란드 군단 병사 》

폴란드 군단은 소련의 지원을 받았기에 군장도 소련식이 많았다. 일러스트의 병사도 정모와 야전복 이외에는 소련군의 것을 사용하고 있다.

폴란드군 야전모

폴란드군 M36 야전복

기관단총용 30 연발 탄약 파우치

소련군의 브리치형 바지

각반

《 폴란드 군단이 사용한 소련제 M40 헬멧 》

정면에는 폴란드 국가장이 흰색 페인트로 칠해져 있다.

《 폴란드 군단의 전차병 》

소련군 전차모

1935년에 제정된 김나스초르카

브리치형 바지

장화

《 자유 폴란드군 기갑 장교 》

베레모

데님 원단 오버올

RAC홀스터

베레모의 모장 국가장 아래의 별은 중위 계급장

《 자유 폴란드군 제1공수여단 병사 》

1944년 9월에 실시된 마켓 가든 작전에 참가, 현지에 공수 강하했다. 공수 장비는 영국군의 장비를 사용했다.

위장 그물을 씌운 공수 헬멧

데니슨 스목

탄약 파우치

No.4 Mk. I 소총

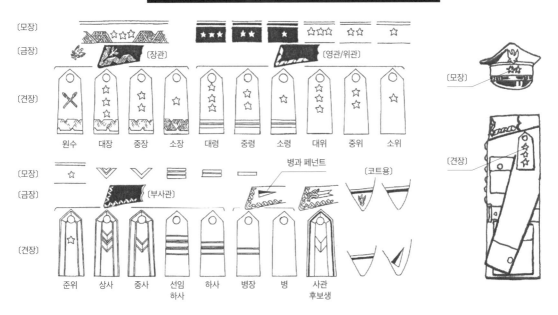

〔모장〕
〔금장〕 〔장관〕 〔영관/위관〕

〔견장〕
원수 대장 중장 소장 대령 중령 소령 대위 중위 소위

〔모장〕 병과 페넌트 〔코트용〕
〔금장〕 〔부사관〕

〔견장〕
준위 상사 중사 선임 하사 병장 병 사관
하사 후보생

〔모장〕

〔견장〕

벨기에군

벨기에군은 국경에 18만 명의 병력을 집중시켜 독일을 경계하고 있었다. 하지만 1940년 5월 10일에 독일의 서방 전격전이 시작되었고, 이에 저항했지만 결국 5월 28일에 항복했다.

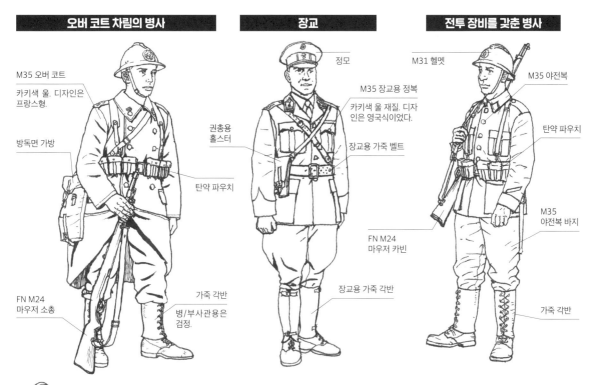

오버 코트 차림의 병사

M35 오버 코트
카키색 울. 디자인은 프랑스형.

방독면 가방

탄약 파우치

FN M24 마우저 소총

가죽 각반
병/부사관용은 검정.

장교

정모

M35 장교용 정복
카키색 울 재질. 디자인은 영국식이었다.

권총용 홀스터

장교용 가죽 벨트

FN M24 마우저 카빈

장교용 가죽 각반

전투 장비를 갖춘 병사

M31 헬멧

M35 야전복

탄약 파우치

M35 야전복 바지

가죽 각반

《 M31 헬멧 》
헬멧은 프랑스군과 같은 모델. 정면에는 국가장이 부착된다.

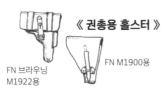

《 권총용 홀스터 》

FN 브라우닝 M1922용

FN M1900용

룩셈부르크군

비무장 중립이었던 룩셈부르크는 1940년 5월 10일에 독일군의 침공을 받아 다음날인 11일에 점령되고 말았다.

벨기에 육군의 계급장

	장관	대령	영관	위관	준위
[모장]					

	중장	소장	대령 (포병)	대령	중령	소령	상급 대위	대위	중위	소위
[금장]										

	상급 준위	준위	상사	중사	하사	병장	일병	부사관 〔금장〕 〔견장〕	장교 〔금장〕 〔견장〕
[금장] [수장]									

보병

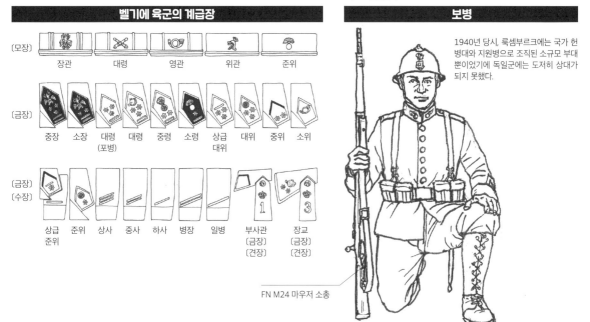

1940년 당시, 룩셈부르크에는 국가 헌병대와 지원병으로 조직된 소규모 부대뿐이었기에 독일군에는 도저히 상대가 되지 못했다.

FN M24 마우저 소총

덴마크군

1940년 4월 9일, 덴마크는 독일군 지상부대와 공수부대의 공격을 받았다. 독일군에 맞서 저항했지만, 결국 저녁 무렵에는 항복하고 점령 당했다.

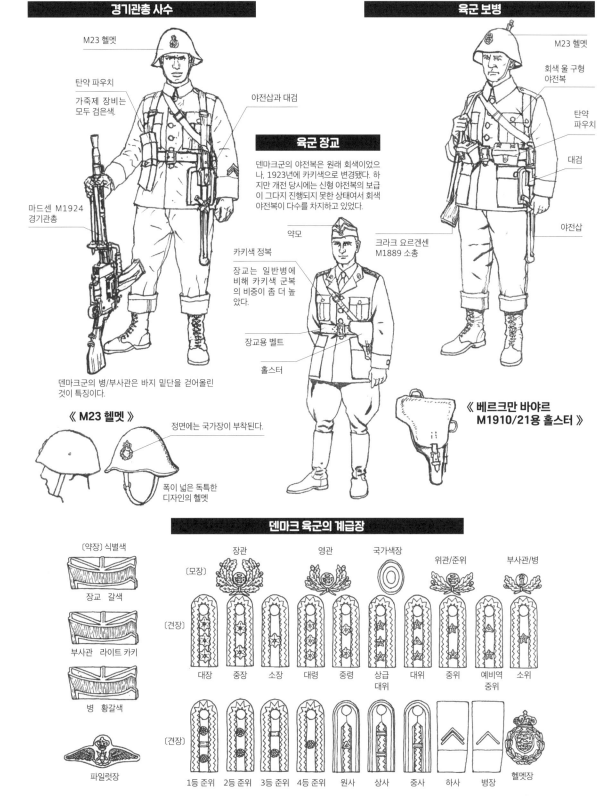

경기관총 사수

M23 헬멧

탄약 파우치
가죽제 장비는 모두 검은색.

야전삽과 대검

마드센 M1924 경기관총

덴마크군의 병/부사관은 바지 밑단을 걷어올린 것이 특징이다.

《 M23 헬멧 》

정면에는 국가장이 부착된다.

폭이 넓은 독특한 디자인의 헬멧

육군 장교

덴마크군의 야전복은 원래 회색이었으나, 1923년에 카키색으로 변경됐다. 하지만 개전 당시에는 신형 야전복의 보급이 그다지 진행되지 못한 상태여서 회색 야전복이 다수를 차지하고 있었다.

약모

카키색 정복

장교는 일반병에 비해 카키색 군복의 비중이 좀 더 높았다.

장교용 벨트

홀스터

크라크 요르겐센 M1889 소총

육군 보병

M23 헬멧

회색 울 구형 야전복

탄약 파우치

대검

야전삽

《 베르크만 바야르 M1910/21용 홀스터 》

덴마크 육군의 계급장

〔약장〕 식별색

장교 갈색

부사관 라이트 카키

병 황갈색

파일럿장

		장관	영관	국가색장		위관/준위		부사관/병
〔모장〕								
〔견장〕	대장	중장	소장	대령	중령	상급 대위	대위	중위	예비역 중위	소위

1등 준위	2등 준위	3등 준위	4등 준위	원사	상사	중사	하사	병장	헬멧장

네덜란드군

벨기에, 룩셈부르크와 마찬가지로 독일군의 공격을 받은 네덜란드는 제2차 대전 발발로부터 독일군 침공까지 23개 보병사단이 편제되어 있었다. 하지만 화포나 기갑 차량이 구식이었던 데다 숫자도 적었다. 전투는 5월 10일에 시작되었고 네덜란드군은 각지에서 저항했지만, 5월 17일에 항복하고 말았다.

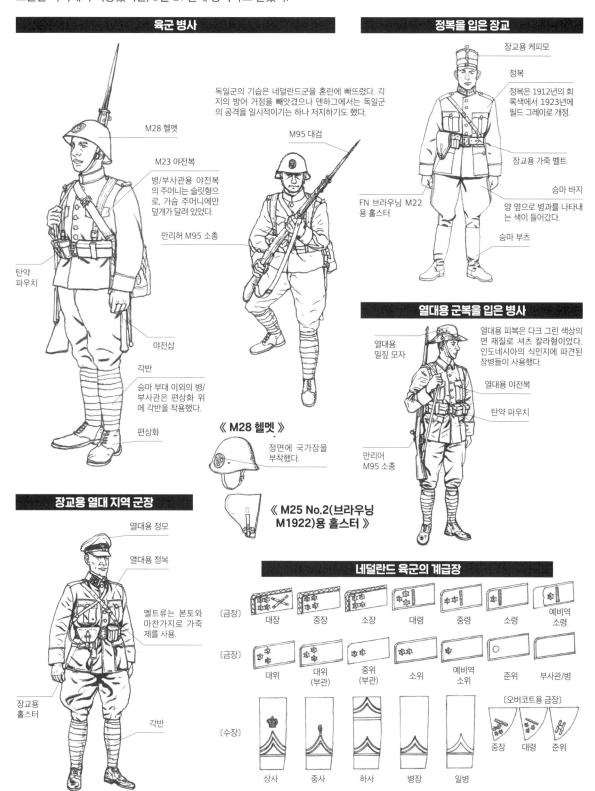

육군 병사

- M28 헬멧
- M23 야전복
- 병/부사관용 야전복의 주머니는 슬릿형으로, 가슴 주머니에만 덮개가 달려 있었다.
- 만리허 M95 소총
- 탄약 파우치
- 야전삽
- 각반
- 승마 부대 이외의 병/부사관은 편상화 위에 각반을 착용했다.
- 편상화

독일군의 기습은 네덜란드군을 혼란에 빠뜨렸다. 각지의 방어 거점을 빼앗겼으나 덴하그에서는 독일군의 공격을 일시적이기는 하나 저지하기도 했다.

- M95 대검
- FN 브라우닝 M22용 홀스터

《 M28 헬멧 》
정면에 국가장을 부착했다.

《 M25 No.2(브라우닝 M1922)용 홀스터 》

정복을 입은 장교

- 장교용 케피모
- 정복
- 정복은 1912년의 회록색에서 1923년에 필드 그레이로 개정.
- 장교용 가죽 벨트
- 승마 바지
- 양 옆으로 병과를 나타내는 색이 들어갔다.
- 승마 부츠

열대용 군복을 입은 병사

열대용 피복은 다크 그린 색상의 면 재질로 셔츠 칼라형이었다. 인도네시아의 식민지에 파견된 장병들이 사용했다.

- 열대용 밀짚 모자
- 열대용 야전복
- 탄약 파우치
- 만리어 M95 소총

장교용 열대 지역 군장

- 열대용 정모
- 열대용 정복
- 벨트류는 본토와 마찬가지로 가죽제를 사용.
- 장교용 홀스터
- 각반

네덜란드 육군의 계급장

〔금장〕	대장	중장	소장	대령	중령	소령	예비역 소령

〔금장〕	대위	대위 (부관)	중위 (부관)	소위	예비역 소위	준위	부사관/병

〔수장〕	상사	중사	하사	병장	일병	〔오버코트용 금장〕	
						중장	대령	준위

노르웨이군

1940년 4월 9일, 독일의 침공을 받은 노르웨이는 영국군의 협력을 받아가며 저항했다. 하지만 5월 10일에 독일이 프랑스를 침공하여 영국군이 철수하게 되면서 병력이 열세였던 노르웨이는 6월 10일에 항복하고 말았다.

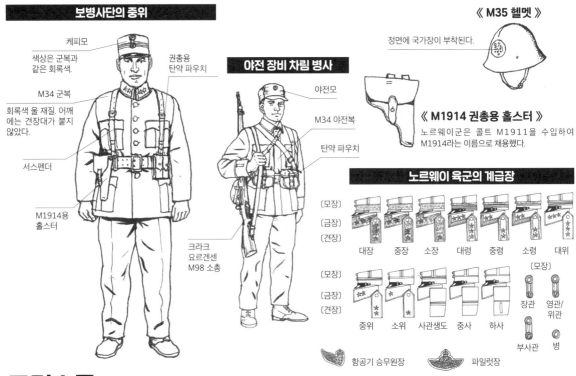

보병사단의 중위
- 케피모
- 색상은 군복과 같은 회록색.
- M34 군복
- 회록색 울 재질. 어깨에는 견장대가 붙지 않았다.
- 서스펜더
- M1914용 홀스터
- 권총용 탄약 파우치

야전 장비 차림 병사
- 야전모
- M34 야전복
- 탄약 파우치
- 크라크 요르겐센 M98 소총

《 M35 헬멧 》
- 정면에 국가장이 부착된다.

《 M1914 권총용 홀스터 》
노르웨이군은 콜트 M1911을 수입하여 M1914라는 이름으로 채용했다.

노르웨이 육군의 계급장

	대장	중장	소장	대령	중령	소령	대위
〔모장〕 〔금장〕 〔견장〕							

	중위	소위	사관생도	중사	하사
〔모장〕 〔금장〕 〔견장〕					

- 장관 〔모장〕
- 영관/위관
- 부사관
- 병

- 항공기 승무원장
- 파일럿장

그리스군

그리스는 1940년 10월에 이탈리아군의 침공을 받았으나 이를 격퇴했다. 하지만 이듬해 4월 6일에 독일군이 침공했을 때는 저항했지만, 끝내 막아내지 못했으며, 주둔하고 있던 영연방군이 철수하면서 4월 30일에 항복하고 말았다.

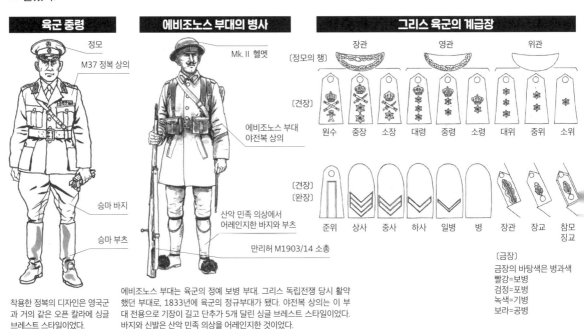

육군 중령
- 정모
- M37 정복 상의
- 승마 바지
- 승마 부츠

착용한 정복의 디자인은 영국군과 거의 같은 오픈 칼라에 싱글 브레스트 스타일이었다.

에비조노스 부대의 병사
- Mk.II 헬멧
- 에비조노스 부대 야전복 상의
- 산악 민족 의상에서 어레인지한 바지와 부츠
- 만리허 M1903/14 소총

에비조노스 부대는 육군의 정예 보병 부대. 그리스 독립전쟁 당시 활약했던 부대로, 1833년에 육군의 정규부대가 됐다. 야전복 상의는 이 부대 전용으로 기장이 길고 단추가 5개 달린 싱글 브레스트 스타일이었다. 바지와 신발은 산악 민족 의상을 어레인지한 것이었다.

그리스 육군의 계급장

	장관			영관			위관		
〔정모의 챙〕									
〔견장〕	원수	중장	소장	대령	중령	소령	대위	중위	소위

	준위	상사	중사	하사	일병	병	장관	장교	참모 징교
〔견장〕 〔완장〕									

〔금장〕
금장의 바탕색은 병과색
빨강=보병
검정=포병
녹색=기병
보라=공병

90

유고슬라비아군

1941년 3월 27일, 유고슬라비아에서 반 나치 세력의 쿠데타가 발생, 새 정권이 탄생했다. 추축 동맹으로 참가할 것을 종용하던 히틀러가 이 사태에 대해 강경책을 택하면서, 같은 해 4월 6일에 공습과 기갑 부대의 공격이 시작됐고 13일에 수도인 베오그라드를 점령, 17일까지 전 국토를 제압했다. 그 후, 왕국 정부는 국외로 망명하여 유고슬라비아 왕국 망명정부를 구성하여 싸움을 계속했다. 또한 파르티잔이 전 국토에서 봉기했고, 1943년에는 유고슬라비아 민주 연방이 성립되어 저항 활동을 계속했다.

보병사단의 병사

약모

세르비아 육군형 군복
제1차 대전부터 사용해 온 군복으로 1940년 당시, 신형인 싱글 브레스트 스타일이 채용되기는 했지만 구형 군복을 입은 병사도 많았다.

탄약 파우치

브리치형 바지

각반

편상화

보병 부대의 장교

정면에 국가색장이 부착된다.

약모

제정 러시아형 견장

장교용 정복

소매를 걷어올린 곳에 병과색 라인이 들어간다.

승마 바지

양쪽에 병과색 라인이 들어간다.

승마 부츠

유고슬라비아 육군 병사

프랑스형 헬멧

군복의 목깃과 어깨, 팔에는 부대장을 부착하지 않았다. 그 대신 목깃 부분에는 병과와 색장을 나타내는 병과 색장을 부착했다.

탄약 파우치

M1924 소총

파르티잔 부대

요시프 브로즈 티토가 이끈 파르티잔 부대는 유고슬라비아군의 군장과 연합군의 지원물자, 노획한 독일군 병기로 무장했다. 조직이 거대화되면서 1943년 5월에 이르러서는 계급도 정리되었다.

유고슬라비아 육군의 계급장

〔견장〕〔수장〕 〔견장〕 〔모장〕

원수 대장 중장 소장 대령 중령 소령

정모 장교 / 약모 장교 / 약모 병/부사관

1등 대위 2등 대위 중위 소위 1등 상사 2등 상사 3등 상사 상급 중사 중사 하사 병

견장 테두리는 병과색
빨강=보병
검정=포병
보라=공병
하늘색=기병 〔견장〕

파르티잔의 계급장

소령 중령 대령 소장 중장 대장 원수

병장 하사 중사 준위 사관후보생 소위 중위 대위

파르티잔 여군 병사

파르티잔 부대에는 다수의 여성이 소속되어 전투에도 참가했다. 파르티잔 부대는 1945년 4월에 이르면 80만 명이 넘는 조직으로 성장했다.

남성용 군복을 그대로 착용.

파르티잔 병사

군복은 유고슬라비아군의 것을 사용

각반 외에 장화도 사용했다

화기도 유고슬라비아군의 것을 중심으로 독일, 영국, 미국 등 여러 가지를 사용했다.

중화민국 국민혁명군(국민당군)

독일의 지원을 받고 있던 중국 국민당은 1933년에 독일에서 한스 폰 젝트 장군의 군사고문단을 초빙함과 동시에 최신 무기도 수입하여 군비를 충실히 갖추고자 했다. 1930년대 말에는 인도나 프랑스령 인도차이나 방면으로부터 영국과 프랑스의 군사 원조도 시작됐다. 이렇게 수입한 장비와 국내 생산 장비로 일본군에 맞서 싸웠다.

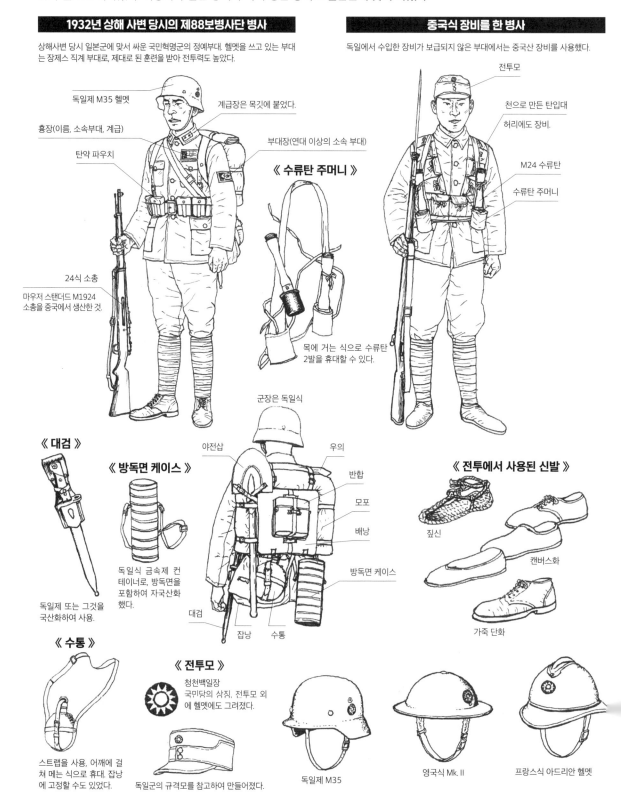

1932년 상해 사변 당시의 제88보병사단 병사

상해사변 당시 일본군에 맞서 싸운 국민혁명군의 정예부대. 헬멧을 쓰고 있는 부대는 장제스 직계 부대로, 제대로 된 훈련을 받아 전투력도 높았다.

독일제 M35 헬멧

계급장은 목깃에 붙었다.

흉장(이름, 소속부대, 계급)

탄약 파우치

부대장(연대 이상의 소속 부대)

24식 소총
마우저 스탠더드 M1924 소총을 중국에서 생산한 것.

중국식 장비를 한 병사

독일에서 수입한 장비가 보급되지 않은 부대에서는 중국산 장비를 사용했다.

전투모

천으로 만든 탄입대

허리에도 장비.

M24 수류탄

수류탄 주머니

《 수류탄 주머니 》

목에 거는 식으로 수류탄 2발을 휴대할 수 있다.

《 대검 》

독일제 또는 그것을 국산화하여 사용.

《 방독면 케이스 》

독일식 금속제 컨테이너로, 방독면을 포함하여 자국산화 했다.

군장은 독일식

야전삽

우의

반합

모포

배낭

방독면 케이스

대검

잡낭

수통

《 전투에서 사용된 신발 》

짚신

캔버스화

가죽 단화

《 수통 》

스트랩을 사용, 어깨에 걸쳐 메는 식으로 휴대. 잡낭에 고정할 수도 있었다.

《 전투모 》

청천백일장
국민당의 상징, 전투모 외에 헬멧에도 그려졌다.

독일군의 규격모를 참고하여 만들어졌다.

독일제 M35

영국식 Mk. II

프랑스식 아드리안 헬멧

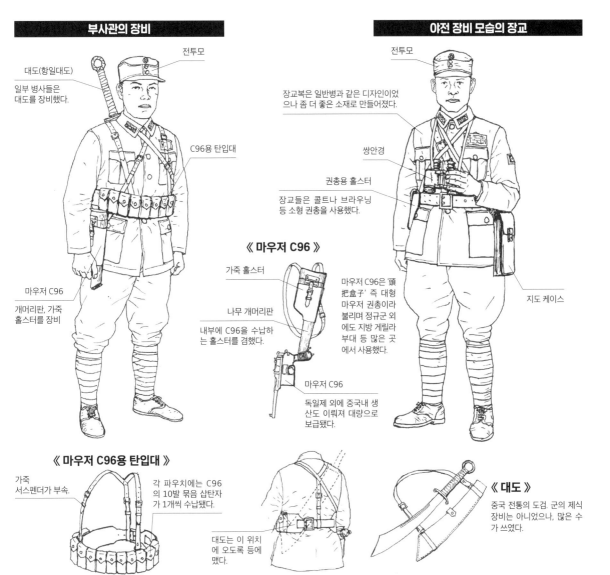

부사관의 장비

전투모

대도(항일대도)
일부 병사들은
대도를 장비했다.

C96용 탄입대

마우저 C96
개머리판, 가죽
홀스터를 장비

야전 장비 모습의 장교

전투모

장교복은 일반병과 같은 디자인이었
으나 좀 더 좋은 소재로 만들어졌다.

쌍안경

권총용 홀스터

장교들은 콜트나 브라우닝
등 소형 권총을 사용했다.

지도 케이스

《 마우저 C96 》

가죽 홀스터

나무 개머리판
내부에 C96을 수납하
는 홀스터를 겸했다.

마우저 C96

마우저 C96은 '頭
把盒子' 즉 대형
마우저 권총이라
불리며 정규군 외
에도 지방 게릴라
부대 등 많은 곳
에서 사용했다.

독일제 외에 중국내 생
산도 이뤄져 대량으로
보급됐다.

《 마우저 C96용 탄입대 》

가죽
서스펜더가 부속.

각 파우치에는 C96
의 10발 묶음 삽탄자
가 1개씩 수납됐다.

대도는 이 위치
에 오도록 등에
맸다.

《 대도 》

중국 전통의 도검. 군의 제식
장비는 아니었으나, 많은 수
가 쓰였다.

통상 근무복 차림 장교

사령부 등, 후방에서 근무할 경우, 바지는
스트레이트 형을 입었다. 또한 승마 바지
에 장화를 신은 고급 장교도 있었다.

샘 브라운 벨트

단검

1930년대의 전차병

국민혁명군은 1920년대 말부터 1930년대
초까지 독일과 영국에서 장갑 차량을 수입,
일부는 일본군과의 전투에 투입했다. 복장
은 일반병과 다르지 않았다.

가죽 전차모

가죽 벨트

권총용
홀스터

국민혁명군 육군의 계급장

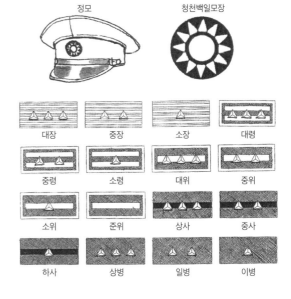

정모

청천백일모장

대장	중장	소장	대령
중령	소령	대위	중위
소위	준위	상사	중사
하사	상병	일병	이병

독일의 군사 원조로 근대화를 진행한 국민혁명군이었지만, 군의 기초를 이루고 있던 것은 지방 군벌
의 사병 부대였다. 때문에 편제, 훈련, 장비가 통일되지 못했고, 장비뿐 아니라 병력의 질도 제각각이
었다.

《 모자 》

북방 부대의 병사

귀덮개가 달린 전투모

천 주머니를 어깨에 멨다.

천으로 된 소총용 탄입대를 착용.

미국산
M1928 기관단총

각반을 두르고 캔버스화를 착용.

기관단총을 든 북방 부대의 병사

국민당의 정예부대 외에도 자금 사정이 좋은 군벌 부대
에서는 기관단총이나 경기관총을 장비한 비율이 높았다.

전투모

기관단총용 탄약 파우치

가죽 단화

모장이 부착된다

귀덮개가 달렸다

북방 부대의 전투모

모피가 달린 야전모도 있었다.

방한모

하계용 군복 차림의 남방 부대 병사

독일제 M35 헬멧

소총용 탄입대

반바지

짚신을 신었음

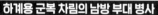

남방 제43연대 제15 기동부대의 병사

소총용 탄입대

대검

등에는 삿갓을
메고 있다.

짚신을 신었다.

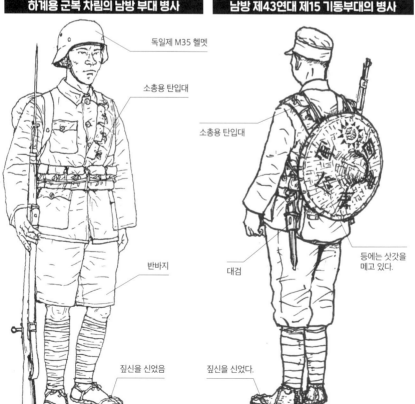

《 소총용 탄입대 》

《 ZB 경기관총용 탄입대 》
20연발 탄창 6개를 수납할 수 있다.

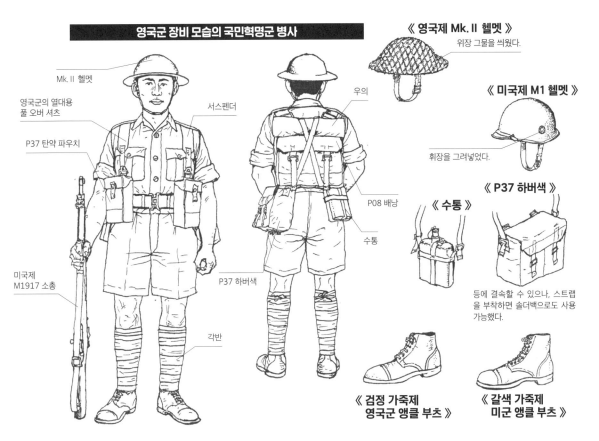

영국군 장비 모습의 국민혁명군 병사

Mk.II 헬멧

영국군의 열대용
풀 오버 셔츠

P37 탄약 파우치

미국제
M1917 소총

서스펜더

우의

P08 배낭

P37 하버색

수통

각반

《 영국제 Mk.II 헬멧 》
위장 그물을 씌웠다.

《 미국제 M1 헬멧 》
휘장을 그려넣었다.

《 수통 》

《 P37 하버색 》
등에 결속할 수 있으나, 스트랩을 부착하면 숄더백으로도 사용 가능했다.

《 검정 가죽제 영국군 앵클 부츠 》

《 갈색 가죽제 미군 앵클 부츠 》

미군 장비 모습의 병사

M1 헬멧

미군 카키
코튼 셔츠

개인 장비는
영국군의 P37 장비

미국제
M1928 기관단총

미군의 스웨터

미군의 바지

M1 헬멧

미군의 카키 코튼 셔츠

개인 장비는 영국군의 것이 많이 사용됐다.

M1 헬멧

국민당군의 군복

미국의 카트리지 벨트를 착용

국민당군의 전투모

미국의 M1941 필드 재킷
이외에 HBT 작업복 등의 피복도 지급됐다.

미국의 권총 벨트

미국은 인도를 경유하여 국민당 지원을 시작했다. 이 지원에는 군수 물자의 지급 외에 부대의 훈련도 포함되어 있었다. 훈련을 받은 부대는 이후 버마 전선에서 일본군과의 전투에 투입됐다.

미군 장비 모습의 전차병

전차병 헬멧과 고글

작업용 커버올

권총 벨트

인도·버마 방면의 국민당군은 1944년에 들어서면서 미군으로부터 M3 경전차와 M4 전차를 받아 기갑 대대를 편제했다.

중국 공산당군

중국 공산당은 1927년에 '중국공농홍군(일명 홍군)'을 조직, 장제스의 국민당군과의 전투를 시작했다. 이후 국민당과 공산당은 제2차 국공합작(1937년)에 따라 내전을 일시 중단하고 항일 통일 전선을 결성했다. 화북 방면에서 활동한 홍군은 국민당 정부 지휘 아래에 편입되어 국민혁명군 제8로군(여기서 '로(路)'는 지방을 뜻하며 다시 말해 제8방면군이라는 의미가 된다)이 탄생했다. 공산당군은 게릴라전을 전개, 일본군의 까다로운 상대였다.

《 공산당군의 군상복 스타일 》

중국의 군복은 군상복(軍常服)이라고 불린다. 1936년에 원단 색상이 청회색에서 카키색으로 개정됐지만 생산과 보급 문제가 있어 개정 후에도 여전히 구형 군복이 계속 사용됐다.

《 하계 약장용 반바지 차림 병사 》

약장용 상의는 반소매형이었다. 일러스트는 통상의 긴팔옷을 착용한 병사. 가죽 신발의 보급은 일부 정예부대에 그쳤기에 일반적으로는 캔버스화나 일러스트처럼 짚신을 많이 신었다.

《 팔로군의 병사 》

전투모

체코슬로바키아제 ZB26 경기관총

복장은 국민당군과 같은 회색 상하의를 착용.

왼팔에는 부대장을 부착

소총용 탄입대

각반

캔버스화

《 공산당군의 병사 》

소총용 탄입대는 일러스트처럼 2개를 휴대한 병사도 있는가 하면 1개만 휴대한 병사도 있었다.

소하기는 중국산과 독일제 마우저 계통 소총을 중심으로 일본, 미국제 등의 다양한 화기가 사용됐다.

《 신사군의 병사 》

동계용 야전모

팔로군과 신사(四)군의 군장은 거의 차이가 없었다. 야전 군장은 경장으로, 벨트에 소총용 탄입대를 착용한 것이 일반적.

신사군은 국민혁명군 신편 제4군(육군 신편 제4군)으로 화남 지구의 홍군을 재편제한 부대였다.

《 수장 》

八路

팔로군의 수장

N4A

신사군의 수장

新四軍
中國民國二十三四年度製造

신사군 수장의 베리에이션

추축국으로 참전한 국가들

국제 연맹을 탈퇴한 일본, 독일, 이탈리아 3국은 1937년 11월에 방공 협정을 체결했고, 뒤이어 제2차 대전 발발 후인 1940년 9월에 삼국 동맹 조약을 체결, 군사 동맹인 추축군이 되었다. 제2차 대전이 시작되자 유럽에서는 헝가리, 루마니아, 알바니아, 불가리아, 핀란드, 슬로바키아, 크로아티아, 세르비아, 몬테네그로, 핀두스 공국 등이, 아시아에서는 만주국, 버마, 베트남, 캄보디아, 라오스, 필리핀 등이 동맹에 가담, 추축국을 형성했다.

◉독·이·일의 국제 연맹 탈퇴

제1차 대전 이후부터 제2차 대전 사이인 전간기, 세계 경제 공황(1929년)으로 각국은 경제적 타격을 입어 사회 불안이 확산되고 있었다. 그런 와중에 1930년대에 들어서면서 유럽에서는 아돌프 히틀러가 독일 국가의 재건과 영토 회복을 내세웠고, 이탈리아의 베니토 무솔리니는 식민지 확장에 나섰다. 또한 아시아에서는 일본이 구미 열강에 대항하여 중국으로 세력을 확장시키고 있었다.

1931년 9월 18일, 중국의 만주에서 일본 육군의 관동군이 일으킨 류타오후 사건(柳条湖事件)은 만주 사변으로 확대되었고, 이듬해인 3월에는 만주국이 탄생했다. 이러한 일본의 행동에 국제 연맹은 총회에서 일본군의 만주로부터의 철수를 결의했고, 이에 반대한 일본은 1933년 3월 27일에 국제 연맹을 탈퇴했다.

한편 유럽에서는 독일의 히틀러가 베르사유 체제의 타파와 군축 조약의 평등화를 호소하며 1933년 10월에 국제 연맹과 군축 조약에서 탈퇴를 표명했고, 그 다음 달에 열린 총선에서 히틀러는 국제 연맹 탈퇴 가부를 묻는 국민 투표를 실시, 다수의 찬성표를 얻어 독일은 국제 연맹을 탈퇴했다.

또한 1935년 10월, 이탈리아의 무솔리니는 에티오피아를 침공(제2차 에티오피아 전쟁), 이듬해 5월에 수도인 아디스아바바를 점령한 무솔리니는 에티오피아 병합을 선언했다. 하지만 국제 연맹은 이탈리아의 에티오피아 침공에 대해 경제 제재조치를 취하는 것에 그쳤고, 이에 불복한 이탈리아는 1937년 10월에 국제 연맹을 탈퇴했다.

이러한 경위로 국제 연맹을 탈퇴한 3국은 국제적으로 고립되었으면서 동시에 반공주의 등의 공통점에서 연결 고리를 갖게 되었다.

◉추축국의 탄생

스페인 육군의 프란시스코 프랑코 장군이 스페인 제2공화국 정부에 대하여 쿠데타를 일으키면서 1936년 7월, 스페인 내전이 발발했다.

이 내전에서 독일과 이탈리아가 반란군으로 규정된 프랑코 장군 측을 군사적으로 지원한 것을 계기로 11월에 무솔리니와 히틀러는 제휴를 맺었다. 무솔리니는 이탈리아와 독일의 관계가 세계의 중심축이 될 것이라 하며 '로마-베를린 추축(일반적으로는 베를린-로마 추축)'이라 말한 것에서 독일과 이탈리아는 '추축국'이라 불리게 됐다.

같은 달, 일본은 독일과 일독 방공 협정을 체결하고 추축국으로 합류했다. 이 협정은 소련을 가상 적국으로 하여 공산주의의 위협으로부터 양국이 공동 방위를 위해 협력할 것을 약속하는 것이었다. 1년 뒤인 1937년 11월에 이탈리아가 방공 협정에 가입하면서 이 협정은 독·이·일 방공 협정이 되었고, 3국의 제휴는 1940년 9월에 군사 동맹으로 발전해갔다.

◉추축 동맹

독일, 이탈리아와 방공 협정을 맺은 일본에서는 이 협정을 군사 동맹으로 발전시키려 하는 움직임이 있었다. 독일, 이탈리아와 동맹을 맺어 중국을 지원하는 미국, 영국을 견제하려는 목적에서였다. 하지만 이 동맹에 독일이 참전 조항을 넣을 것을 요구하면서, 일본 국내에서는 동맹 체결

을 찬성하는 육군 주류파와 달리 정치가들과 해군 일부에서는 반대를 표명했다. 당초에는 반대파가 더 우세했으나, 1939년에 제2차 대전이 발발하고, 이듬해인 1940년에 프랑스가 항복하자, 찬성파의 세력이 커졌고 여론의 목소리도 높아져, 같은 해 9월 27일에 일본은 독일, 이탈리아와의 군사 동맹, 흔히 말하는 독·이·일 삼국 동맹이 체결됐다.

이후, 제2차 대전 중에 유럽에서는 헝가리, 루마니아, 알바니아, 불가리아, 핀란드, 슬로바키아, 크로아티아, 세르비아, 몬테네그로, 핀두스 공국, 마케도니아 공국, 독일 점령하의 프랑스, 그리스, 노르웨이의 괴뢰 정권이, 그리고 아시아에서는 만주국, 몽골연맹자치정부, 중화민국(왕징웨이 정권), 버마, 베트남, 캄보디아, 라오스, 필리핀, 자유 인도 임시정부 등이 동맹에 가담, 추축국이 됐다.

◉전후의 추축국

추축국은 제2차 대전 종전까지 연합군에 해방 또는 점령당하면서 해체되어갔다. 전후, UN이 창설되자, 적국 조항이 만들어지면서 추축국이었던 국가 일부는 '적국'으로 지정됐는데, 여기에 해당하는 국가는 일본, 독일, 이탈리아, 헝가리, 불가리아, 루마니아, 핀란드로 이들은 UN 가맹을 허가받지 못했다.

이외에 연합국의 식민지와 추축국에 의해 점령된 국가나 지역에 세워진 괴뢰국은 '적국'으로 지정되지는 않았다. 또한 태국도 내부 항일 운동을 인정받아 '적국'으로 지정되지 않았다.

독일군

독일군의 군장은 17세기 프로이센의 전통을 이어받아 발전한 것으로 1930년대 무렵에는 다른 국가와 비교해보더라도 실용적인 군장을 갖추고 있었다. 그리고 제2차 대전에서 쓰인 육해공군 및 무장 친위대의 군장품 중에는 동맹국뿐 아니라 연합군의 군장에 영향을 준 것도 많았다.

보병

제2차 대전 당시, 독일 육군은 M36 야전복을 사용하고 있었으나, 전쟁이 진행됨에 따라 생산성 향상 및 간략화를 꾀한 것들이 등장했다. 또한 무장 친위대도 육군의 것에 준하는 군복에 독자 휘장을 부착한 것을 사용했다. 유럽의 전장에서 소련의 극한지, 북아프리카의 사막으로까지 전역이 확장되면서 독일군의 군복도 다양화됐다.

1939~1940년 무렵의 보병 야전 장비

폴란드 전선~서방 전역까지의 육군 보병의 야전 기본 스타일은 M35 헬멧, M36 야전복, 잭 부츠, 그리고 행군 시에 사용하는 배낭이 특징이었다.

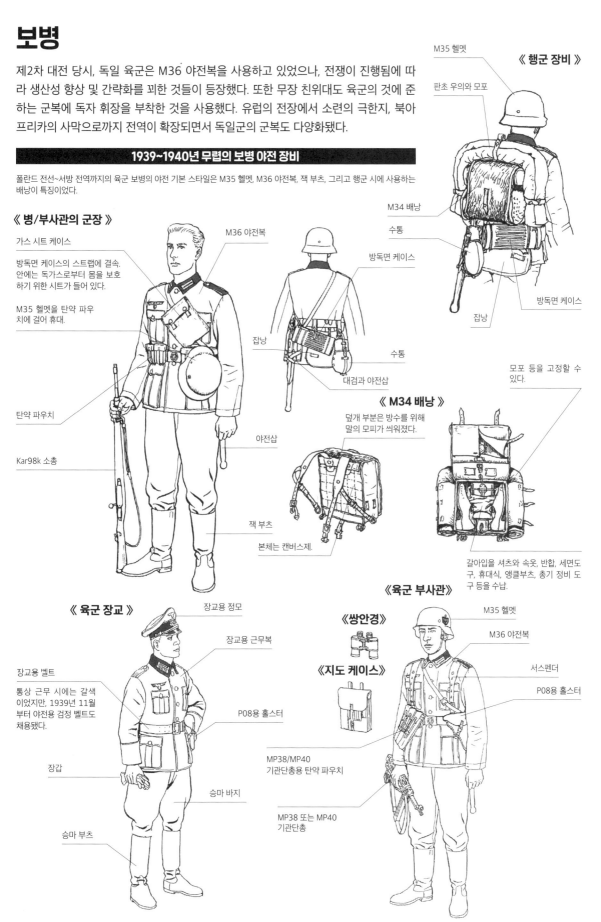

《 행군 장비 》

M35 헬멧

판초 우의와 모포

M34 배낭

수통

방독면 케이스

잡낭

방독면 케이스

《 병/부사관의 군장 》

가스 시트 케이스

방독면 케이스의 스트랩에 결속. 안에는 독가스로부터 몸을 보호하기 위한 시트가 들어 있다.

M35 헬멧을 탄약 파우치에 걸어 휴대.

탄약 파우치

Kar98k 소총

M36 야전복

방독면 케이스

잡낭

대검과 야전삽

수통

잭 부츠

야전삽

《 M34 배낭 》

덮개 부분은 방수를 위해 말의 모피가 씌워졌다.

모포 등을 고정할 수 있다.

본체는 캔버스제.

갈아입을 셔츠와 속옷, 반합, 세면도구, 휴대식, 앵클부츠, 총기 정비 도구 등을 수납.

《 육군 장교 》

장교용 정모

장교용 근무복

장교용 벨트

통상 근무 시에는 갈색이었지만, 1939년 11월부터 야전용 검정 벨트도 채용됐다.

P08용 홀스터

장갑

승마 바지

승마 부츠

《 육군 부사관 》

《 쌍안경 》

《 지도 케이스 》

M35 헬멧

M36 야전복

서스펜더

P08용 홀스터

MP38/MP40 기관단총용 탄약 파우치

MP38 또는 MP40 기관단총

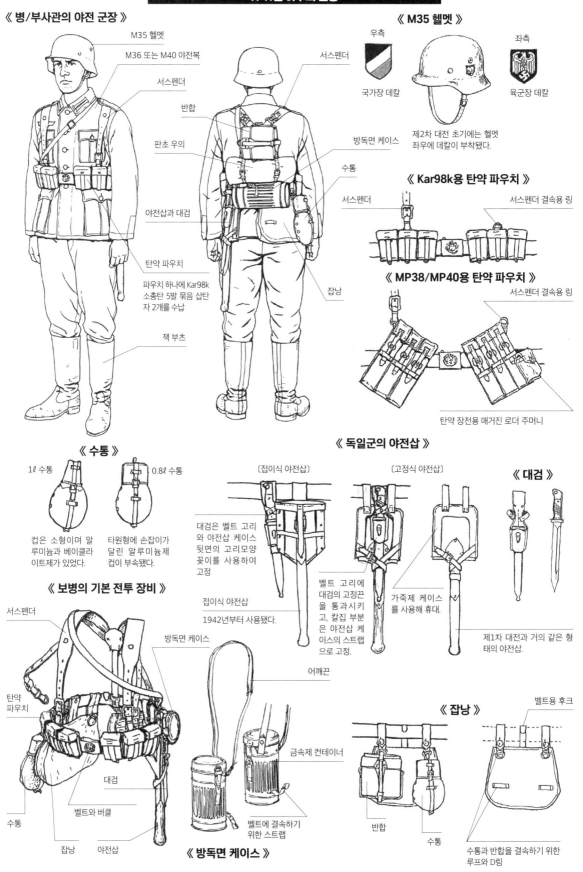

《 병/부사관의 야전 군장 》

M35 헬멧
M36 또는 M40 야전복
서스펜더
반합
판초 우의
야전삽과 대검
탄약 파우치
파우치 하나에 Kar98k 소총탄 5발 묶음 삽탄자 2개를 수납
잭 부츠

서스펜더
방독면 케이스
수통
잡낭

《 M35 헬멧 》

우측
국가장 데칼
좌측
육군장 데칼

제2차 대전 초기에는 헬멧 좌우에 데칼이 부착됐다.

《 Kar98k용 탄약 파우치 》

서스펜더
서스펜더 결속용 링

《 MP38/MP40용 탄약 파우치 》

서스펜더 결속용 링
탄약 장전용 매거진 로더 주머니

《 수통 》

1ℓ 수통
0.8ℓ 수통

컵은 소형이며 알루미늄과 베이클라이트제가 있었다.

타원형에 손잡이가 달린 알루미늄제 컵이 부속됐다.

《 독일군의 야전삽 》

〔접이식 야전삽〕
〔고정식 야전삽〕

대검은 벨트 고리와 야전삽 케이스 뒷면의 고리모양 꽂이를 사용하여 고정

접이식 야전삽
1942년부터 사용됐다.

벨트 고리에 대검의 고정끈을 통과시키고, 칼집 부분은 야전삽 케이스의 스트랩으로 고정.

가죽제 케이스를 사용해 휴대.

《 대검 》

제1차 대전과 거의 같은 형태의 야전삽.

《 보병의 기본 전투 장비 》

서스펜더
방독면 케이스
탄약 파우치
어깨끈
금속제 컨테이너
대검
벨트와 버클
수통
잡낭
야전삽
벨트에 결속하기 위한 스트랩

《 방독면 케이스 》

《 잡낭 》

벨트용 후크
반합
수통
수통과 반합을 결속하기 위한 루프와 D링

100

새로이 M43 야전복이 채용되면서 야전에서는 잭 부츠 외에 앵클부츠의 사용률이 높아졌다.

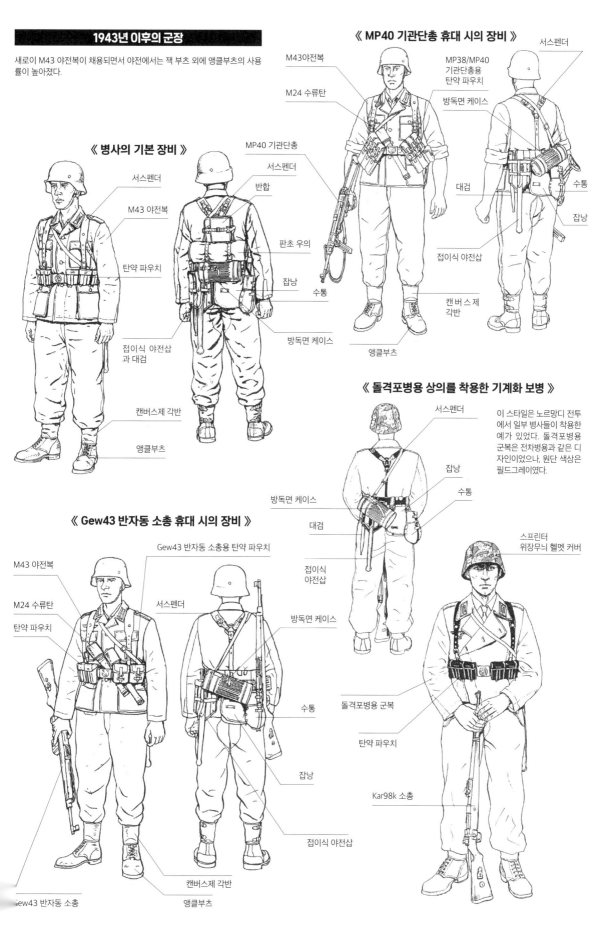

《 병사의 기본 장비 》

서스펜더
M43 야전복
탄약 파우치
접이식 야전삽과 대검
캔버스제 각반
앵클부츠

MP40 기관단총
서스펜더
반합
판초 우의
잡낭
수통
방독면 케이스

《 MP40 기관단총 휴대 시의 장비 》

M43야전복
M24 수류탄

서스펜더
MP38/MP40 기관단총용 탄약 파우치
방독면 케이스
대검
수통
잡낭
접이식 야전삽
캔버스제 각반
앵클부츠

《 돌격포병용 상의를 착용한 기계화 보병 》

서스펜더
방독면 케이스
잡낭
수통
대검
접이식 야전삽

이 스타일은 노르망디 전투에서 일부 병사들이 착용한 예가 있었다. 돌격포병용 군복은 전차병용과 같은 디자인이었으나, 원단 색상은 필드그레이였다.

《 Gew43 반자동 소총 휴대 시의 장비 》

M43 야전복
M24 수류탄
탄약 파우치

Gew43 반자동 소총용 탄약 파우치
서스펜더
방독면 케이스
수통
잡낭
접이식 야전삽
캔버스제 각반
앵클부츠
Gew43 반자동 소총

스프린터 위장무늬 헬멧 커버
돌격포병용 군복
탄약 파우치
Kar98k 소총

보병 분대를 지원하는 기관총팀은 1개 분대(대전 초기에는 10명 편제) 안에 1개 팀이 편제되었는데, 기본적으로 기관총 사수 1명에 부사수, 탄약수까지 3명으로 편성됐다. 이외에도 소대 화력 지원을 담당하는 기관총 분대도 있었는데, 이 분대에서는 MG34 또는 MG42 기관총을 라페테(삼각대)에 거치하여 중기관총으로 운용했다.

어깨에 얹어 휴대한 병사

《 분대장인 부사관 》

기관총팀을 포함한 분대 전체를 지휘했다.

쌍안경

MP38/MP40 기관단총용 탄약 파우치

MP40 기관단총

광학조준기 케이스

MP38/MP40 기관단총용 탄약 파우치

《 기관총용 탄약 상자 운반법 》

200발 들이 탄약 상자는 무겁기 때문에 행군 중이던 병사들은 손으로 드는 외에 여러 방법으로 휴대했다.

소총을 이용해 운반

《 MP38/MP40 기관단총용 탄약 파우치의 결속법 》

지도 케이스를 결속

홀스터를 결속했을 때는 오른쪽에만 결속

권총용 홀스터

《 광학 조준기 케이스 》

광학 조준기는 기관총을 삼각대에 거치했을 때 사용했다.

《 기관총용 탄약 상자 》

MG34/MG42용 7.92mm ×57 탄약 200발을 수납.

탄약 상자를 한손으로 2개 운반할 수 있도록 손잡이는 한쪽으로 치우친 위치에 있었다.

《 기관총 사수의 장비 》

기본적인 개인 장비는 소총수와 거의 다르지 않으나, 기관총을 장비하기에 탄약 파우치는 결속되지 않았다. 기관총 외에 부무장으로 루거 P08이나 발터 P38 권총을 휴대했다.

《 예비 총열 케이스 》

사격 시에 과열된 총열을 교환하기 위한 예비 총열을 수납.

《 기관총 사수 》

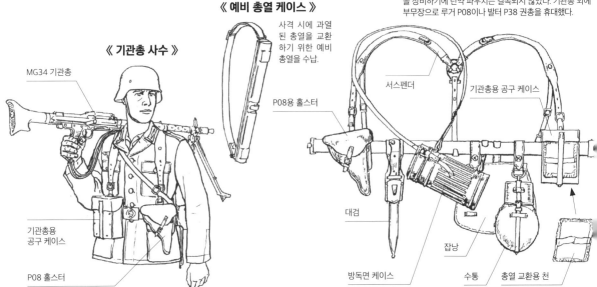

MG34 기관총

기관총용 공구 케이스

P08 홀스터

P08용 홀스터

서스펜더

기관총용 공구 케이스

대검

방독면 케이스

잡낭

수통

총열 교환용 천

《 무장 친위대의 기관총 사수 》

MG42 기관총

위장 커버를 씌운 헬멧

금속 링크로
연결된 기관총용 탄띠

M24 수류탄

위장 스목

P08용 홀스터

기관총용 공구 케이스

《 기관총용 공구 케이스 》

안에는 정비 키트, 오일,
예비 공이, 대공 조준기
가 들어 있다.

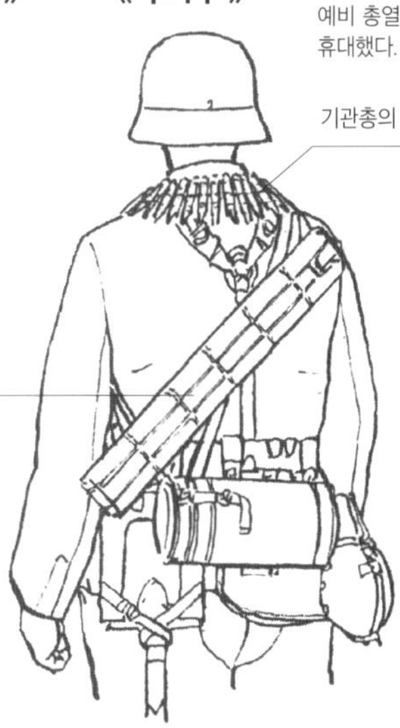

《 기관총용 예비 총열 케이스
(2개 수납) 》

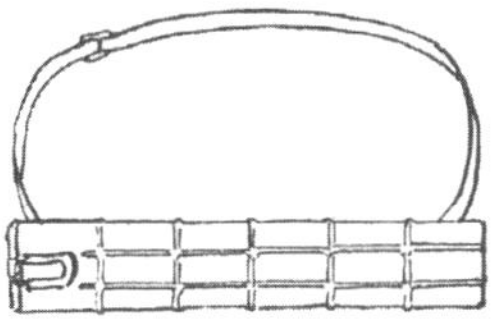

《 부사수 》

예비 탄약뿐 아니라
예비 총열 케이스도
휴대했다.

기관총의 예비 탄약

예비 총열 케이스

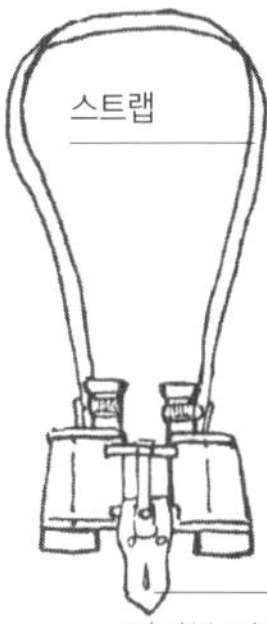

《 판처 파우스트를 휴대한 병사 》

M43 규격모를 착용

판처 파우스트

오버 코트

탄약 파우치

고정식 야전삽

헬멧

장갑

Kar98k 소총

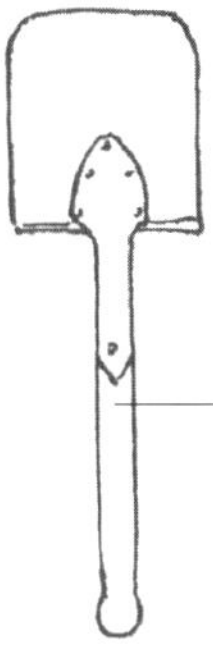

고정식 야전삽

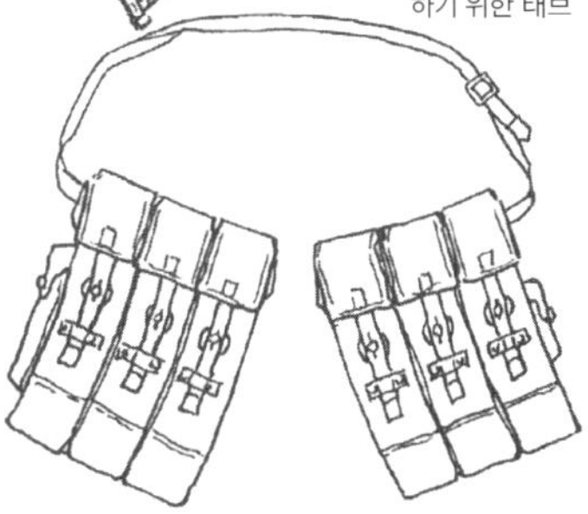

《 StG44 돌격소총을 휴대한 부사관 》

야전모

돌격소총용 탄약 파우치

쌍안경

StG44 돌격소총

《 쌍안경 》

스트랩

야전복 단추에 고정
하기 위한 태브

《 돌격소총용 탄약 파우치 》

MKb42나 StG44용 30연발 탄창용.

독일 육군의 장교를 이미지하는 붉은 바탕에 금색 몰 자수가 들어간 금장. 이 붉은 색은 장관을 나타낸다. 또한 견장도 영관 이하는 소속 병과색이지만, 장관의 경우에는 병과에 관계없이 전부 붉은 바탕이었다. 한편 친위대의 장군용 휘장류는 검정에 은색 몰 자수가 기본적인 조합이었다.

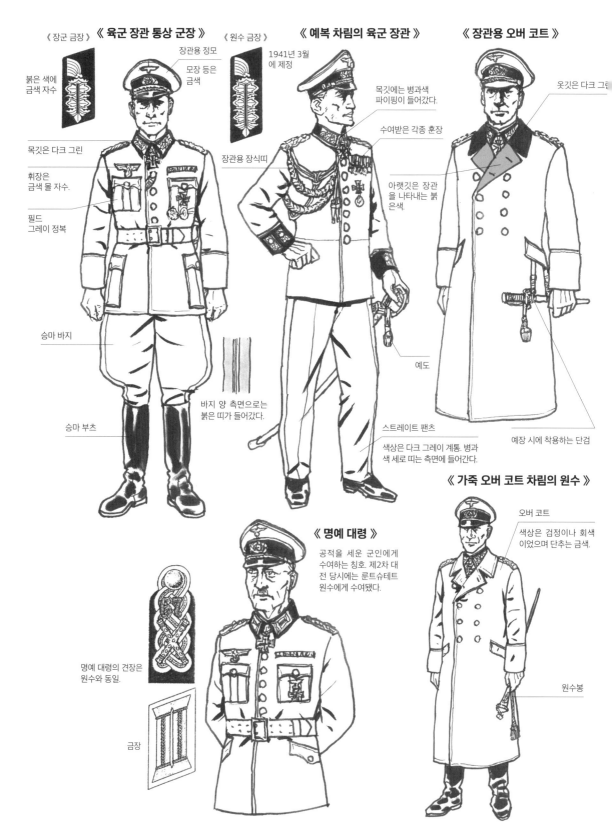

《 장군 금장 》

붉은 색에 금색 자수

《 육군 장관 통상 군장 》

장관용 정모

모장 등은 금색

《 원수 금장 》

《 예복 차림의 육군 장관 》

1941년 3월에 제정

《 장관용 오버 코트 》

목깃은 다크 그린

휘장은 금색 몰 자수.

필드 그레이 정복

목깃에는 병과색 파이핑이 들어갔다.

수여받은 각종 훈장

장관용 장식띠

옷깃은 다크 그린

아랫깃은 장관을 나타내는 붉은색.

승마 바지

예도

바지 양 측면으로는 붉은 띠가 들어갔다.

예장 시에 착용하는 단검

승마 부츠

스트레이트 팬츠

색상은 다크 그레이 계통. 병과색 세로 띠는 측면에 들어간다.

《 가죽 오버 코트 차림의 원수 》

《 명예 대령 》

공적을 세운 군인에게 수여하는 칭호. 제2차 대전 당시에는 룬트슈테트 원수에게 수여됐다.

오버 코트

색상은 검정이나 회색이었으며 단추는 금색.

명예 대령의 견장은 원수와 동일.

원수봉

금장

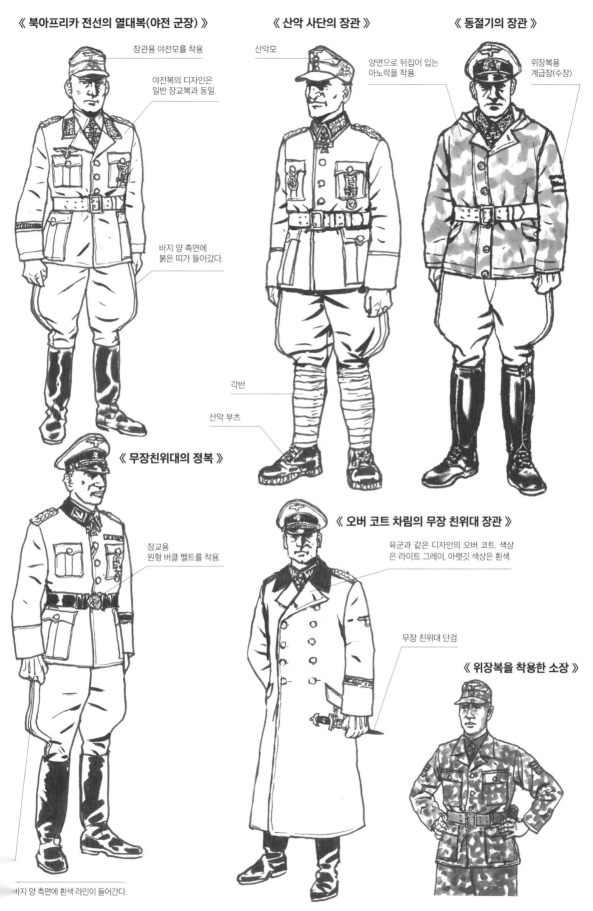

《 북아프리카 전선의 열대복(야전 군장) 》

장관용 야전모를 착용

야전복의 디자인은 일반 장교복과 동일.

바지 양 측면에 붉은 띠가 들어갔다.

《 산악 사단의 장관 》

산악모

양면으로 뒤집어 입는 아노락을 착용.

각반

산악 부츠

《 동절기의 장관 》

위장복용 계급장(수장)

《 무장친위대의 정복 》

장교용 원형 버클 벨트를 착용.

《 오버 코트 차림의 무장 친위대 장관 》

육군과 같은 디자인의 오버 코트. 색상은 라이트 그레이, 아랫깃 색상은 흰색.

무장 친위대 단검

《 위장복을 착용한 소장 》

바지 양 측면에 흰색 라인이 들어간다.

육군의 야전복

독일 육군이 제2차 대전 중에 병/부사관에게 지급한 울 전투복은 M36, M40, M42, M43, M44까지 5종류였다. 전쟁이 계속 되면서 원단을 절약하고 생산 효율을 올리기 위한 개량이 이뤄졌는데, 이에 따라 사양은 간략해졌고, 원단의 품질도 저하되어갔다.

목깃의 색상은 다크 그린

파도 모양의 주머니 덮개

견장을 다는 단추

각 주머니에는 플리츠가 달려 있다.

벨트 고정용 아일릿

《 M36 야전복 》

1940년 5월에는 M36 야전복의 디자인은 그대로 둔 채 목깃을 필드 그레이 원단으로 바꾼 M40 야전복이 채용됐다.

코튼 재질의 안감이 보강을 겸해 받쳐져 있다.

아일릿 구멍

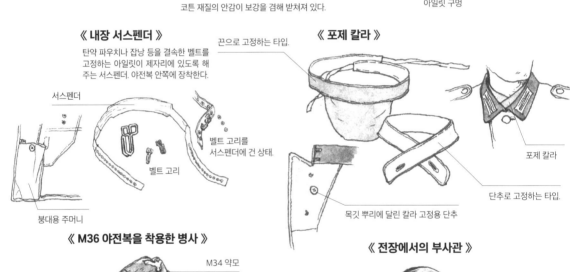

《 내장 서스펜더 》

탄약 파우치나 잡낭 등을 결속한 벨트를 고정하는 아일릿이 제자리에 있도록 해주는 서스펜더. 야전복 안쪽에 장착한다.

서스펜더

벨트 고리를 서스펜더에 건 상태.

벨트 고리

붕대용 주머니

《 포제 칼라 》

끈으로 고정하는 타입.

포제 칼라

단추로 고정하는 타입.

목깃 뿌리에 달린 칼라 고정용 단추

《 M36 야전복을 착용한 병사 》

M34 약모

금장

견장

육군 흉장

2급 철십자장의 리본

《 전장에서의 부사관 》

야전에서는 목깃을 푼 병사들이 많았다.

소매 입구는 단추로 사이즈를 조정할 수 있으며, 소매를 걷어올릴 수도 있었다.

《 M43 야전복 》

전선에서의 소모를 보충하기 위해 M42 야전복을 한층 더 간략화한 M43 야전복이 채용됐다. 울 원단에 레이온 혼방률이 높아졌다.

주머니 덮개의 형상이 직선으로 변경.

주머니의 플리츠 폐지.

단추가 6개로 변경.

《 M40 야전복 》

M36 야전복에서 다크 그린이었던 목깃과 견장은 1940년 이후, 야전에서 눈에 띄지 않는 색인 필드 그레이로 변경됐다.

아래쪽 주머니의 형상도 다르다.

《 바이마르 공화국 야전복 》

M36 야전복 채용 이전인 바이마르 공화국 시대의 야전복

주머니 덮개는 파도 모양.

플리츠는 폐지됐다.

《 열대 야전복 》

북아프리카 전선 등, 열대 지역용으로 만들어진 야전복. 올리브 그린 색 원단으로 제작됐다.

《 M42 야전복을 입은 부사관 》

원단의 화학 섬유 혼방률이 높아짐에 따라 옷의 형태가 망가지는 것을 막기 위해 앞여밈 단추의 수가 6개로 늘었다.

《 열대 야전복 후기형 》

열대복도 1943년 9월 이후에 생산된 것은 주머니의 플리츠가 생략됐다.

《 M44 야전복 》

1944년이 되자 물자 부족이 현저해지면서 디자인이 대폭 간략화됐다. 원단도 화학 섬유의 혼방률이 올라가면서 재생 울도 사용되기 시작했다.

기장이 줄어들면서 노퍽 재킷 형상이 되었다.

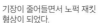

《 M43 규격모, M43 야전복을 착용한 부사관 》

원단 품질이 떨어지는 M43 야전복부터 색상이 이전까지 사용된 필드 그레이에서 마우스 그레이 등의 색조로 변했다.

《 M44 야전복 차림의 병사 》

M44 야전복은 전군 공통 야전복으로 채용됐다.

작업복

1933년, 독일 육군에서는 린넨 원단으로 만든 작업복을 채용했다. 병/부사관에게 지급된 이 작업복은 신병의 훈련, 잡역이나 연습 등에 사용되는 것이었으나, 제2차 대전이 시작되면서 유럽 전선용 방서복이 없었던 육군에서는 본래의 용도뿐 아니라 하계 전투복으로 병에서 장교에 이르기까지 폭 넓게 사용됐다.

야전복형 HBT(M42)

《 야전복형 HBT 차림 병사 》

M33 작업복을 대폭 개수하여 야전복 형태로 만들었는데, 흔히 M42 작업복이라고도 불렀다. 색상은 M33과 같은 리드 그린.

《 작업복을 개조하여 착용한 장교 》

장교들은 작업복을 개조하여 하계 야전복으로 착용했는데, 목깃(다크 그린), 주머니(플리츠 달린 것)을 개조했다.

《 코튼 데님 원단으로 만든 회색 야전복을 입은 장교 》

장교가 입고 있는 하계 야전복은 M36 야전복과 같은 디자인으로 주문 생산한 것이 많았다.

《 M42를 입은 그로스 도이칠란트 사단의 병사 》

작업복은 원래 규정 상, 계급장 이외의 휘장이 붙지 않는 것이었다. 하지만, 전장에서는 야전복 규정을 따르는 형태로 각종 휘장을 부착해서 사용했다. 일러스트의 병사도 금장과 수장을 붙인 모습이다.

야전복형 HBT(M43)

M42에서 사용했던 천연 린넨 원단 대신, 합성 섬유를 사용한 원단으로 만들어졌다. 때문에 색상은 진한 녹색에서 회색이 들어간 녹색으로 바뀌었으며, 주머니 덮개도 물결형에서 직선적인 디자인으로 변경됐다.

《 M42 작업복 차림 전차병 》

M42 작업복은 전차병에게도 지급됐다. 전차병도 당초에는 차량을 정비할 때에나 착용했으나, 대전 후반 이후에는 야전복으로 사용했다.

《 전선에서 M42 작업복을 입은 장교 》

전선에서는 장교도 주문품이 아닌 관급품 작업복을 야전복으로 사용하는 일도 있었다.

전차병용 HBT 작업복

《 1943년에 채용된 전차병용 작업복 초기형을 착용한 전차장 》

《 전차병용 작업복 후기형 》

《 작업복을 입은 전차병 사관 》

상의의 앞여밈이 더블 버튼으로 되어 있다.

색상은 리드 그린. 초기형 작업복에는 가슴 주머니가 없었다.

상의와 바지에 대형 주머니가 추가됐다.

1933년에 채용되어 M33이라고도 불리는 작업복. 별 다른 가공 없는 원단으로 만들어졌으며, 상의에는 가슴 주머니가 없고, 하단에만 2개가 달려 있었다.

전차병용 작업복

검정색 전차복 위에도 입을 수 있도록 가슴 부근의 단추는 2열 배치.

대형 가슴 주머니

HBT 작업복(M33)

《 M33 작업복을 하계 야전복으로 사용한 병사 》

《 M33 작업복 차림의 전차 부대 정비병 》

전차 부대의 차량 정비 중대에서는 작업복이 기본 복장이었다.

M33 작업복의 색상은 1940년 2월에 리드 그린으로 변경됐는데, 전장에서 눈에 띄지 않는 색상으로 바뀐 덕분에 하계 야전복 대용으로 쓰이게 됐다.

동계 방한복

독일군은 1941년부터 1942년에 걸쳐 동부 전선의 혹독한 겨울을 오버 코트 등의 불충분한 방한 장비만으로 견뎌야 했다. 이 경험으로 1942년 가을 이후에는 새로운 방한 피복이 등장했다.

《 설상 위장용 흰색 커버를 씌운 헬멧 》

커버 대신 흰색 페인트를 칠한 경우도 있었다.

오버 코트

《 오버 코트를 착용한 병사 》

바람과 한기를 막기 위해 병사들은 목 주변에 머플러나 넥 워머 등을 많이 이용했다.

장갑

탄약 파우치

Kar98k 소총

M42 오버 코트

전투 장비는 오버 코트 위에 착용했다.

《 넥 워머 》

니트로 만든 원통형 두건

《 M35 약모 》

접히는 부분을 내리면 귀덮개가 된다.

《 방한모 》

안쪽에 모피 안감이 부착된다. 이외에도 여러 종류의 방한모가 사용됐다.

《 M42 오버 코트 차림의 기관총 사수 》

넥 워머

MG42 기관총

장갑

기관총용 공구 케이스

M42 오버 코트

목깃은 다크 그린.

P08용 홀스터

목깃이 개량되었으나 울로 만든 코트는 무겁고 거추장스러웠을 뿐 아니라 극한지에서의 방한 성능도 충분치 못했다. 하지만 방한 아노락 채용 후에도 전선에서는 여전히 사용됐다.

《 M36 오버 코트 》

《 경계용 오버 코트 》

M36에 비해 목깃이 커졌다.

《 M42 오버 코트 》

슬릿형 핸드 워머 포켓을 증설. 경계용으로 주머니가 증설되었기에 경계용 오버 코트라고도 불렸다.

방한 아노락

《 방한용 장갑 》

울 니트로 만든 장갑. 손목 부분의 라인 개수는 사이즈를 나타낸다.

아노락용 벙어리 장갑에 사용되는 장갑 내피. 이외에도 여러 종류의 벙어리 장갑이 사용됐다.

양면 사양의 벙어리 장갑. 위장 아노락과 함께 채용됐다.

《 방한 부츠 》

잭 부츠형
가죽과 펠트(복사뼈 윗부분)로 만들어진 컴비네이션 타입 부츠로, 위에 달린 스트랩으로 윗부분을 조일 수 있다.

앞부분을 가죽으로 보강한 타입.

오버 부츠
일반 부츠 위에 덧신는 방한 부츠. 구조 상, 움직임이 제한됐기에 주로 후방 근무 부대나 경계 임무 시에 사용됐다.

피아 식별장

완장용 단추

《 스노우 스목 》

코튼 원단으로 만들어진 설상 위장용 스목

《 방한 아노락 》

1942년에 채용된 양면 사양 방한 아노락. 초기형은 회색과 흰색의 양면 사양이었다.

《 위장 아노락을 입은 병사 》

회색 타입 대신 채용된 위장 무늬 타입. 육군의 위장 무늬는 스프린터 패턴과 워터 패턴의 2종류가 있었다.

《 방한 아노락을 착용한 병사의 장비 》

헬멧
서스펜더
Kar98k 소총용 탄약 파우치
피아 식별용 완장
울 장갑
방한 부츠

넥 워머
아노락 상의
Gew43용 탄약 파우치
기관총 예비 총열 케이스 (2개 들이)
아노락 바지
방한 부츠
접이식 야전삽

Gew43 반자동 소총
방독면 케이스
수통
잡낭

아프리카 군단

독일은 이집트 공략에 실패하고 영국군의 반격을 받고 있던 이탈리아군의 지원을 결정, 1941년 2월에 롬멜 장군이 이끄는 아프리카 군단을 북아프리카로 파견했다.

《 아프리카 군단의 수장 》

AFRIKA KORPS

1941년 6월 18일 제정. 북아프리카 전선에 2개월 이상 종군한 자에게 수여됐다

아프리카 군단의 부사관

방서모

열대복

열대복은 올리브 그린 색상의 면직물을 사용, 오픈 칼라 스타일로 디자인됐다. 단추도 원단과 같은 색상으로 도색됐다. 휘장은 카키나 회색 자수로 새겨졌다.

브리치형 바지

야전복형 외에 열대용 오버 셔츠도 지급됐다.

편상화형 롱 부츠

《 편상화형 롱 부츠 》

신발 밑창과 발끝, 뒷꿈치는 가죽제. 복사뼈 위부터는 캔버스로 된 장화

밑창에는 징이 박혀 있다.

《 열대용 앵클 부츠 》

장화와 마찬가지로 가죽과 캔버스 원단의 컴비네이션형. 색상은 가죽 부분이 갈색, 캔버스 부분은 올리브 그린.

전투 장비를 갖춘 병사

Kar98k 소총

캔버스제 서스펜더

M24 수류탄

브리치형 바지

헬멧.

사막색으로 도색.

기관총용 탄약 상자

캔버스제 벨트

탄약 파우치

열대복

편상화형 롱 부츠

열대용 셔츠 차림의 병사

열대용 반바지

열대용 앵클 부츠

반바지 허리 부분에는 벨트가 내장되었다.

《 약모와 규격모 》

열대복과 같은 색상의 천으로 만들어졌다.

약모

규격모

《 방서모 》

코르크 재질 위에 카키색 천을 씌운 것과 펠트 원단을 씌운 2종류가 지급됐다. 모자 우측에는 국가색장, 좌측에는 육군 휘장을 부착했다.

천을 씌운 타입.

펠트 타입.

모자 안쪽은 방열 효과를 얻기 위해 붉은 원단을 사용했다.

개인 전투 장비

건조한 사막에서는 가죽 제품의 내구성이 떨어졌기에 장비는 캔버스로 제작됐다. 단, 탄약 파우치는 가죽제가 사용됐다.

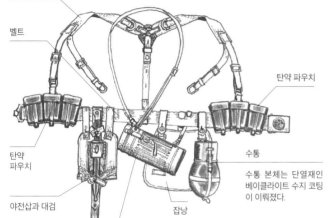

- 서스펜더
- 벨트
- 탄약 파우치
- 탄약 파우치
- 야전삽과 대검
- 방독면 케이스
  - 사막색으로 도색.
- 잡낭
- 수통
  - 수통 본체는 단열재인 베이클라이트 수지 코팅이 이뤄졌다.

《 륙색 》

스트랩 류도 가죽이 아닌 캔버스제를 사용했다.

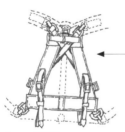

《 A프레임 》

1939년에 채용된 장비 휴대용 프레임. 서스펜더의 D링과 스트랩에 결속해서 사용. 이 장비도 가죽제 스트랩 대신 면직물을 사용했다.

A프레임에는 각종 장비를 결속.

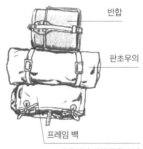

- 반합
- 판초우의
- 프레임 백
- 속옷이나 식량 등을 수납.

1942년부터 사용된 열대복

각 주머니의 플리츠는 폐지. 또한 주머니 덮개도 직선형으로 변경됐다.

스트레이트형 바지도 채용.

열대용 오버 코트를 착용한 기관총 사수

- 규격모
- 캔버스제 서스펜더
- 수통
- 열대용 오버 코트
- P08용 홀스터
- 기관총용 공구 케이스
- MG42 기관총

《 고글 》

모래 먼지를 막기 위한 사막의 필수품. 간이형부터 파일럿 고글까지 다양한 종류가 사용됐다.

《 캔버스제 각반 》

《 스트레이트형 바지 》

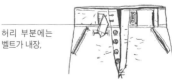

허리 부분에는 벨트가 내장.

바지 자락은 단추로 조일 수 있었다.

113

전차병

검정색 전차복은 19세기 프로이센 시대의 경기병과 마찬가지로 엘리트 부대임을 전차병들에게 인식시키기 위해 제정된 디자인이라고 전해지고 있다. 육군에서는 1934년에 검정색 전차복을 채용했으며, 그 후에는 무장 친위대, 공군의 기갑 부대에서도 사용되어, 독일 전차병=검정 전투복을 이미지하게 됐다.

초기의 전차병

- 전차 베레모
- 사격 우수자용 견식
- 전차복
- 베레모용 모장
- 스페인 종군장 (전차 부대)
- 2급 철십자장
- 스페인 종군장

《 국방군의 수장 》

 스페인 내전 종군장

 그로스 도이칠란트 부대장

 헤르만 괴링 부대장

 아프리카 군단 부대장(육군)

 아프리카 종군장(육해공군)

 메츠 종군장

 쿠를란트 종군장

수장은 부대장과 종군장이 있었으며, 전차병 이외에도 관계가 있는 장병들은 상의 소매에 부착했다.

《 벨트 버클 》

 육군(병/부사관용)

 친위대(병/부사관용)

 공군(병/부사관용)

 국방군 장교용(친위대도 사용)

 친위대 장교용

약모 스타일 전차병 / 자주포병

- 약모
- 헤드폰
- 성대 마이크
- 금장
- 목깃에 달린 병과색(로즈 핑크)는 1939년에 폐지.
- 통화 전환용 스위치
- 전차복
- 벨트
- 잭 부츠
- 전투 중에는 헬멧을 착용하는 경우가 많았다.
- 자주포병복
- 앵클 부츠

공군 제1 강하 기갑사단 헤르만 괴링의 전차병

아프리카 군단의 전차병(소위)

- 아랫깃에 해골장이 부착된다.
- 휘장은 공군의 것

복장은 육군과 같은 전차복을 사용.

열대용 전차복은 따로 만들어지지 않았기에 북아프리카 전선에서는 보병과 같은 전투복을 착용했다.

무장 친위대 전차병(중사)

- 무장 친위대의 모장
- 도트 위장 무늬 전차복을 착용
- 무장 친위대 버클 붙은 벨트

《 대전 초기의 전차병 》

전차 베레모

머리 보호용 라이너가 내장됨.

《 기갑 부대의 군악대원 》

베레모에 독수리 휘장이 붙어있지 않은 것은 국방군 성립 이전이기 때문이다.

《 무장 친위대 전차병 》

처음에는 육군과 같은 복장을 사용했으나. 1941년 이후부터는 독자 복장을 채용했다. 육군의 것보다 목깃이 작고 기장이 약간 짧았다.

《 전차병의 각종 훈장/휘장 》

사격 우수자용 견식

부관 참모용 견식

스페인 종군장

일반 돌격장

국가 스포츠장

전상장

전차 격파장

금장 테두리에는 병과색인 검정과 흰색이 들어간다.

1급 십자장

독일 십자장

전차 돌격장

《 공군 헤르만 괴링 사단 전차병 》

견장 테두리는 분홍.

금장의 바탕과 목깃 테두리는 흰색.

복장은 육군과 같은 형태.

오른쪽 소매에 사단명이 적힌 수장을 부착.

《 기갑 공병 대원 》

《 그로스 도이칠란트 사단의 전차부대 장교 》

동 사단 소속 장병들은 사단명이 들어간 수장을 오른쪽 소매에 부착했다.

기갑 공병은 가교용 기재, 폭약 등을 장비하고 전차부대에 수반되어, 공격을 지원했다.

《 자주포병 》

자주포병은 포병이므로 필드 그레이 전차복을 착용했지만, 대전 후반에 들어서면 대전차 자주포 부대의 대원도 전차병과 같은 검정색 복장을 착용하게 됐다.

115

전차복

《 1939년~40년 무렵의 전차병(상사) 》

약모는 보병과 같은 디자인에 색상은 검정.

목깃의 파이핑(로즈 핑크)은 1939년에 폐지됐다.

육군의 전차복은 1934년에 채용된 이래, 거듭된 개량을 거쳐가며 종전 시까지 사용됐다. 상의는 더블 브레스 방식의 노퍽 재킷 형으로, 금장과 목깃의 테두리에는 기갑병과를 나타내는 로즈 핑크 파이핑이 들어갔다.

금장의 해골은 19세기 프로이센 시대 경기병의 해골 휘장을 참고로 디자인됐다.

금장

육군의 국가장

등 부분은 2장의 원단을 가운데에서 박음질하는 식으로 만들어졌다.

허리 좌우에는 벨트 고정 아일릿이 있었다.

《 금장의 종류 》

공군 장교 (로즈 핑크)	무장 친위대 장교 (은색 테두리)	돌격포 (브라이트 레드)	기갑 공병 (검정과 은색)	기갑 정찰 (골든 옐로)	전차 (로즈 핑크)

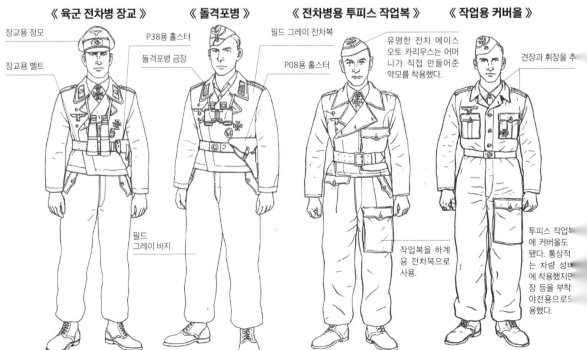

《 육군 전차병 장교 》

장교용 정모

장교용 벨트

필드 그레이 바지

《 돌격포병 》

P38용 홀스터

돌격포병 금장

P08용 홀스터

《 전차병용 투피스 작업복 》

필드 그레이 전차복

유명한 전차 에이스 오토 카리우스는 어머니가 직접 만들어준 약모를 착용했다.

작업복을 하계용 전차복으로 사용.

《 작업용 커버올 》

견장과 휘장을 추

투피스 작업복에 커버올도 됐다. 통상적는 차량 성비에 착용했지만장 등을 부착야전용으로도용했다.

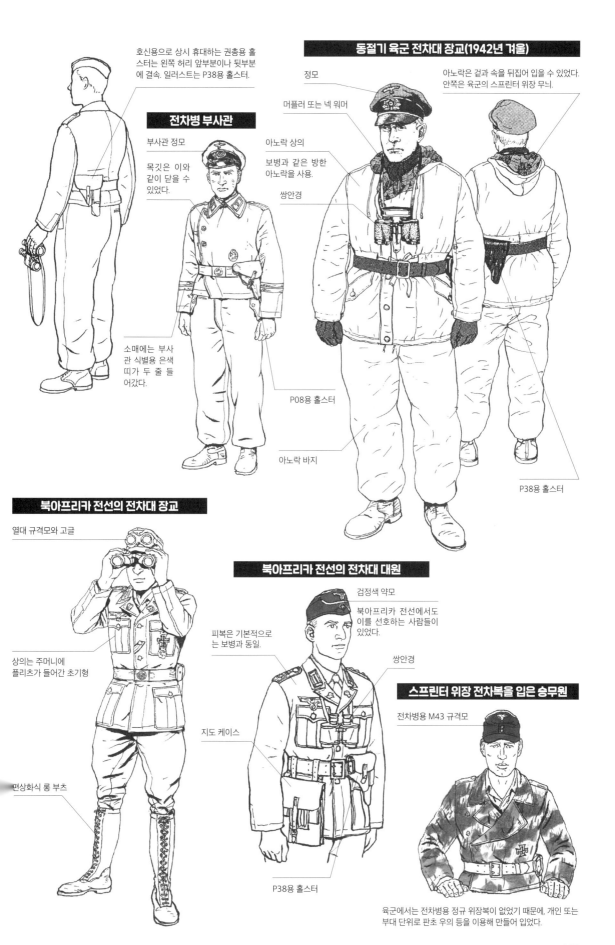

호신용으로 상시 휴대하는 권총용 홀스터는 왼쪽 허리 앞부분이나 뒷부분에 결속. 일러스트는 P38용 홀스터.

동절기 육군 전차대 장교(1942년 겨울)

아노락은 겉과 속을 뒤집어 입을 수 있었다. 안쪽은 육군의 스프린터 위장 무늬.

정모

머플러 또는 넥 워머

아노락 상의

보병과 같은 방한 아노락을 사용.

쌍안경

P08용 홀스터

아노락 바지

P38용 홀스터

전차병 부사관

부사관 정모

목깃은 이와 같이 닫을 수 있었다.

소매에는 부사관 식별용 은색 띠가 두 줄 들어갔다.

북아프리카 전선의 전차대 장교

열대 규격모와 고글

상의는 주머니에 플리츠가 들어간 초기형

편상화식 롱 부츠

북아프리카 전선의 전차대 대원

검정색 약모
북아프리카 전선에서도 이를 선호하는 사람들이 있었다.

피복은 기본적으로는 보병과 동일.

쌍안경

지도 케이스

P38용 홀스터

스프린터 위장 전차복을 입은 승무원

전차병용 M43 규격모

육군에서는 전차병용 정규 위장복이 없었기 때문에, 개인 또는 부대 단위로 판초 우의 등을 이용해 만들어 입었다.

《 육군/무장친위대/공군의 계급장·휘장 》

장교용 M36 약모

장교용 정모

M38 약모
(1940년 3월부터 사용)

베레모
(1941년 1월 폐지)

돌격포 교도대대
소령

기계화보병사단
그로스
도이칠란트 중위

기갑 공병 상병

제4전차연대 하사
(수장은 중대 선임
부사관용)

공군 약모

전차병용 M43 규격모

장교용 정모

무장친위대 약모

공군 야전사단
헤르만 괴링
공군 전차병 상사

무장 친위대
위장 전차복

무장 친위대
하급 중대 지휘관
(소위)

무장 친위대
아돌프 히틀러 사단
상급 소대 지휘관
(상급 중사)

《 육군과 무장 친위대 전차복의 차이점 》

친위대

육군

앞여밈이 직선이고
기장이 짧다.

목깃이 작다.

앞여밈이 비스듬하게
되어 있다.

왼팔에 친위대 국가장

오른팔에 육군 국가장

《 모장 》

친위대 모장

육군 모장

가죽 하프 코트를 착용한 무장 친위대 전차 장교

무장 친위대의 일부 전차 부대는
1943년 이후, 해군의 병/부사관용
가죽 코트와 바지를 방한 피복으로
사용했다.

가죽 하프 코트

가죽 바지

헤르만 괴링 사단의 전차병 장교

공군 장교 정모

공군 국가장

부대명이
적힌 수장

무장 친위대 전차병

무장 친위대의 금장

무장 친위대 약모

무장 친위대
전차복

왼팔에 국가장을
부착.

오토바이병

독일 육군은 보병 부대를 기계화함에 있어 오토바이를 기동 수단으로 하는 1개 저격병 대대를 기갑 사단에 편제했다. 그리고 폴란드와 프랑스에서의 전격전, 독소전 초기까지 활약했다. 이후, 오토바이에서 병력 수송 차량으로 기동 수단이 바뀌면서 기계화 부대로 개편되어감에 따라 오토바이 저격병 대대는 폐지됐다.

오토바이 승차 시의 스타일

헬멧과 고글

목깃은 초기형이 다크 그린, 후기형은 필드 그레이.

방독면 케이스는 목에 걸었다.

글러브를 착용.

Kar98k 소총

지도 케이스

오토바이 코트를 착용한 병사

코트 위로 서스펜더와 벨트를 착용.

앞깃을 닫았다.

탄약 파우치

앞여밈 고정용 단추

앞여밈은 코트에 붙어있는 벨트와 단추를 이용해 잠갔다.

오토바이 승무원용 코트로 1934년에 채용됐다. 고무를 코팅한 천으로 만들어졌으며, 우수한 방수 능력을 지니고 있어 전장에서는 오토바이병뿐만 아니라 일부 부사관이나 장교들도 사용했다.

오토바이에 걸터앉기 편하도록 코트 자락은 다리에 감을 수 있었다.

119

《 오토바이병이 사용한 각종 고글 》

고글은 민간용 오토바이 고글부터 군용 방진 고글, 항공기 승무원용, 산악병용 등 다양한 종류가 사용됐다.

《 글러브 》

계절이나 지역에 맞춰 여러 종류가 사용됐다.

방한 장갑

세손가락 장갑

《 동부 전선 동절기의 오토바이병 》

동부 전선의 극한의 겨울에는 필터를 뗀 방독면을 방한 마스크 대신 사용한 오토바이병도 있었다.

《 열대 지역용 코트 》

올리브 그린 코튼 원단을 사용. 디자인은 고무제와 동형이다. 주로 북아프리카 전선에서 사용됐다.

총구 커버
총신 내부로 이물질이 들어오지 않도록 총구에 커버를 씌웠다.

《 야전 헌병 오토바이병 》

전선에서의 교통 정리나 순찰 시에는 골겟(Gorget)을 목에 걸었다.

방독면 케이스는 이런 식으로 매달아 휴대하기도 했다.

소총용 방진 커버

《 소총용 방진 커버 》

총기의 기관부를 모래 먼지로부터 보호하기 위한 것이었지만, 커버를 씌우면 신속히 탈거할 수 없었기에 전선에서 사용한 예는 적었다.

위장복

제2차 대전에서는 각국의 군대에서 위장복을 채용했다. 그중에서도 독일군이 사용한 위장복은 다른 국가의 것과 비교해 위장 효과가 높았고, 디자인도 우수했다.

《 육군 워터 패턴 위장 무늬 방한 아노락 》

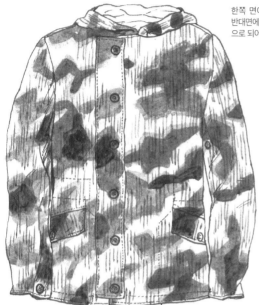

한쪽 면에는 위장무늬, 반대면에는 동계용 흰색으로 되어 있었다.

《 방한 아노락 세트 》

상의, 바지, 장갑 모두가 위장무늬/흰색 양면 사용 가능.

상의

벙어리 장갑

바지

《 워터 패턴 방한 후드 》

육군에서는 스프린터 패턴(오른쪽)과 워터 패턴(왼쪽), 이렇게 2종류의 위장 무늬를 사용했다.

육군의 위장 무늬

《 스프린터 패턴 》

1931년 독일군이 판초 우의용으로 채용한 위장 패턴. 색은 녹색이 강한 봄·여름용과 갈색이 강한 가을용의 2가지 계열이 있었다. 제2차 대전이 시작되자, 위장무늬는 판초 우의뿐만 아니라 헬멧 커버 등에도 채용됐다.

《 워터 패턴 》

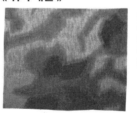

위장 효과를 높이기 위해 스프린터 패턴의 직선적인 윤곽선을 흐릿하게 만드는 패턴. 1943년에 채용됐으며, 같은 패턴이지만 명도를 좀 더 낮춘 1944년형도 있었다.

무장 친위대의 위장 무늬

《 E패턴 '종려나무(Palmenmuster)' 》

무장 친위대의 경우 위장무늬의 도입이 비교적 빨랐는데, 1938년에 A패턴인 '플라타너스'가 위장 스목용으로 채용됐으며, E패턴인 '종려나무'는 1940년에 채용되어 1942년까지 생산됐다.

《 E패턴 '떡갈나무잎(Eichenlaubmuster)' 》

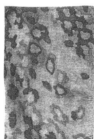

1940~1945년까지 생산된 E패턴 가운데 하나. 각 위장 무늬 원단은 스목 이외에 헬멧 커버, 판초 우의 등에도 사용됐다.

《 도트 패턴 '완두콩(Erbsenmuster)' 》

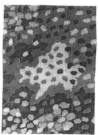

1944년에 채용됐기에 'M44 도트 패턴'이라고도 불렸다. 이 패턴은 야전복, 전투복 등에 사용됐다.

《 노르망디 전투 당시 워터 패턴 위장 스목을 착용한 육군 병사 》

육군의 위장복 채용은 친위대보다 늦어, 1943년에 아노락과 스목 등의 피복이 채용됐다.

헬멧 커버는 스프린터 패턴을 채용.

탄약 파우치

서스펜더

워터 패턴 위장 스목

위장용으로 철망을 유용.

대검과 야전삽

탄약 파우치

Kar98k소총

Kar98k 소총

《 워터 패턴 헬멧 커버 》

육군에서는 지급품 외에 병사들이 판초 우의를 이용해 자작한 것도 많이 사용됐다.

《 1944년 7월 바르샤바 봉기 당시의 공군 지상부대 헤르만 괴링 사단 병사 》

서스펜더

육군의 스목을 착용

M24 수류탄

《 노르망디 전선의 공수부대원 》

공군도 강하 스목에 스프린터 패턴과 워터 패턴을 채용했다. 공수 헬멧용 위장 커버도 만들어졌다.

《 스프린터 패턴 방한 아노락을 입은 병사 》

헬멧에도 위장 커버를 씌웠다.

방한 아노락 상의

탄약 파우치

서스펜더

M24 수류탄

Kar98k 소총

대검

《 판초 우의를 개조한 위장 조끼를 착용한 자주포병 》

전쟁 후반에는 군의 정규품 이외에 판초 우의를 이용하여 야전복이나 전차복, 규격모 등 여러 종류의 비정규품이 만들어졌다.

《 대전 후기의 공수부대원 》

위장용 그물이 달린 통상형 헬멧을 착용.

위장무늬 강하 스목

대전 후기, 지상 전투부대로 운용된 공수부대에서는 일반형 헬멧을 쓴 병사도 있었다.

산악 보병

알프스에 국경을 둔 독일에서는 산악지대 전문 부대가 편제되어 있었다. 산악 부대의 대원은 전투뿐만 아니라 산악 등반이나 스키 기술도 요구되었기에 '산악 보병(Gebirgsjäger)'이라 불리는 정예병들이었다.

《 빈트블루제(Windbluse) 》

하프 코트형 방풍 재킷

《 산악 보병 부대장 》

알프스에 피는 고산 식물인 에 델바이스를 모티브로 디자인 됐다.

《 산악 보병 정모 》

정모용 모장

병과색은 라이트 그린.

《 산악모 》

1943년에 채용된 규격모보다 챙이 짧다.

산악모용 부대장을 왼쪽에 부착.

《 빈트야케(Windjacke) 》

풀 오버식으로 후드가 달린 산악 재킷. 카키색과 흰색 양 면 사양.

부사관의 야전 군장

산악모

서스펜더

산악 보병의 부대장

M40 야전복

MP40 기관단총용 탄약 파우치

MP40 기관단총

산악용 바지

일반 부대의 바지보다 두툼하게 만들어졌다.

각반

산악화

산악 보병의 전투 장비

스노우 고글

머플러

빈트야케

M31 산악 배낭

탄약 파우치

M31 산악 배낭

산악부대용 1ℓ들이 수통

Gew33/40 소총

피켈

산악용 각반

일반 각반을 대신하 여 1943년에 채용.

헬멧

반합   잡낭   수통

산악 보병은 전투 장비 외에 등반, 야영용 장비도 휴대했기에 대형 배낭을 사용했다.

《 산악화 》

밑창에는 측면을 보호하 는 징이 박혀 있었다.

스키 장비

산악 보병은 정찰이나 순찰 임무 등의 이동 수단으로 스키도 이용했다.

피켈

산악모

흰색 울 커버를 씌웠다.

고글

스키

중장비를 걸쳤어도 눈 위에서 발이 빠지지 않도록 폭이 넓고 톱 벤트가 큰 산악용을 사용.

자일

톱 벤트

설피

빈트야케

흰색 면을 겉으로 착용.

MP40 기관단총

스톡

스키와 스톡은 위장을 위해 흰색으로 칠해졌다.

방한 아노락은 산악 보병과 스키 보병들도 사용했다.

스키 보병

스키 보병 부대는 겨울 전장에서 스키의 이동력을 이용, 정찰이나 공격을 수행하기 위해 보병 부대에 편제됐다.

스키 보병의 모장

모자 왼쪽에 부착.

스키 보병 수장

사용하는 스키는 산악 보병과 같은 산악용 스키.

《 설상 위장복 》

야전복 위에 덧입는 흰색 위장복. 원피스형과 투피스형이 있었다.

《 산악 스키의 바인딩 》

신발은 등산화를 사용.

와이어

스트랩 달린 바켄
(Backen)

바인딩

와이어 체결용 잠금쇠

설상 보행을 위해 바인딩의 와이어는 발 뒤꿈치를 들 수 있는 구조로 되어 있다.

저격병

독일군에서는 저격병의 교육에 힘을 쏟아, 서부 전선과 동부 전선에서 유효하게 활용했는데, 저격병은 사격 기술뿐 아니라 위장술도 뛰어나 적에게 발견되기 어렵도록 위장복 이외에 여러 다양한 방법으로 위장을 실시했다.

육군의 저격병

목표 확인을 위한 쌍안경을 휴대.

스프린터 위장 스목

벨트에 짚단을 꽂아 위장한 동부 전선의 무장 친위대 병사.

ZF39 조준경을 장착한 Kar98k 저격 소총

헬멧 커버의 고정띠에도 풀과 가지를 꽂았다.

위장 스목과 헬멧 커버, 페이스 베일을 사용한 무장 친위대의 기관총팀.

페이스 베일

M43 규격모의 접이식 덮개 부분과 견장에 풀과 가지를 꽂아 위장.

무장 친위대에서 1942년 4월에 채용. 저격병, 기관총팀, 정찰대 등이 사용했다.

《 스탈린그라드 전투의 육군 저격병 》

헬멧에 마대를 이용한 커버를 씌웠다.

《 육군의 페이스 마스크 》

판초 우의를 개조하여 제작. 이외에도 눈 부분만 뚫어놓은 간이형도 있었다

《 위장 그물 》

노르망디 전투에서 사용된 조끼형 위장 그물. 헬멧에도 그물을 씌워 전신을 풀과 나뭇가지로 위장했다.

전투 공병

전투 공병은 적전 도하, 지뢰 및 장애물 제거, 토치카 등의 화점 진지 파괴를 수행하며 보병 부대의 공격을 지원하는 부대이다. 때문에 다양한 장비를 사용했다.

《 폭파 작업을 수행하는 돌격 공병 》

와이어 절단기

폭약이 든 나무 상자에 자루를 달아 토치카 등의 파괴에 사용했다.

폭약

발연통

《 전투 공병 대원의 야전 군장 》

돌격 가방

《 돌격 가방 (오른쪽 허리용) 》

3kg 폭약 1개를 수납. 왼쪽 허리용에는 1kg와 2kg 폭약이 수납됐다.

방독면

소총탄 파우치

M24 수류탄

《 돌격 가방(배낭 타입) 》

카키 캔버스제로 서스펜더에 결속. 이 배낭은 등쪽에 판초 우의와 전투 식량 등을 수납할 수 있는 구조였다.

반합

3kg 폭약 2개 수납.

수통

잡낭

P08용 홀스터

《 와이어 절단기와 톱 케이스 》

톱과 와이어 절단기

톱

와이어 절단기

《 각종 폭약 》

신관 소켓

120g
200g
1kg
3kg
10kg

폭약은 파괴할 목표에 따라 양을 조절했다.

대전차 지뢰

《 대전차 지뢰 》

지뢰는 대전차 전투 이외에 지연 신관을 사용하여 폭약으로도 사용할 수 있었다.

Tmi35
작약량 4.9kg, 기폭 중량 79.3~181.4kg

Tmi43
작약량 5.5kg, 기폭 중량 100~180kg

《 화염 방사기를 휴대한 병사 》

압축 연료 탱크

점화용 산소 탱크

페이스 실드

방사 노즐

연료 밸

가죽제 내화 수트

《 화염 방사기 》

화염 방사기는 토치카나 엄폐호 공격에 유효한 무기였다. 최대 연속 방사 시간은 약 10초였는데, 이 때문에 짧게 끊어서 여러 번에 나눠 화염을 방사했다.

FmW35 화염 방사기
중량: 35.8kg, 사거리: 25~30m

FmW41 화염 방사기
공수부대용 소형 모델. 공수 이외의 부대에서도 사용됐다.
중량: 18kg, 사거리: 25~30m

공수부대원

세계적으로 공수 작전의 선구자로 잘 알려진 독일 공군 공수부대. 그 역사는 1936년 강하 학교 개설로 시작되어 1945년의 종전까지로 짧았지만, 그 짧은 기간 동안에 다양한 전용 군장을 개발, 채용했다.

《 M37 공수 헬멧 》

최초로 채용된 M36 공수 헬멧을 개량한 모델. 턱끈은 고리로 라이너와 연결되어 있고, 각 스트랩에는 조절용 버클이 부속됐다. 측면 하부의 슬릿에는 후부 턱끈을 풀어 걸 수 있도록 되어 있었다.

《 M38 공수 헬멧 》

M37에 있던 후부 슬릿을 폐지하고 턱끈도 리벳으로 헬멧에 고정하는 신형으로 변경됐다.

《 공수 나이프 》

한손으로 조작할 수 있는 슬라이드식 나이프. 공수 바지의 전용 주머니에 수납하여 휴대했다.

《 무릎 패드(초기형) 》

초기형은 바지 아래 착용했다.

약모 — 병/부사관의 일반적인 스타일로, 다른 공군 병사들과 다르지 않았다.

플리거블루제 (Flieger bluse)

공군 벨트

바지

잭 부츠

공수부대의 군장 1937~1940년

M37 공수 헬멧

RZ1 낙하산 하네스

M38 I형 강하 스목(초기형)
개인 야전 장비를 결합한 위에 스목을 착용했다.

RZ1 낙하산

수 부츠(초기형)

M38 공수 헬멧

공수 로프

무릎 패드

무릎 패드(후기형)
패드를 쉽게 탈착할 수 있도록 바지 위로 착용하는 타입.

공수부대의 군장 1940~1941년

M38 II형 강하 스목(중기형)

RZ16 낙하산 하네스

강하 바지

RZ16 낙하산 가방

독일군은 예비 낙하산 없이 주낙하산만으로 강하했다.

《 공수 부츠 》

사이드 레이스형 (초기)   프런트 레이스형 (후기)

강하용 편상화식 전용 부츠가 만들어졌다.

《 밴돌리어 》

Kar98k를 휴대한 병사는 탄약 파우치 대신 밴돌리어를 사용했다. 각 주머니에는 5발 묶음 삽탄자가 2개 수납됐다.

《 MP38/MP40 기관단총용 탄약 파우치 》

탄약 파우치는 일반 보병과 같은 것을 사용.

《 소총용 커버 》

Kar98k 소총의 기관부를 보호하는 커버

《 공군 공수부대장 》

강하 훈련 수료자에게 수여됐다.

《 헬멧 커버 》

위장용 띠가 윗면과 옆면에 달려 있다.

위장 커버
스프린터와 워터 패턴 2종류의 무늬가 있었다.

《 M38 Ⅰ형 강하 스목 》

더블 지퍼 방식의 상하 일체형 스목. 색상은 카키 그린.

《 M38 Ⅱ형 강하 스목 》

싱글 지퍼 방식의 상하 일체형 스목. 주머니가 추가됐다.

Kar98k 소총을 사용하는 공수부대원

MP40 기관단총을 사용하는 공수부대원

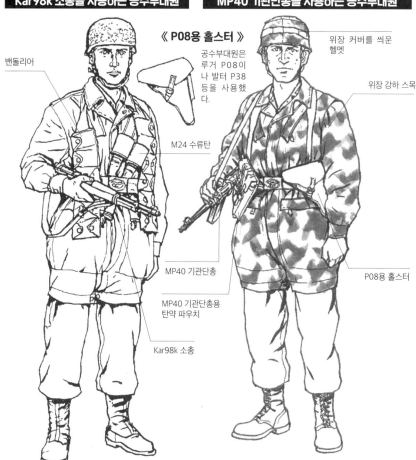

밴돌리어

《 P08용 홀스터 》

공수부대원은 루거 P08이나 발터 P38 등을 사용했다.

M24 수류탄

MP40 기관단총

MP40 기관단총용 탄약 파우치

Kar98k 소총

위장 커버를 씌운 헬멧

위장 강하 스목

P08용 홀스터

《 위장 강하 스목 》

상하 일체형에서 디자인이 일신된 풀 지퍼식. 색상도 이전까지의 단색에서 스프린터 패턴 위장이 들어갔다. 대전 후반에는 워터 패턴도 사용됐다.

《 방독면 가방 》

가방은 캔버스 원단으로 만들어졌다.

수통

방독면 가방

신호 권총을 휴대할 수 있도록 되어 있다.

서스펜더와 벨트를 결속하기 위한 벨트 키퍼.

《 서스펜더 》

공군의 경장용으로 D링 등이 달려 있지 않은 타입.

무장 친위대(야전복)

무장 친위대는 나치스 당 내에 조직된 히틀러의 경호 부대였으나, 제2차 대전 무렵에는 육해공군의 뒤를 잇는 무장 조직으로 발전했다. 무장 친위대의 군장은 육군의 것에 준했으나, 피복은 독자 다자인의 것이 많았고, 특히 위장복은 육군보다도 다양하며 위장 패턴도 보다 효과적인 것을 사용했다.

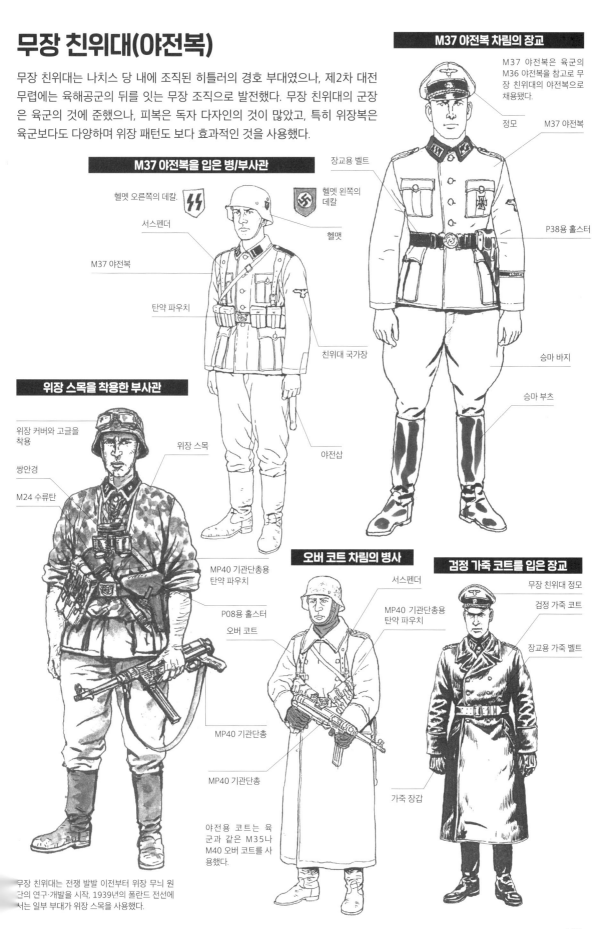

M37 야전복 차림의 장교

M37 야전복은 육군의 M36 야전복을 참고로 무장 친위대의 야전복으로 채용됐다.

정모

M37 야전복

장교용 벨트

P38용 홀스터

승마 바지

승마 부츠

M37 야전복을 입은 병/부사관

헬멧 오른쪽의 데칼.

헬멧 왼쪽의 데칼

서스펜더

헬멧

M37 야전복

탄약 파우치

친위대 국가장

야전삽

위장 스목을 착용한 부사관

위장 커버와 고글을 착용

위장 스목

쌍안경

M24 수류탄

MP40 기관단총용 탄약 파우치

P08용 홀스터

오버 코트

MP40 기관단총

MP40 기관단총

오버 코트 차림의 병사

서스펜더

MP40 기관단총용 탄약 파우치

야전용 코트는 육군과 같은 M35나 M40 오버 코트를 사용했다.

검정 가죽 코트를 입은 장교

무장 친위대 정모

검정 가죽 코트

장교용 가죽 벨트

가죽 장갑

무장 친위대는 전쟁 발발 이전부터 위장 무늬 원단의 연구·개발을 시작, 1939년의 폴란드 전선에서는 일부 부대가 위장 스목을 사용했다.

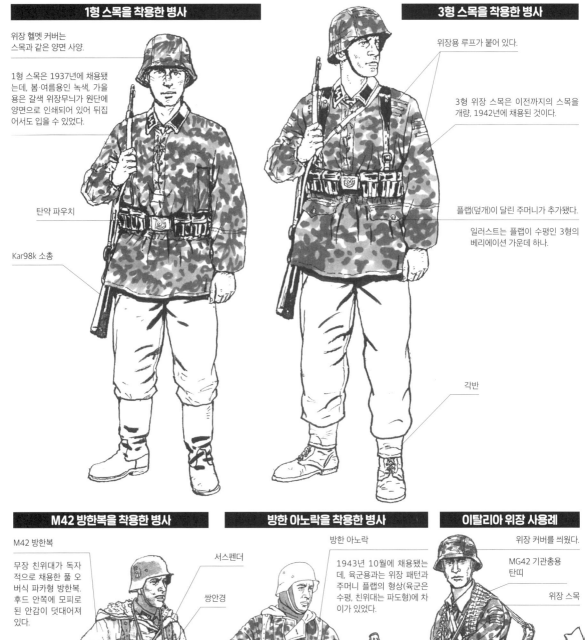

1형 스목을 착용한 병사

위장 헬멧 커버는
스목과 같은 양면 사양.

1형 스목은 1937년에 채용됐
는데, 봄·여름용인 녹색, 가을
용은 갈색 위장무늬가 원단에
양면으로 인쇄되어 있어 뒤집
어서도 입을 수 있었다.

탄약 파우치

Kar98k 소총

3형 스목을 착용한 병사

위장용 루프가 붙어 있다.

3형 위장 스목은 이전까지의 스목을
개량, 1942년에 채용된 것이다.

플랩(덮개)이 달린 주머니가 추가됐다.

일러스트는 플랩이 수평인 3형의
베리에이션 가운데 하나.

각반

M42 방한복을 착용한 병사

M42 방한복

무장 친위대가 독자
적으로 채용한 풀 오
버식 파카형 방한복.
후드 안쪽에 모피로
된 안감이 덧대어져
있다.

서스펜더

쌍안경

지도 케이스

MP40 기관단총

방한 아노락을 착용한 병사

방한 아노락

1943년 10월에 채용됐는
데, 육군용과는 위장 패턴과
주머니 플랩의 형상(육군은
수평, 친위대는 파도형)에 차
이가 있었다.

방한 장갑

MP40 기관단총
용 탄약 파우치

돌격소총용 탄약 파우치

StG44 돌격소총

이탈리아 위장 사용례

위장 커버를 씌웠다.

MG42 기관총용
탄띠

위장 스목

MG42 기관총

이탈리아 위장 무늬
가 들어간 오버 팬츠

무장 친위대에서는 이
탈리아군의 위장무늬
원단을 이용하여 각종
비정규 위장복을 제작
했다. 일러스트는 노
르망디 전선에서 많이
보였던 무장 친위대의
위장 스목과 이탈리아
위장 무늬 오버 팬츠
를 입은 모습이다.

위장 야전모와 위장 스목 차림 병사

위장 야전모
1942년 6월에 제정. 위장 스목과 마찬가지로 양면을 뒤집어 사용할 수 있다.

3형 위장 스목을 착용

쌍안경

헤드폰

MP40 기관단총

MP40 기관단총용 탄약 파우치

위장 커버올을 착용한 전차병

위장 야전모를 착용

위장 커버올
장갑 차량 승무원의 야전복으로 만들어졌다.

P38용 홀스터

M44 위장 야전복을 입은 병사

헬멧에 위장 커버를 씌운 모습. M44 도트 무늬 헬멧 커버는 만들어지지 않았다.

돌격소총용 탄약 파우치

StG44 돌격소총

M44 위장 야전복
M43 야전복 등과 같은 디자인으로 만들어진 위장복. 원단은 헤링본 직조된 천에 M44 도트 위장무늬가 프린트된 것. 야전복 외에 야전모, 전차복, 커버올 등도 만들어졌다.

대전 말기의 무장 친위대 병사

《 일반 병사 》

위장 커버를 씌운 헬멧

M43 야전복

서스펜더

돌격소총용 탄약 파우치

바지

반합

판초 우의

캔버스제 각반

앵클 부츠

방독면 케이스

접이식 야전삽

《 기관총 사수 》

위장 커버를 씌운 헬멧

서스펜더

기관총용 공구 케이스

P38용 홀스터

MG42 기관총

잡낭

StG44 돌격소총

수통

M43 야전복

판초 우의

반합

방독면 케이스

접이식 야전삽

수통

무장 친위대의 외인부대

무장 친위대 대원이 되려면 독일 국적 이외에도 인종 등 까다로운 규정을 통과해야 했다. 하지만 악화되는 전황에 높은 소모율로 인원이 부족해지자 이 문제를 해결하기 위해 1943년 이후부터 동맹국 및 점령지의 독일계 주민, 반공주의자와 친독일계 주민 등으로 의용부대를 편성했다. 의용부대는 독일인 부대가 'SS 사단', 독일계 주민 부대는 '의용 사단', 그 밖의 인종으로 구성된 부대를 '무장 사단'이라고 부대 명칭을 구분했다.

금장과 소매의 부대장

외국인 부대에는 옷깃과 소매에 착용하는 부대장이 있었다. 또한 모든 부대까지는 아니지만,
소매에 부착하는 부대명장도 제정되어 있었다.

일반 SS 금장

정규부대 이외에는
사용할 수 없었다.

제7의용 산악 사단
'프린츠 오이겐'

제23 SS 무장 산악 사단
'한트샤르(Handschar)'
(크로아티아 제1)

제23 SS 무장 산악 사단
'카마(Kama)'
(크로아티아 제2)

제29 SS 무장 척탄병
사단 이탈리아 제1

크로아티아 부대장.
왼팔에 부착했다.

《 제7 의용 산악 사단
'프린츠 오이겐'의 병사 》

유고슬라비아의 독일계 주민
으로 편성된 부대.

《 제23 무장 산악 사단
'한트샤르'(크로아티아 제1)의 병사 》

유고슬라비아의 이슬람계
주민으로 편성.

《 제29 무장 척탄병 사단
이탈리아 제1 》

구 이탈리아 왕국군의 포로
등, 이탈리아 군인으로 편제됐
다. 이탈리아군과 같은 군장을
사용.

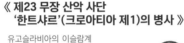

친위대 산악부대장

이탈리아군 휘장

이탈리아 부대장

독일계 외국인과 핀란드인으로
구성된 부대

주로 스칸디나비아 반도
출신자 등이 소속.

노르트와 마찬가지로 스칸디나
비아 반도 출신자들이 주로 소속.

제5 SS 기갑 사단 '뷔킹(Wiking)'

제6 SS 산악 사단
'노르트(Nord)'

제11 의용 기계화 보병 사단
'노르트란트(Nordland)'

덴마크 부대장

노르웨이 부대장

《 제20 SS 무장 척탄병 사단
(에스토니아 제1) 》

금장

에스토니아인 의용병 부대

완장

《 영국 자유 군단 》

금장

영국군 포로들로 편제된 부대.
인원수가 적어 부대 단독으로 전
투를 치른 일은 없었다.

수장

《 제14 SS 무장 척탄병 사단
'갈리치엔(Galizien)'(우크라이나 제1) 》

금장

완장

우크라이나의 갈리치엔 지방 의용병

제15 SS 무장 척탄병 사단(라트비아 제1)

라트비아인들을 징병하여 편제

제18 SS 의용 기갑 척탄병 사단
호르스트 베셀

독일계 헝가리인이 주를
이루는 의용부대.

제23 SS 의용 기계화 보병 사단
'네데를란트(Netherlands)'(네덜란드 제1)

주로 네덜란드인으로
편성된 의용부대.

1941년 11월~1943년
9월까지 사용한 금장.

인도 의용군

1944년 육군의 인
도 자유 병단과 제
950 인도 보병 연
대가 SS로 이관되
어 편제.

노르웨이 의용부대 수장

플란더스
의용부대 수장

제19 SS 무장 척탄병 사단(라트비아 제2)

라트비아인으로
편제된 부대.

제27 SS 의용 척탄병 사단 '랑에마르크(Langemarck)'
(플람스 제1)

벨기에의 플람스
계 주민으로 편
제된 의용부대.

제29 SS 무장 척탄병 사단 RONA(러시아 제1)

소련군 포로를 중심
으로 한 부대

제21 SS 무장 산악 사단 '스칸델베르크(Skanderbeg)'

비게르만계 민족인 알바니아인으로 편제된 사단.

제28 SS 의용 척탄병 사단 '발로니엔(Wallonien)'(왈롱 제1)

벨기에의 왈롱인
지원병으로 구성
된 부대.

제30 SS 무장 척탄병 사단(백러시아 제1)

금장에 여러 베
리에이션이 있으
나 실제로 부착
했는지는 불명.

제22 SS 의용 기병 사단

헝가리, 루마니아, 세르
비아의 독일계 주민들
로 편성.

제33 SS 무장 척탄병 사단 '샤를마뉴(Charlemagne)'(프랑스 제1)

프랑스인 의용부대

제25 SS 무장 척탄병 사단
후냐디(Hunyadi)'(헝가리 제1)

헝가리인 의용병과
헝가리군의 장병들
로 편제

제34 SS 의용 척탄병 사단
'란트슈토름 네데를란트(Landstorm Nederland)'(네덜란드 제2)

네덜란드 의용병으로 편제

독일군의 훈장과 휘장

훈장과 휘장의 부착 위치

- 독일 십자장
- 전차 격파장
- 2급 철십자장(리본만 부착)
- 각종 약수
- 각종 실트 (Ärmelschild)
- 1급 철십자장
- 전상장
- 전차 돌격장

《 항공기 격추장 》

휴대 가능한 소화기로 저공비행하는 항공기를 격추한 자에게 주어지며 1기는 은장, 5기 격추 시 금장이 수여됐다.

《 전차 격파장 》

은과 금의 2종류가 있는데, 휴대 화기를 사용하여 전차 1대를 격파하면 은장, 5대 격파 시 금장이 수여됐다.

《 전상장 》

부상 회수에 따라 흑, 은, 금의 3등급이 있다.

《 일반 돌격장 》

보병과 전차병 이외의 병사가 적을 향해 3회 이상 공격을 행했을 때 수여됐다.

《 보병 돌격장 》

소속된 부대에 따라 은장 혹은 동장이 대상자에게 수여됐다.

《 전차 돌격장 》

3회 이상 전차로 전투를 수행한 장병에게 수여. 전투 회수에 따라 5등급으로 나뉘었다.

《 전차 사격 우수자장 》

견식에 부착하는 명예장으로 사격 성적이 우수한 전차병에게 수여됐다.

《 백병전장 》

근접 전투를 수행한 날짜에 따라 금, 은, 동 3등급으로 나눠 수여했다.

《 저격수장 》

저격으로 쓰러뜨린 적의 수에 따라 3등급으로 나눠 수여했다.

《 나르비크쉴트 (Narvikschild) 》

1940년 4월 9일부터 6월 8일까지 실시된 노르웨이 나르비크 전투에 참가한 독일 국방군 장병 전원에게 수여했다.

《 운전 기량장 》

차량의 운전 기술이 우수한 자에게 수여. 금, 은, 동 3등급이 있다.

《 공수부대장 》

공수 강하 시험을 통과한 공수부대원에게 수여. 육군에서 이관된 공수부대의 대원도 대상이었다.

《 크림쉴트(Krimschild) 》

세바스토폴 공략에 참가한 제11군 장병들에게 수여.

《 쿠반쉴트(Kubanschild) 》

쿠반 교두보 공방전에 참가한 군인으로 일정 조건을 충족한 자에게 수여.

독일군의 견식(애귈렛, Aiguillette)

- 육군의 예장에 부착한 예
- 장교용 견식
- 해군의 예장에 부착한 예
- 부사관용 견식
- 부관 견식을 부착한 육군 장교
- 열대 정복에 부착한 예
- 오버 코트에 부착한 예
- 행사용으로 전차복에 부착한 모습

《 기사 철십자장 》

1급 철십자장 수여자 중에서 뛰어난 공을 세운 자에게 수여된 훈장. 기사 철십자장부터 백엽 다이아몬드 기사 철십자장까지 4등급이 제정됐다.

- 백엽 다이아몬드 기사 철십자장
- 백엽검 기사 철십자장
- 백엽 기사 철십자장
- 기사 철십자장

기사 철십자장

철십자장은 군인에 대한 군사공로장으로 공적이 있는 장병에게 수여됐다.

- 1급 철십자장
- 2급 철십자장

《 독일 십자장 》

1급 철십자장과 기사 철십자장 사이에 위치하는 훈장. 금과 은의 2등급이 있다.

《 전공 십자장 》

철십자장 다음가는 훈장. 검이 달린 것과 없는 것의 2가지가 있으며, 전자는 전투에서의 공적, 후자는 비전투 시의 공적을 기려 수여됐다.

독일 육군/무장 친위대의 계급장

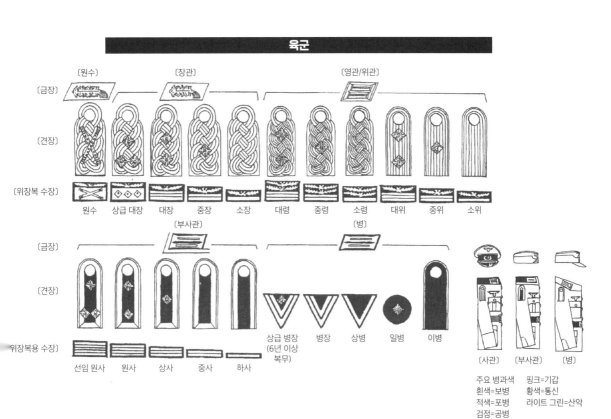

육군

〔원수〕 〔장관〕 〔영관/위관〕

〔금장〕 〔견장〕 〔위장복 수장〕

원수 상급 대장 대장 중장 소장 대령 중령 소령 대위 중위 소위

〔부사관〕 〔병〕

선임 원사 원사 상사 중사 하사

상급 병장 (6년 이상 복무) 병장 상병 일병 이병

〔사관〕 〔부사관〕 〔병〕

주요 병과색
흰색=보병   핑크=기갑
적색=포병   황색=통신
검정=공병   라이트 그린=산악

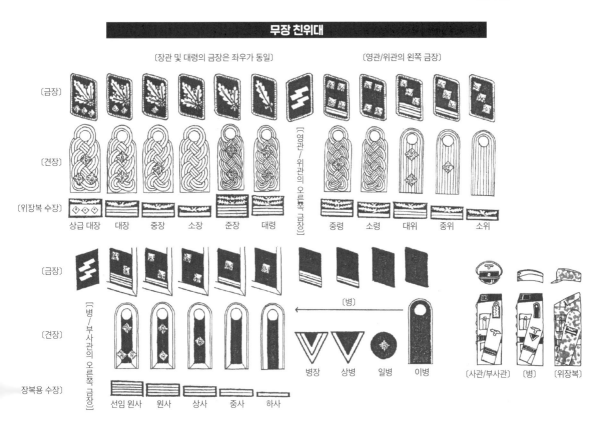

무장 친위대

〔장관 및 대령의 금장은 좌우가 동일〕 〔영관/위관의 왼쪽 금장〕

〔금장〕 〔견장〕 〔위장복 수장〕

〔영관/위관의 오른쪽 금장〕

상급 대장 대장 중장 소장 준장 대령 중령 소령 대위 중위 소위

〔금장〕 〔견장〕 〔장복용 수장〕

〔병/부사관의 오른쪽 금장〕

〔병〕

병장 상병 일병 이병

선임 원사 원사 상사 중사 하사

〔사관/부사관〕 〔병〕 〔위장복〕

공군

제2차 대전 초기부터 영국 본토 항공전, 동부 전선, 북아프리카 전선, 지중해/이탈리아 전선에 독일 본토 항공전에 이르기까지 여러 전선에서 싸웠던 독일 공군의 항공기 승무원들의 군장은 통상 근무복부터 비행복 등의 피복, 그리고 비행용 장비까지 다양한 것이 존재했다.

항공기 승무원의 군장

《 LKp N10 비행모와 산소마스크를 장착한 파일럿 》

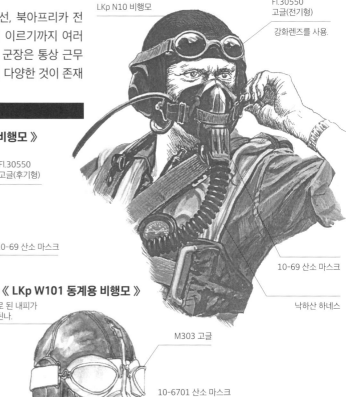

LKp N10 비행모

Fl.30550
고글(전기형)

강화렌즈를 사용.

10-69 산소 마스크

낙하산 하네스

《 LKp N101 비행모 》

머리 부분이
망으로 된 하계용

Fl.30550
고글(후기형)

10-69 산소 마스크

성대 마이크

《 LKp W101 동계용 비행모 》

양모로 된 내피가
부착된나.

M303 고글

10-6701 산소 마스크

1938년에 채용된
비행모

성대 마이크

재킷의 가죽 태브에
끼워 고정하는 클립

이어폰 내장

이어폰

무선 전원 코드

《 구명조끼를 착용한 파일럿 》

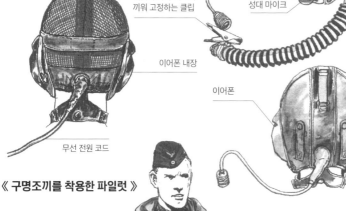

110-30 B-2 구명조끼

《 가죽 비행 재킷을 입은 장교 》

정모

휘장, 계급장을
부착한 사제 가죽
재킷

벨트

장교용 승마 바지

비행 부츠

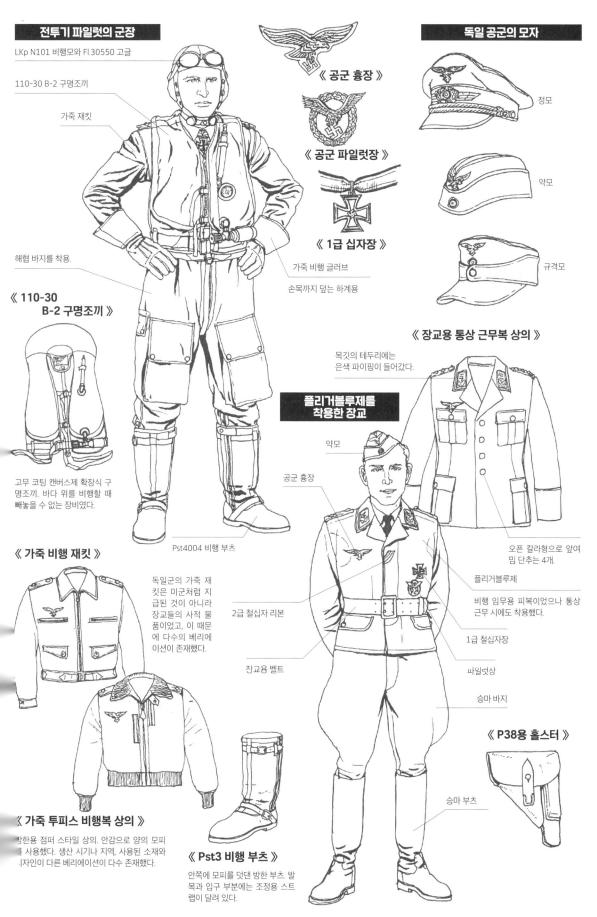

LKp N101 비행모와 Fl.30550 고글

110-30 B-2 구명조끼

가죽 재킷

해협 바지를 착용.

《 110-30 B-2 구명조끼 》

고무 코팅 캔버스제 확장식 구명조끼. 바다 위를 비행할 때 빼놓을 수 없는 장비였다.

《 가죽 비행 재킷 》

독일군의 가죽 재킷은 미군처럼 지급된 것이 아니라 장교들의 사적 물품이었고, 이 때문에 다수의 베리에이션이 존재했다.

《 가죽 투피스 비행복 상의 》

방한용 점퍼 스타일 상의. 안감으로 양의 모피를 사용했다. 생산 시기나 지역, 사용된 소재와 디자인이 다른 베리에이션이 다수 존재했다.

Pst4004 비행 부츠

《 Pst3 비행 부츠 》

안쪽에 모피를 덧댄 방한 부츠. 발목과 입구 부분에는 조정용 스트랩이 달려 있다.

《 공군 흉장 》

《 공군 파일럿장 》

《 1급 십자장 》

가죽 비행 글러브
손목까지 덮는 하계용

플리거블루제를 착용한 장교

약모

공군 흉장

2급 철십자 리본

장교용 벨트

1급 철십자장

파일럿장

승마 바지

정모

약모

규격모

《 장교용 통상 근무복 상의 》

목깃의 테두리에는 은색 파이핑이 들어갔다.

오픈 칼라형으로 앞여밈 단추는 4개.

플리거블루제

비행 임무용 피복이었으나 통상 근무 시에도 착용했다.

《 P38용 홀스터 》

승마 부츠

137

통상 근무 정복 차림의 장교

- 정모
- 기사 철십자장
- 2급 철십자 리본
- 1급 철십자장
- 파일럿장
- 소형 권총용 홀스터

동계용 커버올 비행복

제2차 대전 초기에 사용된 방한 비행복. 목깃과 안감으로 모피가 사용됐다.

앞여밈은 단추로 잠그고 풀었다.

하계용 커버올 비행복

- 카키색 면 재질
- 산소 마스크용 호스를 고정하는 클립을 끼우는 가죽 태브가 있다.
- 원사 계급장

오른쪽 어깨부터 왼쪽 허리를 가로지르는 지퍼로 입고 벗었다.

1940년 프랑스 전선의 전투기 파일럿 장교

- 정모
- 구명 조끼
- 영불 해협에서 전투하는 파일럿의 필수품
- 통상 근무복
- 온난한 계절이거나 고고도 비행을 요하지 않을 경우에는 근무복 차림으로 출격하는 파일럿도 있었다.
- 비행 부츠
- 항공 지도

지중해 전선의 전투기 파일럿

- 약모
- 카키색 열대용 셔츠
- 구명조끼
- 카키색 바지
- 앵클 부츠

겨울 독일 본토 항공전의 파일럿

- 약모
- 동계용 커버올 비행복
- 방공 비행대는 연합군 폭격기를 고고도에서 요격해야 했기에 동계용 커버올 비행복은 필수 장비였다.

낙하산 장비

《 좌석형 낙하산을 장착한 상태 》

등쪽 패드

해협 재킷

해제 버클

버클을 90도 돌려 타격하면 체결되어 있던 하네스가 해제된다.

낙하산 펼침 손잡이

바지 주머니에는 신호 권총과 나이프, 서바이벌 키트 등이 수납됐다.

30IS24 좌석형 낙하산

해협 재킷과 해협 바지

투피스형 면 재질 비행복. 동계용으로 재킷과 열선이 내장된 타입도 만들어졌다.

《 RH12 배낭형 낙하산을 장착한 모습 》

RH12 배낭형 낙하산

모피를 덧댄 목깃

해제 버클

가죽제 투피스 비행복

낙하산 펼침 손잡이

신호 권총용 신호탄

구명조끼

《 10-76-B-1 구명조끼 》

튜브 안에 부력 소재인 케이폭이 들어갔다. 주로 폭격기 승무원들이 사용.

《 110-30 B-2 구명조끼 》

케이폭이 들어간 것보다 덜 거추장스러웠기에 전투기 파일럿들이 선호했다.

가스 주입 호스

CO_2 탱크와 가스 방출 밸브

해군

군비가 갖춰지기도 전에 제2차 대전에 돌입하게 된 독일 해군은 영국 해군에 대항할 전력이 없어, 수상함과 잠수함을 통한 통상 파괴전을 중심으로 싸웠다. 대전 말기에는 함선을 잃은 해군 장병들을 모아 육상전 부대를 편제, 2개 해군 보병 사단이 만들어졌다.

장교의 군장

《 동계 근무복 원수 》

《 기관과 소령의 정장 》

톱이 흰색인 정모

프록 코트

《 하계 근무복 장교 》

플리츠가 들어간 주머니는 상하 4개.

싱글 브레스트에 오픈 칼라.

《 동계 근무복 중위 》

더블 브레스트에 오픈 칼라

양 소매에는 계급을 나타내는 금색 띠가 들어간다.

예장용 벨트

군도(세이버)

좌우에 중위를 나타내는 수장이 부착된다.

수병의 군장

《 수병 하복 》

주머니는 덮개나 플리츠가 없는 단순한 형태.

《 수병 예복 》

짧은 재킷형 예복을 세일러복 위에 착용.

앞여밈 안쪽에 붙은 2개의 단추를 체인으로 고정.

단추는 장식 단추.

《 육상전용 군장 》

헬멧

악모

병과장

계급장

《 흰색 세일러복에 감색 바지 모습 》

시스펜디

탄약 파우치

Kar98k 소총

140

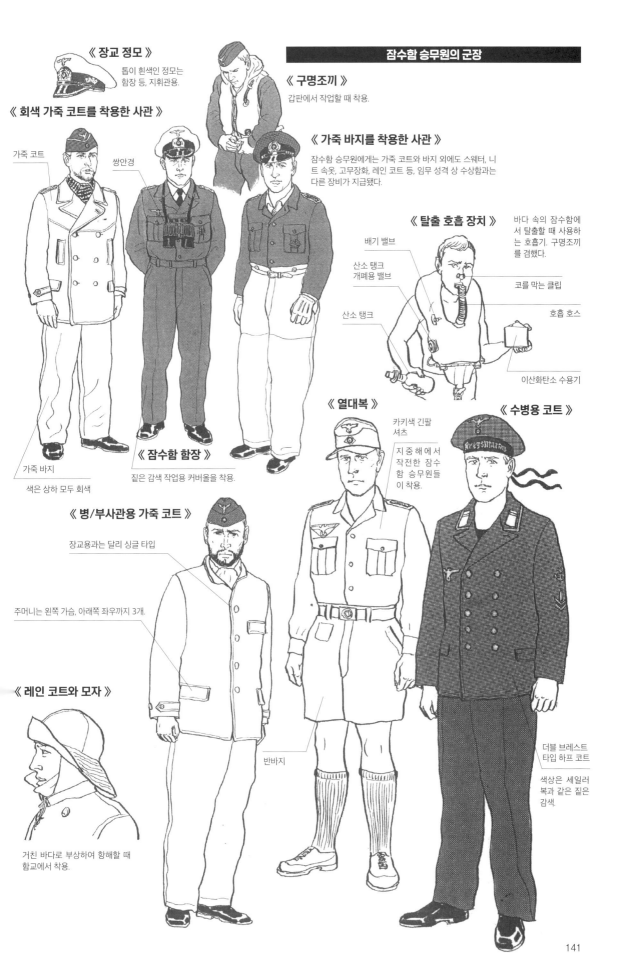

《 장교 정모 》

톱이 흰색인 정모는 함장 등, 지휘관용.

《 회색 가죽 코트를 착용한 사관 》

가죽 코트

쌍안경

《 구명조끼 》

갑판에서 작업할 때 착용.

《 가죽 바지를 착용한 사관 》

잠수함 승무원에게는 가죽 코트와 바지 이외에도 스웨터, 니트 속옷, 고무장화, 레인 코트 등, 임무 성격 상 수상함과는 다른 장비가 지급됐다.

《 탈출 호흡 장치 》

바다 속의 잠수함에서 탈출할 때 사용하는 호흡기. 구명조끼를 겸했다.

배기 밸브

산소 탱크 개폐용 밸브

코를 막는 클립

산소 탱크

호흡 호스

이산화탄소 수용기

가죽 바지

색은 상하 모두 회색

《 잠수함 함장 》

짙은 감색 작업용 커버올을 착용.

《 열대복 》

카키색 긴팔 셔츠

지중해에서 작전한 잠수함 승무원들이 착용.

《 수병용 코트 》

《 병/부사관용 가죽 코트 》

장교용과는 달리 싱글 타입

주머니는 왼쪽 가슴, 아래쪽 좌우까지 3개.

반바지

더블 브레스트 타입 하프 코트

색상은 세일러복과 같은 짙은 감색.

《 레인 코트와 모자 》

거친 바다로 부상하여 항해할 때 함교에서 착용.

독일 해군의 휘장

정모

장관

위관

부사관

영관
예식 및 하계용

지상 부대 장교용
필드 그레이 톱에 견식이 부착된다.

《 정모의 휘장 》

금색

《 정모의 챙 》

장관

영관

위관

《 약모 》

장교용

병/부사관용

《 병과장 》 장교용, 수장 위에 부착.

항해과

군의과

기관과

포술과

통신기술과

행정과

조병과

해안포병과

통신과

《 헬멧 》

왼쪽 데칼

오른쪽 데칼

《 문관 병과장 》 휘장은 금색.

교관

약제관

치과관

법무관

기술 부사관

기관실 부사관

행정관

《 수병용 군모 》

동계용

하계용

《 병과 구별장 》 수병용. 왼팔 계급장 위에 부착. 감색 바탕에 금색.

갑판과 수병

신호수

전기수

공작병

화포 기사

어뢰 기사

기뢰 기사

경리관

보급계 부사관

약제사

군악병

기관사

통신사

포술병

육상 운전수

방공 감시원

《 수병용 군모의 페넌트 》 군명, 승함한 함선명이 금색 문자로 새겨져 있다.

장갑함 아트미랄 그라프 슈페

어뢰정 티거

해군

《 특기장 》 왼팔의 병과 구별장 밑에 부착. 감색 바탕에 금색.

포술(경대공포)

포술(중형포)

기관술

음향술

잠수술

수뢰술

사격 관제

무전수

측적술

142

독일 공군/해군의 계급장

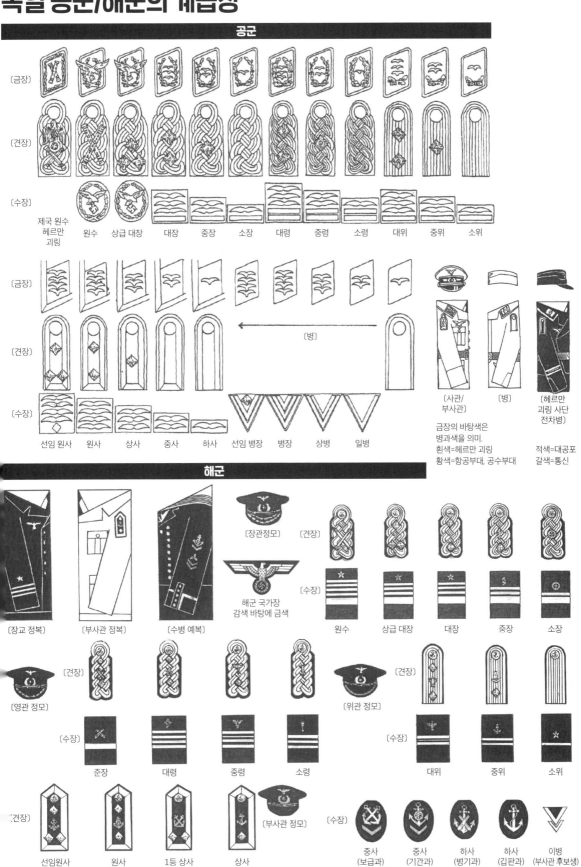

공군

	제국 원수 헤르만 괴링	원수	상급 대장	대장	중장	소장	대령	중령	소령	대위	중위	소위
〔금장〕												
〔견장〕												
〔수장〕												

	선임 원사	원사	상사	중사	하사	선임 병장	병장	상병	일병		〔병〕
〔금장〕											
〔견장〕											
〔수장〕											

〔사관/부사관〕   〔병〕   〔헤르만 괴링 사단 전차병〕

금장의 바탕색은 병과색을 의미.
흰색=헤르만 괴링
황색=항공부대, 공수부대
적색=대공포
갈색=통신

해군

〔장교 정복〕   〔부사관 정복〕   〔수병 예복〕

〔장관정모〕 〔견장〕

해군 국가장
감색 바탕에 금색
〔수장〕

	원수	상급 대장	대장	중장	소장

〔영관 정모〕 〔견장〕

〔위관 정모〕 〔견장〕

〔수장〕	준장	대령	중령	소령		대위	중위	소위

〔견장〕

	선임원사	원사	1등 상사	상사	〔부사관 정모〕

〔수장〕	중사 (보급과)	중사 (기관과)	하사 (병기과)	하사 (갑판과)	이병 (부사관 후보생)

일본군

일본군의 군장은 메이지 시대(1868~1912) 이후, 유럽과 미국의 기술을 받아들이면서 청일전쟁과 러일전쟁 등의 실전을 겪었고, 무기의 발전에 맞춰 근대화되어갔다. 태평양 전쟁에서는 1941년(쇼와 16년) 이전부터 사용되던 군장에 더하여 남방 전선에 맞춘 방서 피복이나 공수부대 전용의 군장 등이 새로이 제정되었다.

태평양 전쟁의 육군 병사

일본 육군이 태평양 전쟁 개전 당시에 사용하고 있던 것은 1938년(쇼와 13년)에 제정된 98식 군복이었다. 98식 군복은 이전까지의 쇼와 5식보다 야전에 적합하게 디자인된 군복으로 종전 시까지 사용됐다.

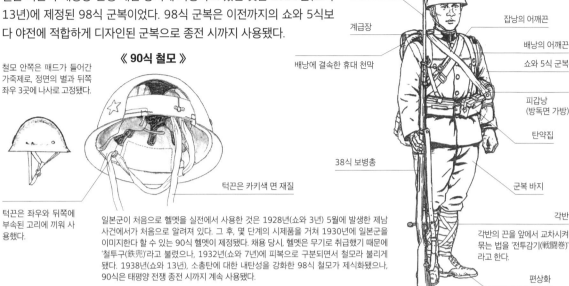

《 90식 철모 》

철모 안쪽은 패드가 들어간 가죽제로, 정면의 별과 뒤쪽 좌우 3곳에 나사로 고정됐다.

턱끈은 카키색 면 재질

턱끈은 좌우와 뒤쪽에 부속된 고리에 끼워 사용했다.

30식 총검
계급장
배낭에 결속한 휴대 천막

90식 철모
잡낭의 어깨끈
배낭의 어깨끈
쇼와 5식 군복
피갑낭 (방독면 가방)
탄약집
38식 보병총
군복 바지
각반
각반의 끈을 앞에서 교차시켜 묶는 법을 '전투감기(戰鬪卷)'라고 한다.
편상화

일본군이 처음으로 헬멧을 실전에서 사용한 것은 1928년(쇼와 3년) 5월에 발생한 제남 사건에서가 처음으로 알려져 있다. 그 후, 몇 단계의 시제품을 거쳐 1930년에 일본군을 이미지한다 할 수 있는 90식 헬멧이 제정됐다. 채용 당시, 헬멧은 무기로 취급했기 때문에 '철투구(鉄兜)'라고 불렸으나, 1932년(쇼와 7년)에 피복으로 구분되면서 철모라 불리게 됐다. 1938년(쇼와 13년), 소총탄에 대한 내탄성을 강화한 98식 철모가 제식화됐으나, 90식은 태평양 전쟁 종전 시까지 계속 사용됐다.

일본 육군 군복

《 쇼와 5식 군복 》

1912년(메이지 45년) 제정 군복의 마지막 베리에이션. 1930년(쇼와 5년)에 제정됐다.

98식 군복은 오픈 칼라 스타일로도 착용 가능.

《 45식 군모 》

병/부사관용 정모. 종전 시까지 사용됐다.

《 약모 》

1932년(쇼와 7년) 무렵부터 사용되기 시작했으나, 제식으로 정해진 것은 1938년(쇼와 13년) 5월.

《 98식 군복 》

1938년(쇼와 13년)에 제정된 군복. 이때 군복에 대폭적인 개정이 실시되면서 군복의 목깃은 밖으로 꺾어 접는 방식으로 바뀌었으며, 계급장도 어깨에서 목깃으로 옮겨졌다.

《 3식 군복 》

1943년(쇼와 18년)에 제정된 전시형 군복. 디자인을 간략화하여 제조 공정 단축, 원자재 절약을 꾀했다. 또한 단추도 베이클라이트 등의 대용 소재를 사용했다.

《 방서복 》

1938년(쇼와 13년)에 제정된 열대용 군복

방서복 겨드랑이 부분에는 통기구가 있다.

《 결전복 》

1944년(쇼와 19년) 12월에 제정된 전시용 군복. 주머니가 가슴에만 달리는 등 3식 군복보다도 간략화됐다.

《 계급장의 변화 》

1938년 제정
1943년 제정

90식 철모
휴대 천막
계급장
배낭 어깨끈
98식 군복
탄약집
피갑낭
군복 바지
각반
편상화
38식 보병총
편상화

1944년(쇼와 19년)이 되자 물자 부족으로 인해 대용 소재를 사용한 장비가 등장했는데, 군화도 소가죽 대신 돼지가죽을 사용하거나 고무 밑창을 만들기도 했다.

145

《 휴대 천막 》

1인용 텐트로, 천막끼리 연결할 수도 있어 최대 35인용 천막을 만들 수 있었다.

《 휴대 천막을 판초 우의로 사용한 병사 》

두건(후드)는 탈착 가능.

《 98식 외피(외투)를 착용한 병사 》

98식 외투의 밑단은 행군 시에 움직이기 편하도록 칼집 고리에 고정할 수 있다.

98식 외투 측면에 있는 칼집 고리

98식 야전삽

휴대 천막

98식 외피

뒤쪽 탄약집

수통

자루는 탈착식

《 99식 배낭 》

92식 반합

덧신

군화와 함께 전장에서 사용됐다.

총검은 군복의 칼집 고리로 고정

혁대(가죽벨트)

허리띠로 착용하는 장비들

쇼와 5식 수통

잡낭

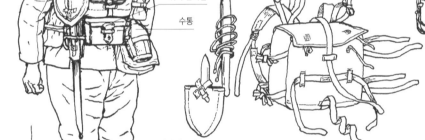

5발 묶음 삽탄자 (장전 클립)

앞쪽 탄약집(실탄 30발 수납)

30년식 총검

뒤쪽 탄약집 (실탄 60발 수납)

95식 방독면

피갑낭(방독면 가방)

《 천막 주머니 》

고정용 끈

1944년(쇼와 19년)에 배낭 대용으로 채용.

천막 주머니를 가로로 맨 모습

천막 주머니를 한쪽 어깨로 걸쳐 맨 모습

육군의 방한 장비

일본군은 한반도 북부나 중국 북부에서의 활동을 상정, 메이지 시대 초기부터 방한 장비의 연구, 개발을 진행했고 러일 전쟁 등의 경험을 통해 다른 국가보다 방한 장비를 중시했다.

외피(외투)

《 쇼와 5식 외피 》
병/부사관용 오버 코트로, 앞여밈은 바람 부는 방향에 따라 좌우 어느 쪽으로든 여밀 수 있는 더블 타입.

《 98식 외피 》
봉제 공정을 간략화해서 앞여밈은 싱글 타입으로 변경됐다. 후드는 철모나 군모 위로도 쓸 수 있도록 크게 만들어졌다.

《 장교용 98식 외피 》
장교의 피복은 자비로 마련해야 했기에 이외에도 모피를 덧댄 개인 물품을 포함한 외피도 사용됐다. 장교는 장화가 기본이었으나, 혹한 시에는 병사용 방한 장화를 사용했다.

《 3식 외피 》
장교용 레인 코트

장교용

병사용

장교와 병사 모두 군복 위에 외피를 착용하고, 그 위에 장비를 결속했다.

98식 외투의 뒷면. 우의도 같은 디자인이었다.

위관　　　좌관　　　장관

계급 식별장

후드를 쓴 경우, 계급장이 가려지기 때문에 잠금 부분에 계급 식별장을 부착했다.

방한 피복과 방한 장비

《 방한 수통피 》　《 방한 반합피 》

수통과 반합 커버는 동결 방지를 위해 안쪽에 토끼 모피가 덧대어져 있었다.

《 설상용 피복 》

외피와 방한복 위로 흰색 외피용 위장복을 착용했다. 주로 가라후토(사할린)이나 만주의 부대에 지급됐다. 스키 부대 등에서는 철모나 총검 등에 위장 도색을 했다.

《 방한용 장갑 》

《 방한 복면 》

《 방한모 》

안감과 귀 덮개에는 흰색 또는 갈색 토끼 모피를 사용.

귀 덮개를 내린 모습

《 방한 피복을 완전 장비한 병사 》

동상 방지용 코 덮개

계급장

방한 피복의 뒷면

흰색 각반

외피 소매 자락은 단추로 탈착 가능.

《 방한 피복 아래의 옷차림 》

방한 목면(이 위에 방한모를 쓴다)

방한 내의

방한 조끼(이 위에 군복을 착용)

방한 바지 (군복 바지 위에 착용)

장갑

방한화(이 위에 방한 각반을 착용)

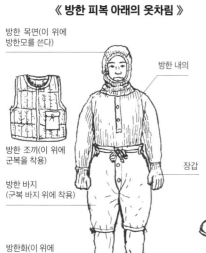

《 방한화 》　《 방한 각반 》　《 방한 반장화 》　　《 방한 장화 》

얼음 위를 걸을 때 미끄러지지 않도록 아이젠을 부착했다.

남방 전선의 육군 병사

태평양 전쟁에서는 남방이나 버마 등의 열대 지역이 주요 전장이었다. 때문에 이전부터 사용했던 열대용 방서 피복에 더하여 새로운 피복 등을 투입했다.

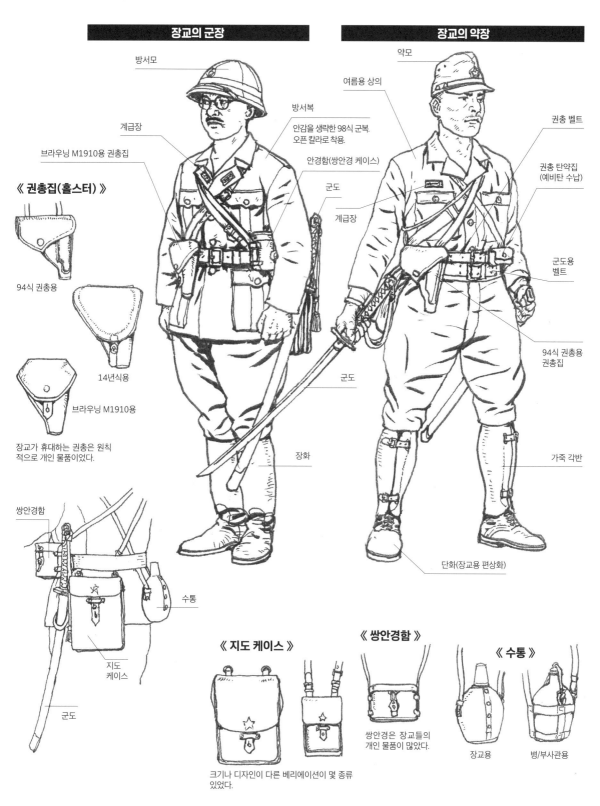

장교의 군장

- 방서모
- 계급장
- 브라우닝 M1910용 권총집
- 방서복
  안감을 생략한 98식 군복. 오픈 칼라로 착용.
- 안경함(쌍안경 케이스)
- 군도
- 계급장
- 군도
- 장화

《 권총집(홀스터) 》

- 94식 권총용
- 14년식용
- 브라우닝 M1910용

장교가 휴대하는 권총은 원칙적으로 개인 물품이었다.

- 쌍안경함
- 수통
- 지도 케이스
- 군도

장교의 약장

- 약모
- 여름용 상의
- 권총 벨트
- 권총 탄약집 (예비탄 수납)
- 계급장
- 군도용 벨트
- 94식 권총용 권총집
- 가죽 각반
- 단화(장교용 편상화)

《 지도 케이스 》

크기나 디자인이 다른 베리에이션이 몇 종류 있었다.

《 쌍안경함 》

쌍안경은 장교들의 개인 물품이 많았다.

《 수통 》

- 장교용
- 병/부사관용

《 약모 》

모장
장교용(금실) 병사용(천)

《 방서모(장교용) 》
계급장
장관
좌관
위관

《 90식 철모 》

위장 그물을 씌운 모습

방서 커버를 씌운 모습

《 98식 방서모 》

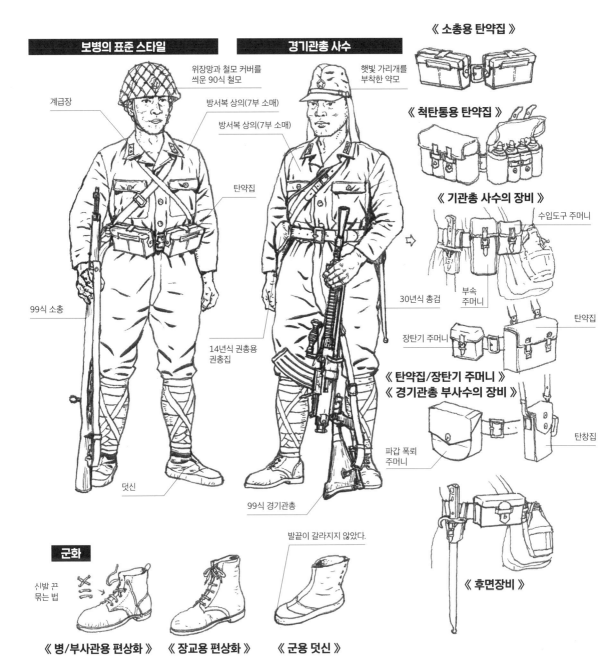

보병의 표준 스타일

위장망과 철모 커버를 씌운 90식 철모

계급장

방서복 상의(7부 소매)

방서복 상의(7부 소매)

탄약집

99식 소총

14년식 권총용 권총집

덧신

경기관총 사수

햇빛 가리개를 부착한 약모

30년식 총검

99식 경기관총

군화

신발 끈 묶는 법

《 병/부사관용 편상화 》

《 장교용 편상화 》

발끝이 갈라지지 않았다.

《 군용 덧신 》

《 소총용 탄약집 》

《 척탄통용 탄약집 》

《 기관총 사수의 장비 》

수입도구 주머니

부속 주머니

탄약집

장탄기 주머니

《 탄약집/장탄기 주머니 》
《 경기관총 부사수의 장비 》

파갑 폭뢰 주머니

탄창집

《 후면장비 》

낙하산 부대

일본군의 공수부대는 해군의 낙하산 부대가 1942년(쇼와 17년) 1월에 마나도에서 첫 실전 강하를 실시했으며, 육군도 그 다음 달에 팔렘방에서 첫 공수작전에 성공했다. 이때 거둔 성과로 '하늘의 신병(神兵)'이라 불리게 됐다.

육군 정진대(挺進隊)

육군의 낙하산 부대는 1940년(쇼와 15년) 11월에 하마마쓰 육군 비행 학교 훈련부라는 이름으로 탄생했는데, 이듬해 9월에는 육군 정진 연습부, 10월에는 교도 정진 제1 연대가 됐다. 그리고 12월에 정진 제1 연대로 편제됐다.

《 일본군의 낙하산 》

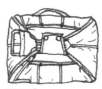

《 92식 동승자용 낙하산 》
창설 초기, 훈련용으로 사용

《 1식 낙하산 》

《 4식 낙하산 》

《 교도 정진대(창설기) 》

92식 낙하산 동승자용을 사용.

시험 강하모

1식 예비 낙하산

정진화

《 제1 정진 연대 대원 1942년 2월 팔렘방 작전 》

시험 강하복(커버올)

강하 철모

1식 낙하산

강하 외피
독일군의 강하 스목을 참고하여 제작.

강하 장갑

강하대(降下袋, 소총용)
분해한 2식 소총을 수납

예비 낙하산은 장비하지 않고 피갑낭을 잡낭으로 전용하여 장착.

4식 낙하산

《 다카치호 정진대 1944년 12월 레이테 작전 》

대원이 휴대한 강하대는 팔렘방 작전의 전훈에 따라 채용. 육군 공수부대 최후의 실전 강하를 수행한 다카치호 정진대원은 최대한 무기와 탄약을 몸에 지니고 야간 강하를 실시했다.

정진대원의 전투 장비는 강하 작업복 위에 착용했다.

《 팔렘방 작전 당시의 육군 정진대원의 군장 》

대원들은 권총 이외의 화기를 휴대하지 않은 채 강하했다. 때문에 강하 후,
따로 투하된 소총이나 기관총을 회수하기까지 권총과 수류탄만으로 싸웠다.

강하 작업복 위에 강하
외피를 착용.

1식 낙하산

예비
낙하산 펼침 끈

1식 예비
낙하산

《 2식 소총을 장비한 정진대원 》

팔렘방 작전에서는 2식 소총의
지급이 제때 이뤄지지 않아 99
식 단소총을 사용했다.

《 14년식 권총을 겨눈 정진대원 》

《 권총집을 결속한 탄입대 》

의열 공정대가 사용.

《 1식 탄입대 》

원래는 기병용 장비. 소총탄 외에 수류
탄을 2발 수납할 수 있다.

《 강하 외피를 입은 정진대원 》

강하 외피는 착지 후, 벗도록 되어 있었지만 실
전에서는 대부분의 대원들이 착용한 채로 전투
를 수행했다.

강하 철모

강하 외피

1식 탄입대

2식 소총(테라총)

강하 작업복

《 육군 강하 철모 》

《 해군 낙하병용 철모 》

《 육전대 약모 》

《 강하화(육군) 》

《 강하화(해군) 》

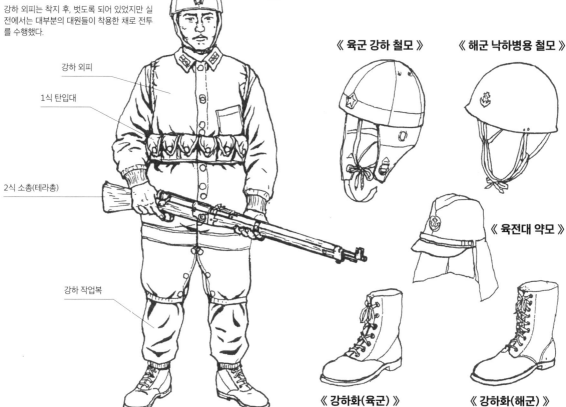

《 무기 수납용 강하대 》

팔렘방 작전의 경험을 통해 대원들이 강하 시에 무기를 휴대할 수 있도록 개발됐다. 소총 및 경기관총용 주머니는 강하 후에는 배낭으로 사용됐다.

군도용 강하대

소총용 강하대

경기관총용 강하대

99식 경기관총이 수납된 강하대

《 다카치호 공정대의 대원 》

1944년(쇼와 19년) 12월, 레이테의 미군을 상대로 강하 작전을 수행했다.

위장망을 씌운 강하 철모

잡낭 대신 쓰인 피갑낭.

배낭

4식 낙하산

소매가 달린 강하 외피

100식 기관단총

《 의열 공정대의 대원 》

1945년(쇼와 20년) 5월, 의열 공정대는 오키나와 욘탄 비행장에 특공 작전을 실시했다. 이 작전은 낙하산 강하가 아니라 97식 중폭격기에 탑승, 강행 착륙한 것이었다.

먹으로 위장무늬를 그려넣은 군복

권총집을 결속한 탄입대.

영국군으로부터 노획한 P37 하버색

파갑 폭뢰낭

해군 낙하산병

《 해군 특별 육전대의 대원 》

해군 낙하산 부대는 해군 특별 육전대라고 하여, 낙하산 부대임을 숨기고자 했다.

해군 낙하산 부대용 철모

소총용 탄입대.

38식 기병총

1942년(쇼와 17년) 1월, 인도네시아의 마나도에 강하한 제1 특별 육전대의 대원.

가슴에 결속한 장비는 100식 기관단총 등을 분해 수납하기 위한 주머니.

《 1식 낙하산 》

다수의 주머니가 달려 있는 것은 해군 강하복의 특징.

육군 전차병

일본 육군의 기갑 부대의 역사는 1918년(다이쇼 7년) 10월에 영국으로부터 Mk.Ⅳ 전차를 연구용으로 수입한 것으로부터 출발한다. 이후, 영국과 프랑스로부터 전차를 수입하는 한편으로 국산화 연구 및 개발을 시작했다. 1927년(쇼와 2년), 시제 1호전차가 완성됐고, 89식 중전차를 시작으로, 자국산 전차를 개발, 채용해나갔는데, 전차병의 군장도 전차와 함께 발전, 태평양 전쟁 무렵에 이르러서는 여러 전용 군장이 제정됐다.

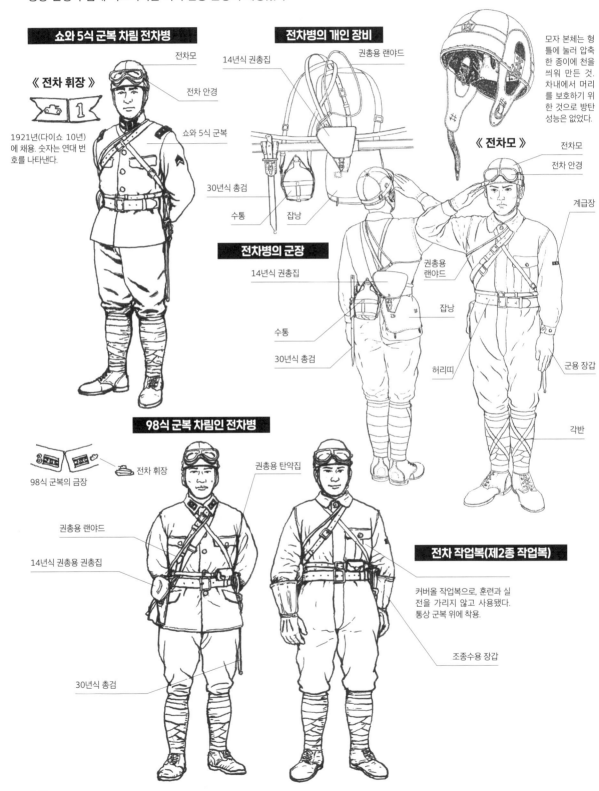

쇼와 5식 군복 차림 전차병

《 전차 휘장 》

1921년(다이쇼 10년)에 채용. 숫자는 연대 번호를 나타낸다.

전차모
전차 안경
쇼와 5식 군복
30년식 총검
수통
잡낭

전차병의 개인 장비

14년식 권총집
권총용 랜야드
30년식 총검
수통
잡낭

전차병의 군장

14년식 권총집
수통
30년식 총검
권총용 랜야드
잡낭
허리띠

모자 본체는 형틀에 눌러 압축한 종이에 천을 씌워 만든 것. 차내에서 머리를 보호하기 위한 것으로 방탄 성능은 없었다.

《 전차모 》

전차모
전차 안경
계급장
군용 장갑
각반

98식 군복 차림인 전차병

98식 군복의 금장
전차 휘장
권총용 랜야드
14년식 권총용 권총집
30년식 총검
권총용 탄약집

전차 작업복(제2종 작업복)

커버올 작업복으로, 훈련과 실전을 가리지 않고 사용됐다. 통상 군복 위에 착용.

조종수용 장갑

전차병용 방한 피복

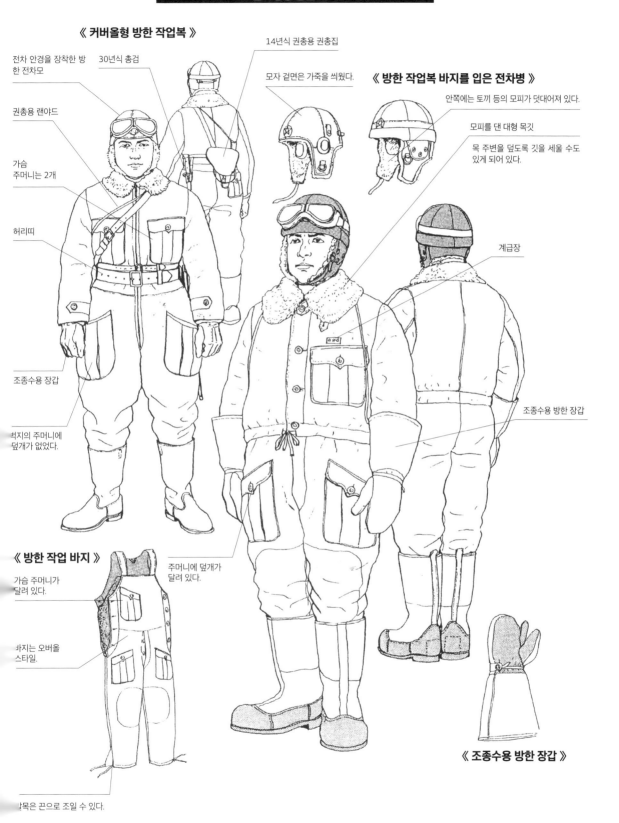

《 커버올형 방한 작업복 》

전차 안경을 장착한 방한 전차모

30년식 총검

14년식 권총용 권총집

모자 겉면은 가죽을 씌웠다.

《 방한 작업복 바지를 입은 전차병 》

안쪽에는 토끼 등의 모피가 덧대어져 있다.

모피를 댄 대형 목깃

목 주변을 덮도록 깃을 세울 수도 있게 되어 있다.

권총용 랜야드

가슴 주머니는 2개

허리띠

계급장

조종수용 장갑

조종수용 방한 장갑

박지의 주머니에 덮개가 없었다.

《 방한 작업 바지 》

가슴 주머니가 달려 있다.

주머니에 덮개가 달려 있다.

바지는 오버올 스타일.

《 조종수용 방한 장갑 》

목은 끈으로 조일 수 있다.

전용 방서 피복이 시험되기는 했으나, 제식 채용되지는 못했기에 전차병도 보병과 같은 방서 피복을 사용했다.

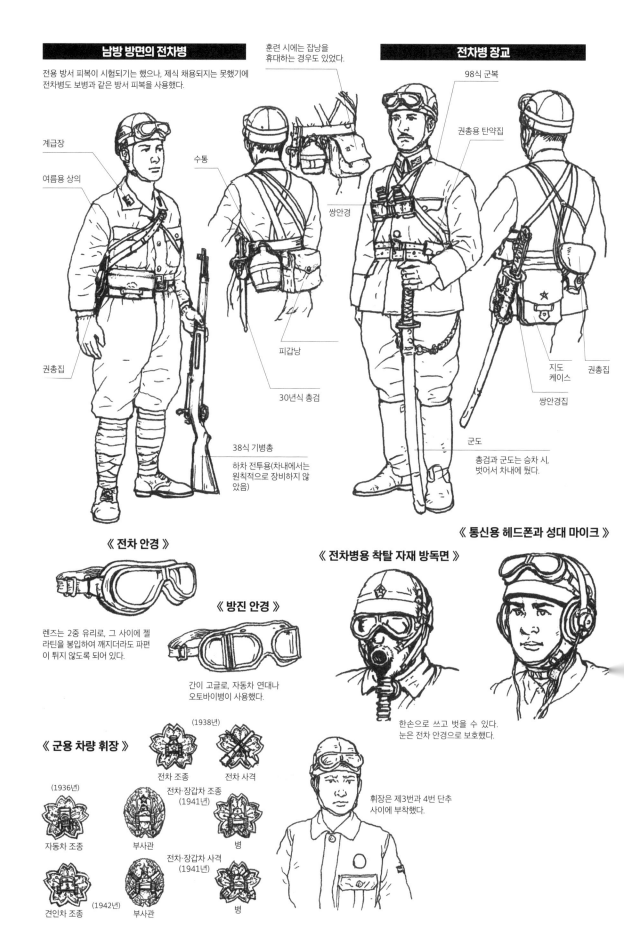

훈련 시에는 잡낭을 휴대하는 경우도 있었다.

계급장

여름용 상의

수통

권총집

피갑낭

30년식 총검

38식 기병총
하차 전투용(차내에서는 원칙적으로 장비하지 않았음)

98식 군복

권총용 탄약집

쌍안경

지도 케이스

권총집

쌍안경집

군도

총검과 군도는 승차 시, 벗어서 차내에 뒀다.

《 전차 안경 》

렌즈는 2중 유리로, 그 사이에 젤라틴을 봉입하여 깨지더라도 파편이 튀지 않도록 되어 있다.

《 방진 안경 》

간이 고글로, 자동차 연대나 오토바이병이 사용했다.

《 통신용 헤드폰과 성대 마이크 》

《 전차병용 착탈 자재 방독면 》

한손으로 쓰고 벗을 수 있다. 눈은 전차 안경으로 보호했다.

《 군용 차량 휘장 》

(1938년)

전차 조종

전차 사격

(1936년)

전차·장갑차 조종 (1941년)

자동차 조종

부사관

병

전차·장갑차 사격 (1941년)

(1942년)

견인차 조종

부사관

병

휘장은 제3번과 4번 단추 사이에 부착했다.

해군 육전대

해군의 육전대는 함정 승무원 일부를 상륙 부대로 임시 편제한 것으로, 상설 부대는 아니었다. 1932년(쇼와 7년), 상하이에서 상설 부대인 상해 특별 육전대가 편제되자 이후, 특설 진수부 특별 육전대나 경비대 등이 편제됐다. 육전대는 육군과는 다른 독자 전투 장비도 갖추고 있었다.

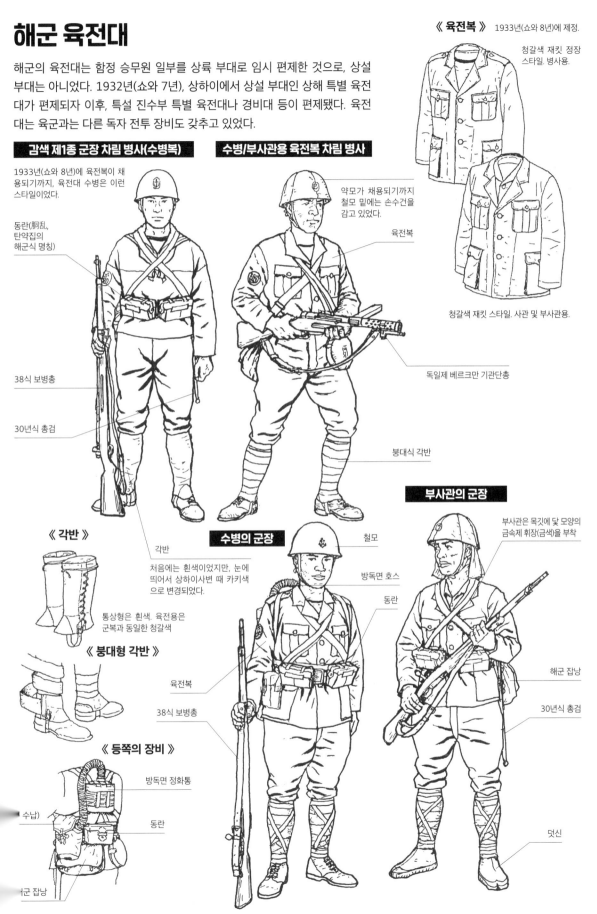

《 육전복 》 1933년(쇼와 8년)에 제정.

청갈색 재킷 정장 스타일. 병사용.

청갈색 재킷 스타일. 사관 및 부사관용.

감색 제1종 군장 차림 병사(수병복)

1933년(쇼와 8년)에 육전복이 채용되기까지, 육전대 수병은 이런 스타일이었다.

동란(胴乱, 탄약집의 해군식 명칭)

38식 보병총

30년식 총검

수병/부사관용 육전복 차림 병사

약모가 채용되기까지 철모 밑에는 손수건을 감고 있었다.

육전복

독일제 베르크만 기관단총

붕대식 각반

《 각반 》

각반

처음에는 흰색이었지만, 눈에 띄어서 상하이사변 때 카키색으로 변경되었다.

통상형은 흰색. 육전용은 군복과 동일한 청갈색

《 붕대형 각반 》

《 등쪽의 장비 》

방독면 정화통

동란

수납)

(해)군 잡낭

수병의 군장

철모

방독면 호스

동란

육전복

38식 보병총

부사관의 군장

부사관은 목깃에 닻 모양의 금속제 휘장(금색)을 부착

해군 잡낭

30년식 총검

덧신

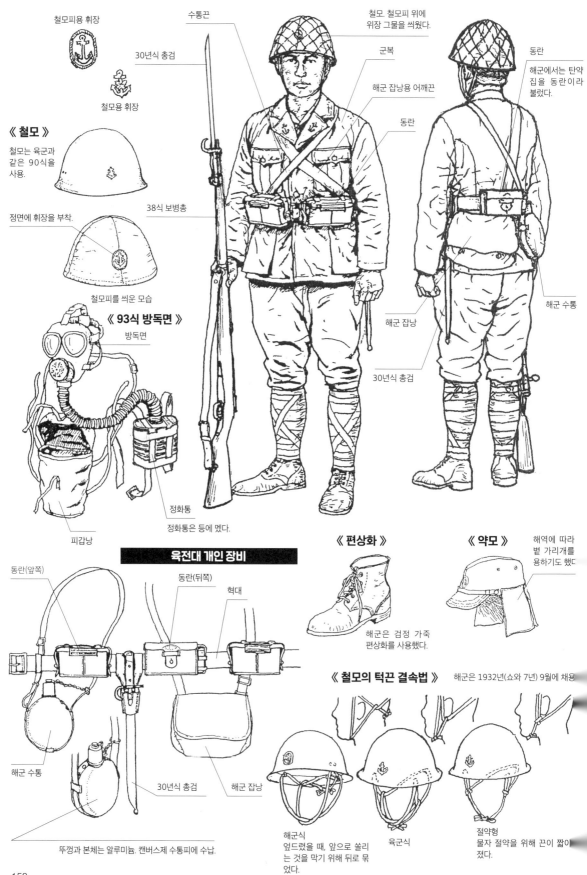

제3종 군장 전투 장비

철모피용 휘장

철모용 휘장

《 철모 》

철모는 육군과 같은 90식을 사용.

정면에 휘장을 부착.

철모피를 씌운 모습

《 93식 방독면 》

방독면

정화통

정화통은 등에 멨다.

피갑낭

수통끈

30년식 총검

38식 보병총

철모. 철모피 위에 위장 그물을 씌웠다.

군복

해군 잡낭용 어깨끈

동란

해군 잡낭

30년식 총검

동란

해군에서는 탄약집을 동란이라 불렀다.

해군 수통

육전대 개인 장비

동란(앞쪽)

동란(뒤쪽)

혁대

해군 수통

30년식 총검

해군 잡낭

뚜껑과 본체는 알루미늄. 캔버스제 수통피에 수납.

《 편상화 》

해군은 검정 가죽 편상화를 사용했다.

《 약모 》

해역에 따라 볕 가리개를 용하기도 했다

《 철모의 턱끈 결속법 》 해군은 1932년(쇼와 7년) 9월에 채용

해군식
엎드렸을 때, 앞으로 쏠리는 것을 막기 위해 뒤로 묶었다.

육군식

절약형
물자 절약을 위해 끈이 짧아졌다.

158

《 수병모 》

《 부사관 정모 》

《 사관 정모 》

《 제3종 약모 》　1943년(쇼와 18년) 제정.

병

모장

부사관

사관

《 방서모 》

《 제3종 군장 상의의 뒷면 》

등쪽 중앙에 플리츠가 들어갔다.

육전대 사관

약모
1937년(쇼와 12년)에 채용.

청갈색 육전복
1933년(쇼와 8년)에
채용됐다.

군도

《 장교가 사용한 권총집 》

94식 권총용

브라우닝 M1910용

권총집

사관의 장화는 개인 물품.

장화

사관의 전투 장비

위장망을 씌운 철모

권총집

사관은 권총과 마찬가지
로 기본적으로 개인 물품
으로 장비.

《 검대(육전 벨트) 》

사관의 군장

햇빛 가리개를 부착

약모

금장

쌍안경

야전용 군도

가죽 각반(검정)

《 항공용 반장화 》

육전대도 사용했다.

《 부사관의 장비 》

《 사관의 장비 》

부사관도

지도 케이스

14식 권총용 권총집

검대
(劍帶)

지도
케이스

수통
수병, 부사관, 사관 모두
같은 모델을 사용.

점선은 군도를 짧게 맨 모습.

159

육해군 특공대

1944년(쇼와 19년) 10월, 필리핀 전투에서 시작된 특공은 항공기부터 수상, 수중 공격으로 점점 확대돼갔고, 이로 인해 많은 젊은이들이 목숨을 잃었다.

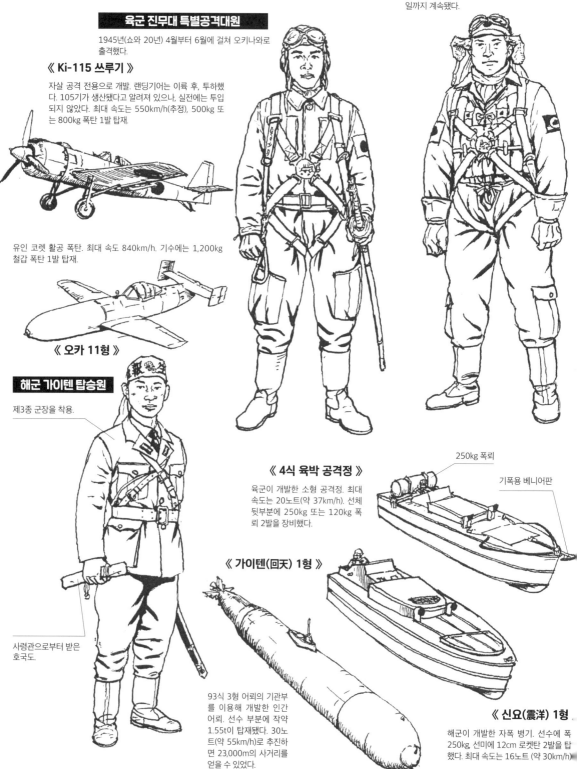

육군 진무대 특별공격대원

1945년(쇼와 20년) 4월부터 6월에 걸쳐 오키나와로 출격했다.

《 Ki-115 쓰루기 》

자살 공격 전용으로 개발. 랜딩기어는 이륙 후, 투하했다. 105기가 생산됐다고 알려져 있으나, 실전에는 투입되지 않았다. 최대 속도는 550km/h(추정), 500kg 또는 800kg 폭탄 1발 탑재.

유인 코렛 활공 폭탄. 최대 속도 840km/h. 기수에는 1,200kg 철갑 폭탄 1발 탑재.

《 오카 11형 》

해군 가이텐 탑승원

제3종 군장을 착용.

사령관으로부터 받은 호국도.

해군 신풍 특별공격대원

해군의 신풍(가미카제) 특별공격대는 1944년(쇼와 19년) 10월 필리핀 전투를 시작으로 1945년 8월 15일까지 계속됐다.

《 4식 육박 공격정 》

육군이 개발한 소형 공격정. 최대 속도는 20노트(약 37km/h). 선체 뒷부분에 250kg 또는 120kg 폭뢰 2발을 장비했다.

《 가이텐(回天) 1형 》

93식 3형 어뢰의 기관부를 이용해 개발한 인간 어뢰. 선수 부분에 작약 1.55t이 탑재됐다. 30노트(약 55km/h)로 추진하면 23,000m의 사거리를 얻을 수 있었다.

250kg 폭뢰

기폭용 베니어판

《 신요(震洋) 1형 》

해군이 개발한 자폭 병기. 선수에 폭 250kg 선미에 12cm 로켓탄 2발을 탑재했다. 최대 속도는 16노트 (약 30km/h)

해군 신요 대원

구명조끼는 선박용을 사용

항공병과 같은 군장

출격할 때에는 군도와 권총을 휴대했다.

육군 해상 정신대 대원

육군의 선박병으로 편제된 수상 특공대. 출격 시에는 해군과 마찬가지로 군도와 권총을 휴대했다.

수상 작업복에 구명 조끼를 착용.

죽창은 성인이 2m, 소년은 1.5m로 규정되었다.

여자 정신대

본토 결전에 대비해 여성도 죽창으로 무장하고 훈련을 받았으나 전투에 나서는 일 없이 종전을 맞았다.

육군 의열 공정대 특공대원

당초에는 사이판을 공격할 계획이었으나, 오키나와 전투에 투입됐다. 오른손에 든 것은 B-29 파괴용 흡착 지뢰(작약 5kg).

흡착 지뢰

육군 육박 공격병

대전차 전투용으로 개발된 성형작약탄(작약 3kg)인 자돌 지뢰를 장비. 자돌 지뢰의 자루 길이는 1.5m였다.

자돌 지뢰

해군 후쿠류(伏龍) 특공대원

잠수복과 호흡기를 달고 수심 5~7m 정도의 해저에서 미군의 상륙용 주정을 기다렸다가 5식 격뢰(작약 15kg)로 공격하고자 했는데 이러한 공격법 때문에 인간 기뢰라고 불렸다.

5식 격뢰

호흡기

잠수복

육군 항공병

일본 육군의 항공대는 1910년(메이지 43년), 도쿠가와 요시토시 육군 공병 대위의 첫 비행으로 시작됐는데 1914년(다이쇼 3년) 10월에는 중국 칭다오에 파견된 항공 부대가 독일군기와 첫 공중전(전과는 없음)을 기록하기도 했다. 1925년(다이쇼 12년)에 항공 병과로 독립된 후, 중일 전쟁과 태평양 전쟁에 투입됐다.

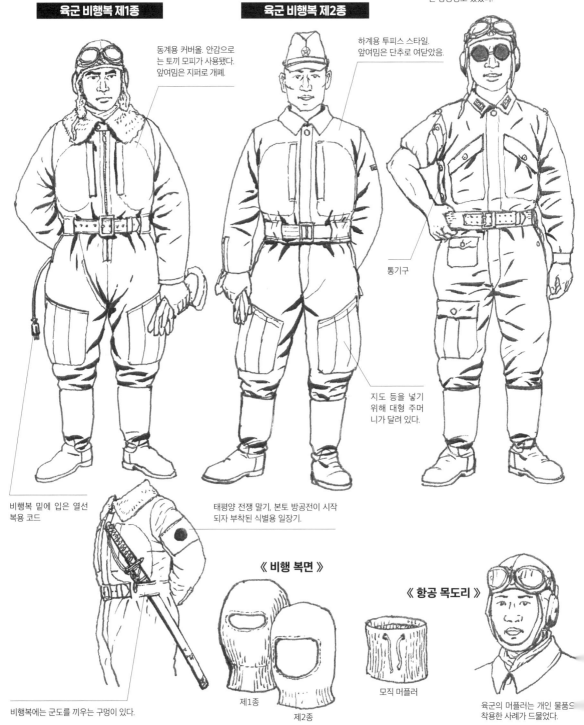

방서 항공복

열대용으로 디자인됐다. 남방에서는 반팔에 반바지인 방서복 차림으로 탑승하는 항공병도 있었다.

육군 비행복 제1종

동계용 커버올. 안감으로는 토끼 모피가 사용됐다. 앞여밈은 지퍼로 개폐.

비행복 밑에 입은 열선복용 코드

육군 비행복 제2종

하계용 투피스 스타일. 앞여밈은 단추로 여닫았음.

통기구

지도 등을 넣기 위해 대형 주머니가 달려 있다.

태평양 전쟁 말기, 본토 방공전이 시작되자 부착된 식별용 일장기.

비행복에는 군도를 끼우는 구멍이 있다.

《 비행 복면 》

제1종

제2종

《 항공 목도리 》

모직 머플러

육군의 머플러는 개인 물품으로 착용한 사례가 드물었다.

《 항공모 》

제1종

제2종

《 동승자용 두건 》

《 항공 안경 》

2중 유리로, 안에는 깨짐 방지용 젤라틴
이 봉입됐다.

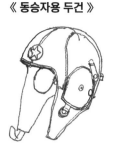

항공병의 장비

항공 안경

비행복(제2종)

항공 시계
(1930년에 제정)

항공 장갑

자동 펼침끈

항공 반장화

계급장은 가슴
또는 왼팔에 부착.

낙하산
펼침끈

항공모

92식 조종사용
낙하산 체결 벨트

불시착 대비용
국기 주머니

낙하산
통상적으로는 좌석에 놓여
있었다.

안에는 케이폭이
들어갔다.

《 구명조끼 》

해상 비행 시 착용

상어를 쫓기 위한 붉
은 천이 들어 있다.

《 92식 조종사용 낙하산 체결 벨트 》

등판

이탈기

사타구니 벨트

《 항공 반장화 》

갈색 가죽제. 동계용
제1종에는 내피가 있다.

《 항공 장갑 》

손목 부분에 벨트가 있어 바깥 공기
가 들어가지 않도록 조정 가능했다.

제1종

제2종

《 산소 마스크 》

B-29 요격 등,
고고도 비행 시에 사용.

해군 항공병

해군 항공대에서는 1912년(다이쇼 원년) 창설 이래, 항공병용 군장의 연구와 개발을 계속하여 1916년(다이쇼 5년)에 첫 항공 피복이 제정됐으며, 1925년(다이쇼 14년)에는 커버올 비행복이 등장했다. 1929년(쇼와 4년)에 제정된 피복은 이후, 종전 시까지 채용된 항공 피복의 기본이 됐다.

하계 항공 머플러
흰색 비단 머플러

흰색 머플러는 해상에서 표류할 때 길게 풀어 상어를 쫓는 데 쓸 수 있다고 알려졌다.

1944년 제정 항공복

상하 분리형 항공복
동계용은 생산되지 않았으며 앞여밈은 단추뿐이었다.

명찰

계급장

식별용으로 부착된 일장기

1942년 제정 하계용 항공복

부사관 정모

커버올형으로 앞여밈은 단추 잠금식

동계용 항공복

1942년 제정 방한 항공복

목깃에는 모피 안감이 부착됐다.

기록판

《 항공 반장화 》

명찰

《 항공 장갑 》

《 항공 목도리 》

모직물로 만든 목도리로 목이 쓸리는 것을 막는 등의 목적으로 사용. 감색과 흰색이 있었다.

《 하계용 항공모 》

방한을 위해 귀덮개 안쪽에는 모피가 덧대어져 있다.

《 동계용 항공모 》

《 3식 항공모 》

무전기 리시버가 내장됐다.

《 항공 안경 》

렌즈가 깨졌을 때 유리조각이 튀지 않도록 2중 구조의 유리로 만들어졌다.

《 일반적인 0식 전투기 파일럿 》

항공 안경

항공모

항공복

97식 낙하산 체결 벨트

구명조끼

권총집

부사관은 지급품인 14년식 권총을, 사관은 개인 구매품인 브라우닝 M1910을 장비했다.

97식 낙하산 체결 벨트

주머니에는 지도나 장갑 등을 넣었다.

《 구명조끼 》

항공복 위에 착용. 부력재로는 케이폭 열매에서 얻는 섬유가 채워졌다.

항공 반장화

낙하산은 좌석에 넣었으며 쿠션을 겸했기에 탑승한 뒤에 체결했다.

《 조종사용 97식 체결 벨트 》

고고도를 비행할 때는 산소 마스크를 사용했다.

복좌기의 기내 통신을 위해 사용된 전성관

체결 벨트에 14년식 권총을 끼우고 권총 랜야드를 목에 걸었다

165

항모 승무원

미 해군에서는 항모에서의 이·착함 시에 색상으로 구분된 작업복을 착용하고 각 직별에 따라 임무를 분담했으나, 일본 해군의 항모에서는 그러한 직별 없이 부사관과 수병들이 흰색 작업복 차림으로 작업에 임했다.

각 부서에 배속된 전령

《 군모 》

《 약모 》

92식 전화기

선이 2개인 것이 사관, 1개는 부사관을 뜻한다.

갑판 작업원

대공포 요원

철모

방독면을 장비

방독면을 장비하지 않기도 했다.

흰색 작업복을 착용

바지 밑단을 끈으로 조인 경우도 있었다.

발함 사관

계절에 따라 제1종 군장 또는 제2종 군장을 착용. 손에 든 적기와 백기로 파일럿에게 발함 신호를 보낸다.

장관/사관

쌍안경 끈의 색상은 장관이 적색, 좌관이 청색, 위관은 황색.

단검을 패용

사관의 제2종 군장

남방에서는 장교와 병 모두 반팔에 반바지를 착용했다.

병/부사관의 작업복

작업복이지만, 훈련부터 실전까지 사용했다.

일본 해군의 계급장

	〔견장〕	〔수장〕		〔견장〕	〔수장〕		〔수장〕
대장			소좌			상등 병조	
중장			대위			1등 병조	
소장			중위			2등 병조	
대령			소위			병장	
중좌			특무 사관			상등 수병	
						1등 수병	
						2등 수병	

견식(참모 견장)

고급 장교가 오른쪽 어깨에 다는 장식끈은 참모 견장이라 알려져 있으나, 원래는 장관의 예장 및 정장에 부착하는 견식(Aiguillette)이라는 것으로 부관 등의 장교가 메모용 필기구를 끈으로 매달아 휴대했던 것이 그 유래라고 한다. 일본군에서는 1881년(메이지 14년)에 처음 제정되어, 이후 장관, 장교, 왕실 무관 등이 착용했다.

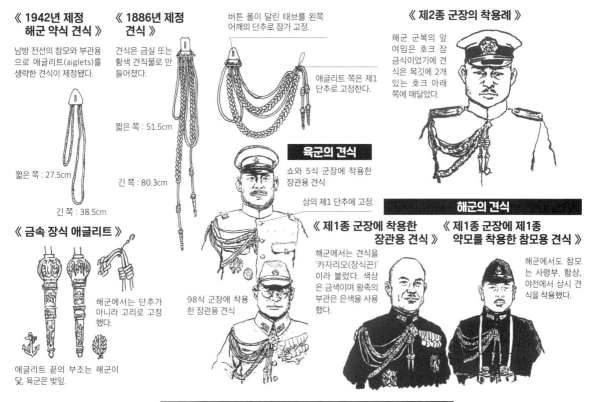

《 1942년 제정 해군 약식 견식 》

남방 전선의 참모와 부관용으로 애글리트(aiglets)를 생략한 견식이 제정됐다.

짧은 쪽 : 27.5cm
긴 쪽 : 38.5cm

《 1886년 제정 견식 》

견식은 금실 또는 황색 견직물로 만들어졌다.

짧은 쪽 : 51.5cm
긴 쪽 : 80.3cm

《 금속 장식 애글리트 》

해군에서는 단추가 아니라 고리로 고정했다.

애글리트 끝의 부조는 해군이 닻, 육군은 벚잎.

버튼 폴이 달린 태브를 왼쪽 어깨의 단추로 잠가 고정.

애글리트 쪽은 제1 단추로 고정한다.

육군의 견식

쇼와 5식 군장에 착용한 장관용 견식

상의 제1 단추에 고정.

98식 군장에 착용한 장관용 견식

《 제2종 군장의 착용례 》

해군 군복의 앞 여밈은 호크 잠 금식이었기에 견식은 목깃에 2개 있는 호크 아래쪽에 매달았다.

《 제1종 군장에 착용한 장관용 견식 》

해군에서는 견식을 '카자리오(장식끈)'이라 불렀다. 색상은 금색이며 왕족의 부관은 은색을 사용했다.

해군의 견식

《 제1종 군장에 제1종 약모를 착용한 참모용 견식 》

해군에서도 참모는 사령부, 함상, 야전에서 상시 견식을 착용했다.

일본 육군의 계급장

《 쇼와 5식 군복의 계급장(견장) 》

1938년(쇼와 13년)에 개정되기 전까지 사용된 구형 계급장. 부사관이나 병사의 계급도 1938년 이후와는 조금 달랐다.

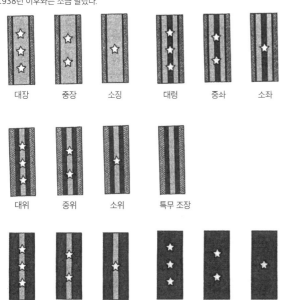

대장 | 중장 | 소장 | 대령 | 중좌 | 소좌

대위 | 중위 | 소위 | 특무 조장

조장 | 군조 | 오장 | 상등병 | 1등병 | 2등병

《 98식 군복의 계급장(금장) 》

1938년(쇼와 13년)부터 금장이 계급장이 됐다. 1941년의 개정에서는 별의 위치가 약간 바뀌었으며, 1943년 개정에서는 위관 이하의 계급이 변경됐다.

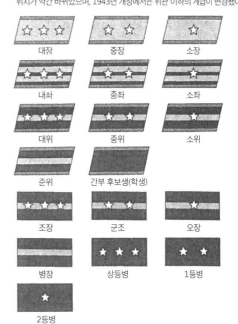

대장 | 중장 | 소장

대좌 | 중좌 | 소좌

대위 | 중위 | 소위

준위 | 간부 후보생(학생)

조장 | 군조 | 오장

병장 | 상등병 | 1등병

2등병

이탈리아군

이탈리아 육군은 정규 부대와 식민지군, 그리고 국방 의용군(MVSN) 등으로 구성됐다. 육군 부대에는 전통을 자랑하는 베르살리에리 부대와 알피니 부대, 쾌속 부대, 공수부대 등의 엘리트 부대가 있었으며, 이들 부대에는 육군 공통 군장 외에 특색 있는 군장이 사용됐다. 1943년 9월, 이탈리아의 항복으로 이탈리아 국내는 양분되어 연합국 측에서서 싸운 남왕국군은 영국식, 이탈리아 사회주의 공화국(RSI) 군은 당시까지의 군장에 독일군 장비를 더해 군장으로 삼았다.

유럽 전선의 육군 병사

제2차 대전 당시 이탈리아 육군 보병의 야전 군장은 울 재질로 된 야전복과 개인 장비가 기본이었다. M40 야전복은 이전 모델인 M37 야전복을 간략화한 것이었지만, 세련된 디자인을 해치지 않으면서 간략화했다고 하는 점에서 이탈리아의 국민성을 나타내고 있다.

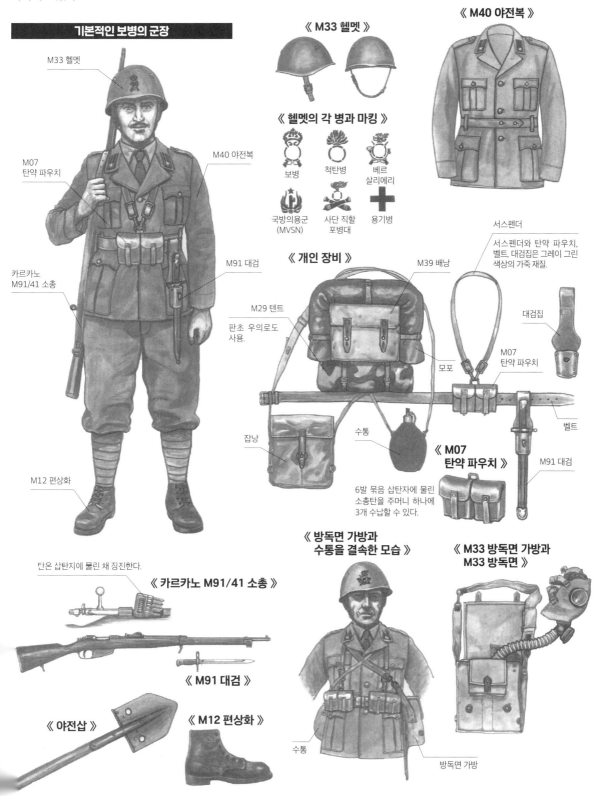

기본적인 보병의 군장

M33 헬멧

M07 탄약 파우치

M40 야전복

M07 탄약 파우치

카르카노 M91/41 소총

M91 대검

M12 편상화

《 M33 헬멧 》

《 M40 야전복 》

《 헬멧의 각 병과 마킹 》

보병 척탄병 베르 살리에리

국방의용군 (MVSN) 사단 직할 포병대 용기병

《 개인 장비 》

M39 배낭

M29 텐트
판초 우의로도 사용.

모포

서스펜더

서스펜더와 탄약 파우치, 벨트, 대검집은 그레이 그린 색상의 가죽 재질.

대검집

M07 탄약 파우치

벨트

잡낭 수통

M91 대검

《 M07 탄약 파우치 》

6발 묶음 삽탄자에 물린 소총탄을 주머니 하나에 3개 수납할 수 있다.

탄온 삽탄지에 물린 채 징진한다.

《 카르카노 M91/41 소총 》

《 M91 대검 》

《 야전삽 》 《 M12 편상화 》

《 방독면 가방과 수통을 결속한 모습 》

수통

《 M33 방독면 가방과 M33 방독면 》

방독면 가방

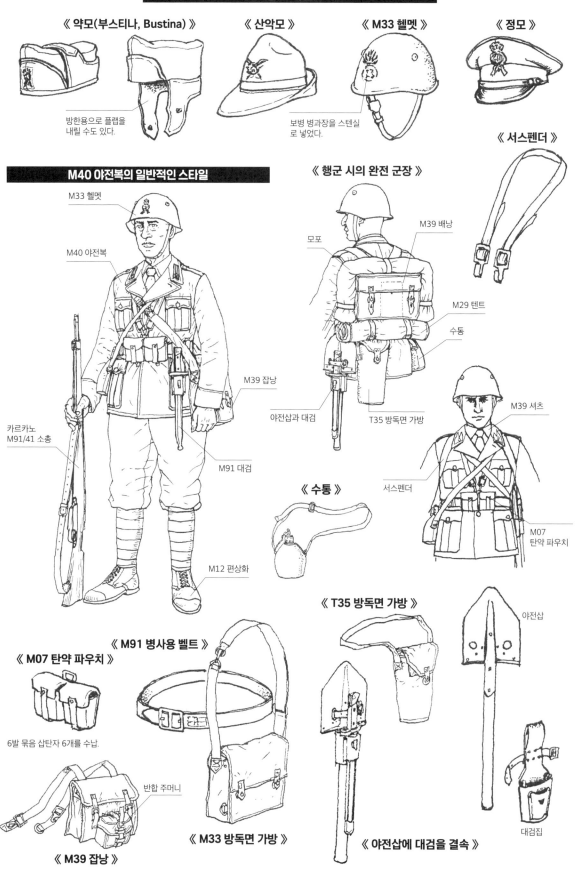

각종 모자/헬멧

《 약모(부스티나, Bustina) 》

방한용으로 플랩을
내릴 수도 있다.

《 산악모 》

《 M33 헬멧 》

보병 병과장을 스텐실
로 넣었다.

《 정모 》

《 서스펜더 》

M40 야전복의 일반적인 스타일

M33 헬멧

M40 야전복

카르카노
M91/41 소총

M39 잡낭

M91 대검

M12 편상화

《 행군 시의 완전 군장 》

모포

M39 배낭

M29 텐트

수통

야전삽과 대검

T35 방독면 가방

《 수통 》

M39 셔츠

서스펜더

M07
탄약 파우치

《 M07 탄약 파우치 》

6발 묶음 삽탄자 6개를 수납.

《 M91 병사용 벨트 》

반합 주머니

《 M33 방독면 가방 》

《 M39 잡낭 》

《 T35 방독면 가방 》

《 야전삽에 대검을 결속 》

야전삽

대검집

육군 장교

《 기본적인 야전 군장 스타일의 중위 》

《 열대 군장을 한 장교 》

《 국가 헌병대(카라비니에리) 대원 》

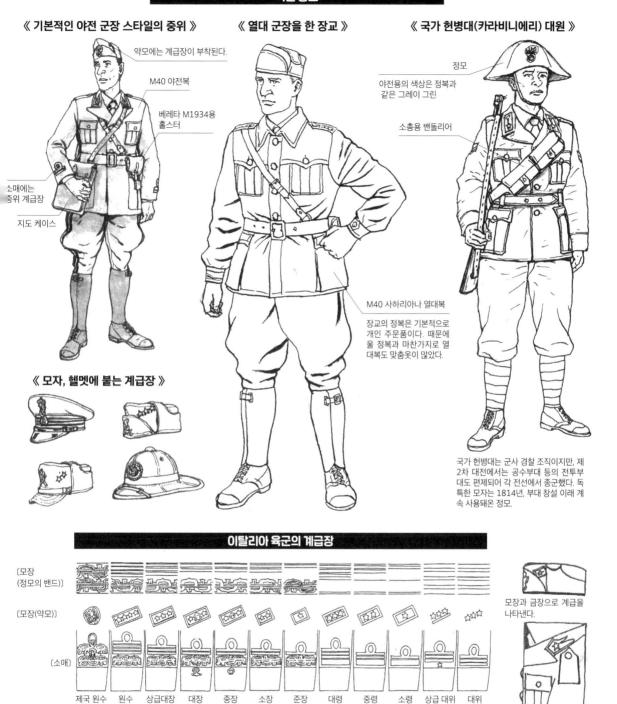

약모에는 계급장이 부착된다.

M40 야전복

베레타 M1934용
홀스터

소매에는
중위 계급장

지도 케이스

《 모자, 헬멧에 붙는 계급장 》

정모

야전용의 색상은 정복과
같은 그레이 그린

소총용 밴돌리어

M40 사하리아나 열대복

장교의 정복은 기본적으로
개인 주문품이다. 때문에
울 정복과 마찬가지로 열
대복도 맞춤옷이 많았다.

국가 헌병대는 군사 경찰 조직이지만, 제
2차 대전에서는 공수부대 등의 전투부
대도 편제되어 각 전선에서 종군했다. 독
특한 모자는 1814년, 부대 창설 이래 계
속 사용돼온 정모.

이탈리아 육군의 계급장

〔모장
(정모의 밴드)〕

〔모장(약모)〕

〔소매〕

제국 원수	원수	상급대장	대장	중장	소장	준장	대령	중령	소령	상급 대위	대위

모장과 금장으로 계급을
나타낸다.

〔모장
(정모의 밴드)〕

〔모장(약모)〕

약모

모장(국가장)

〔소매〕

상급 중위	중위	소위	사관 후보생	1등 준위	2등 준위	3등 준위	상사	중사	하사	병장	장관(금색)

금장은 부대장. 연대
에 따라서 색상 배치
에 차이가 있었다.

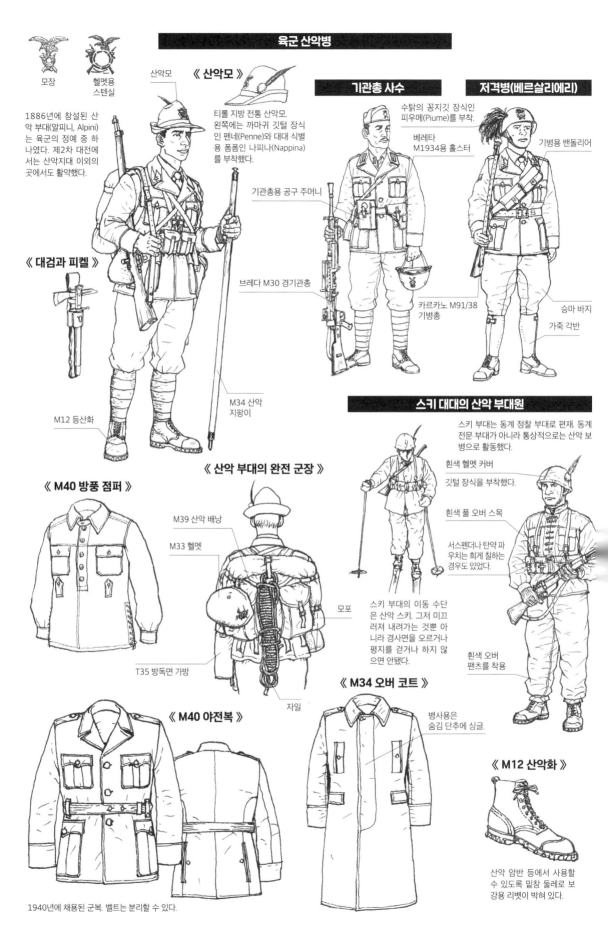

육군 산악병

모장 헬멧용 스텐실

《 산악모 》

산악모

티롤 지방 전통 산악모. 왼쪽에는 까마귀 깃털 장식인 펜네(Penne)와 대대 식별용 폼폼인 나피나(Nappina)를 부착했다.

1886년에 창설된 산악 부대(알피니, Alpini)는 육군의 정예 중 하나였다. 제2차 대전에서는 산악지대 이외의 곳에서도 활약했다.

《 대검과 피켈 》

M12 등산화

기관총용 공구 주머니

브레다 M30 경기관총

M34 산악 지팡이

기관총 사수

저격병(베르살리에리)

수탉의 꽁지깃 장식인 피우메(Piume)를 부착.

베레타 M1934용 홀스터

카르카노 M91/38 기병총

기병용 밴돌리어

승마 바지

가죽 각반

《 산악 부대의 완전 군장 》

M39 산악 배낭

M33 헬멧

T35 방독면 가방

모포

자일

《 M40 방풍 점퍼 》

스키 대대의 산악 부대원

스키 부대는 동계 정찰 부대로 편재. 동계 전문 부대가 아니라 통상적으로는 산악 보병으로 활약했다.

흰색 헬멧 커버

깃털 장식을 부착했다.

흰색 풀 오버 스목

서스펜더나 탄약 파우치는 희게 칠하는 경우도 있었다.

스키 부대의 이동 수단은 산악 스키. 그저 미끄러져 내려가는 것뿐 아니라 경사면을 오르거나 평지를 걷거나 하지 않으면 안됐다.

흰색 오버 팬츠를 착용

《 M34 오버 코트 》

병사용은 숨김 단추에 싱글.

《 M40 야전복 》

1940년에 채용된 군복. 벨트는 분리할 수 있다.

《 M12 산악화 》

산악 암반 등에서 사용할 수 있도록 밑창 둘레로 보강용 리벳이 박혀 있다.

북아프리카 전선의 육군 병사

북아프리카의 리비아와 동아프리카에 식민지를 두고 있던 이탈리아는 전쟁 이전부터 열대용 군복을 사용하고 있었다. 제2차 대전 중에도 여러 종류의 신형 및 구형 군복을 사용했다.

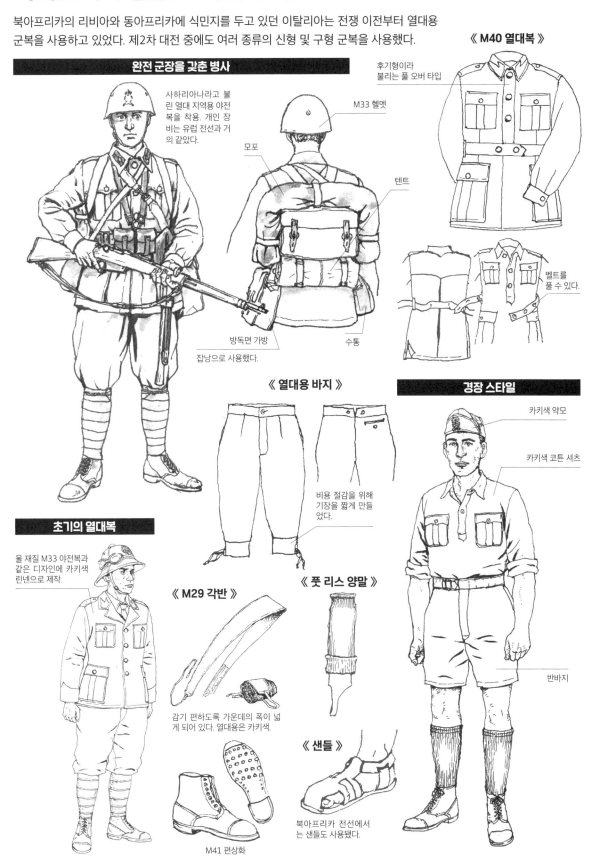

완전 군장을 갖춘 병사

사하리아나라고 불린 열대 지역용 야전복을 착용. 개인 장비는 유럽 전선과 거의 같았다.

모포

M33 헬멧

텐트

방독면 가방
잡낭으로 사용했다.

수통

《 M40 열대복 》

후기형이라 불리는 풀 오버 타입

《 열대용 바지 》

비용 절감을 위해 기장을 짧게 만들었다.

벨트를 풀 수 있다.

경장 스타일

카키색 약모

카키색 코튼 셔츠

반바지

초기의 열대복

울 재질 M33 야전복과 같은 디자인에 카키색 린넨으로 제작.

《 M29 각반 》

감기 편하도록 가운데의 폭이 넓게 되어 있다. 열대용은 카키색.

《 풋 리스 양말 》

《 샌들 》

북아프리카 전선에서는 샌들도 사용됐다.

M41 편상화

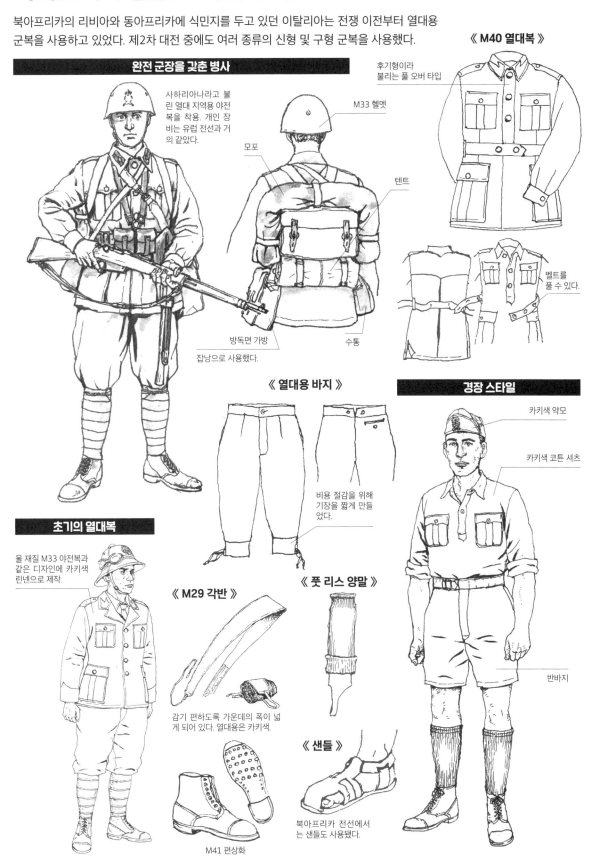
173

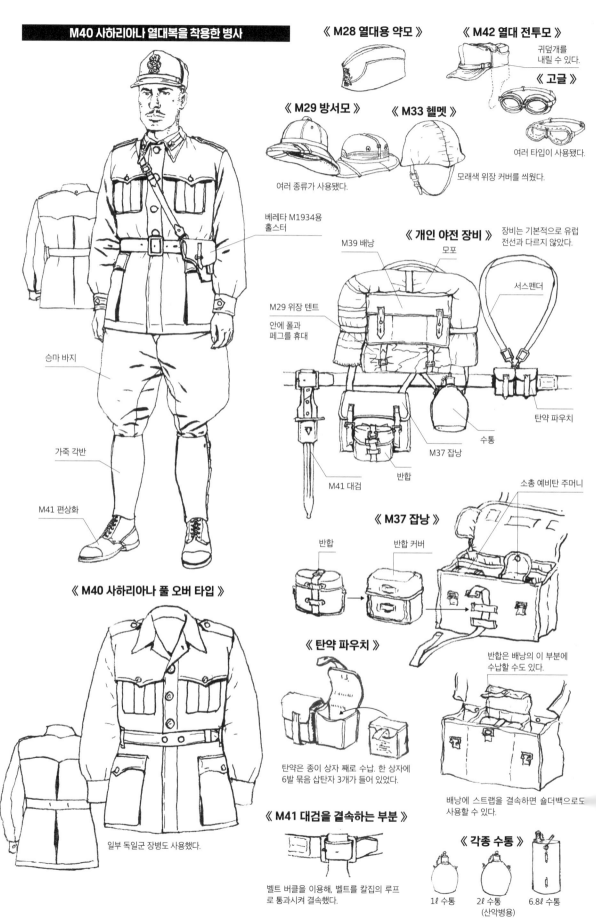

M40 사하리아나 열대복을 착용한 병사

《 M28 열대용 약모 》

《 M42 열대 전투모 》

귀덮개를 내릴 수 있다.

《 고글 》

여러 타입이 사용됐다.

《 M29 방서모 》

《 M33 헬멧 》

여러 종류가 사용됐다.

모래색 위장 커버를 씌웠다.

베레타 M1934용 홀스터

《 개인 야전 장비 》

장비는 기본적으로 유럽 전선과 다르지 않았다.

M39 배낭

모포

서스펜더

M29 위장 텐트

안에 폴과 페그를 휴대

탄약 파우치

수통

승마 바지

M37 잡낭

가죽 각반

M41 대검

반합

M41 편상화

《 M37 잡낭 》

소총 예비탄 주머니

반합

반합 커버

반합은 배낭의 이 부분에 수납할 수도 있다.

《 M40 사하리아나 풀 오버 타입 》

《 탄약 파우치 》

탄약은 종이 상자 째로 수납. 한 상자에 6발 묶음 삽탄자 3개가 들어 있었다.

배낭에 스트랩을 결속하면 숄더백으로도 사용할 수 있다.

일부 독일군 장병도 사용했다.

《 M41 대검을 결속하는 부분 》

벨트 버클을 이용해, 벨트를 칼집의 루프로 통과시켜 결속했다.

《 각종 수통 》

1ℓ 수통

2ℓ 수통 (산악병용)

6.8ℓ 수통

국가 안보 의용 민병대(MVSN)와 식민지군

국가 안보 의용 민병대(MVSN, Milizia Volontaria per la Sicurezza Nazionale)은 1922년 1월, 무솔리니가 파시스트당의 군사 조직으로 창설한 당군(黨軍)이다. 제2차 대전 중에 41개 연대가 편제되어 육군 부대와 함께 각 전선에 투입됐다. 그리고 식민지 부대는 당시 이탈리아의 식민지였던 소말리아, 리비아 등의 현지민으로 조직된 부대였다.

국가 안보 의용 민병대

《 M40 야전복을 입은 MVSN 병사 》

MVSN은 제2차 대전 개전 당시, 3개 사단이 편제되어 육군의 보병 사단에 검은 셔츠 대대가 배속되어 있었다.

검은 셔츠 위에 육군과 같은 M40 야전복을 착용.

바지 옆으로 검정 띠가 들어갔다.

양말형 울 각반을 착용.

MVSN 산악모
깃털 장식이 없으며, 모장은 파시스트 당의 상징인 파스케스를 부착.

《 M40 열대복에 페즈 모자를 쓴 병사 》

사용하는 야전 장비와 총기는 육군과 동일했다.

《 아프리카 전선의 MVSN 병사 》

MVSN 방서모
방서모에는 MVSN의 모장을 부착했다.

MVSN의 모장

검정 셔츠는 풀 오버 타입이 많았다. 넥타이도 지급되었으나 전선에서는 착용하지 않은 병사가 많았다.

《 MVSN의 장교 》

장교용 페즈 모자
페즈는 원통형의 예장용 모자. 전선에서는 약모를 착용했다.

장교용 약모의 모장

《 에티오피아의 병사 》

《 소말리아의 식민지군 병사 》

《 리비아의 병사 》

타르부쉬 페즈를 쓰고 있다.

타르부쉬 페즈의 깃 장식과 장식 가죽으로 부대를 나타냈다.

소말리아 병사도 높다란 타르부쉬 페즈를 썼다.

낮은 타키아 페즈를 사용했다.

양 어깨에 독특한 완장형 계급장이 붙어있다. 일러스트의 계급장은 하사.

스탠드 칼라인 M28 야전복을 착용.

대다수의 식민지 병은 맨발이었다.

《 리비아의 병사 》

M40 사하리아나를 착용.

《 리비아의 사하라 부대 병사 》

터번과 장식 가죽의 색상 차이로 부대를 구분했다.

이탈리아군의 열대복을 착용.

전투 장비를 착용. 장비는 물론 이탈리아군에서 지급했다.

민족 고유의 바지를 입고 있다.

사하라 부대는 사막전에서 우수한 모습을 보였다.

공수부대

이탈리아군의 공수부대는 대규모 공수 작전을 실시하지 않았다. 하지만 1942년의 엘 알라메인 전투에서 제185 공수사단인 '폴고레(Folgore)' 등은 정예부대로 이름을 남겼다.

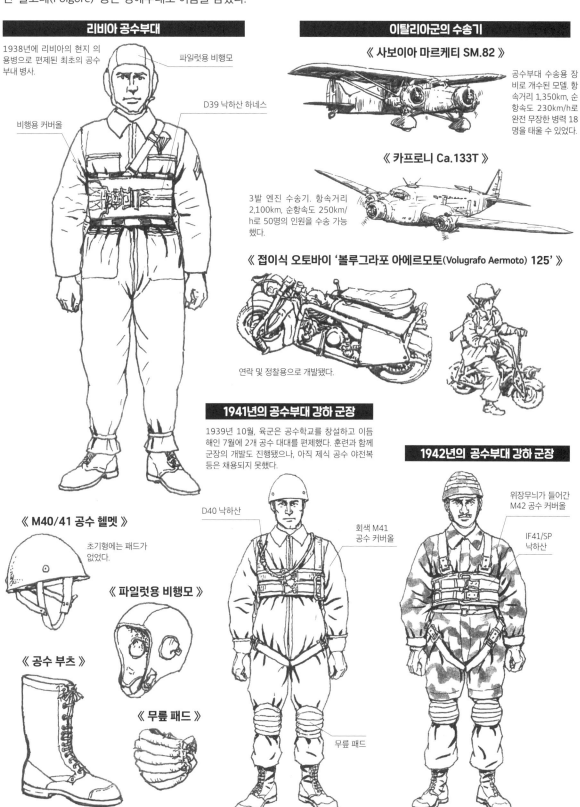

리비아 공수부대

1938년에 리비아의 현지 의용병으로 편제된 최초의 공수부대 병사.

파일럿용 비행모

비행용 커버올

D39 낙하산 하네스

이탈리아군의 수송기

《 사보이아 마르케티 SM.82 》

공수부대 수송용 장비로 개수된 모델. 항속거리 1,350km, 순항속도 230km/h로 완전 무장한 병력 18명을 태울 수 있었다.

《 카프로니 Ca.133T 》

3발 엔진 수송기. 항속거리 2,100km, 순항속도 250km/h로 50명의 인원을 수송 가능했다.

《 접이식 오토바이 '볼루그라포 아에르모토(Volugrafo Aermoto) 125' 》

연락 및 정찰용으로 개발됐다.

1941년의 공수부대 강하 군장

1939년 10월, 육군은 공수학교를 창설하고 이듬해인 7월에 2개 공수 대대를 편제했다. 훈련과 함께 군장의 개발도 진행됐으나, 아직 제식 공수 야전복 등은 채용되지 못했다.

《 M40/41 공수 헬멧 》

초기형에는 패드가 없었다.

《 파일럿용 비행모 》

《 공수 부츠 》

《 무릎 패드 》

D40 낙하산

회색 M41 공수 커버올

무릎 패드

1942년의 공수부대 강하 군장

위장무늬가 들어간 M42 공수 커버올

IF41/SP 낙하산

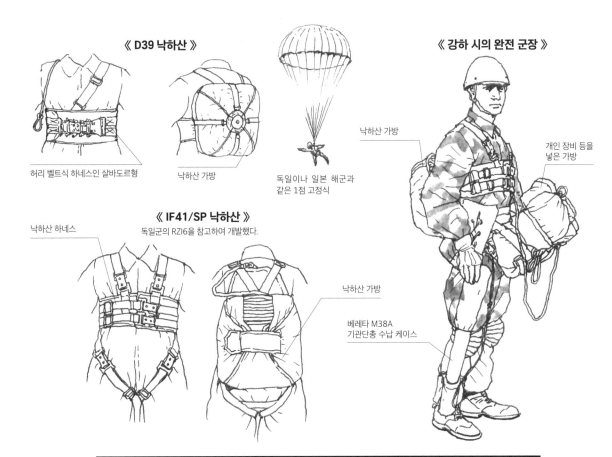

《 D39 낙하산 》

허리 벨트식 하네스인 살바도르형

낙하산 가방

독일이나 일본 해군과 같은 1점 고정식

《 IF41/SP 낙하산 》
독일군의 RZI6을 참고하여 개발했다.

낙하산 하네스

낙하산 가방

《 강하 시의 완전 군장 》

낙하산 가방

개인 장비 등을 넣은 가방

베레타 M38A 기관단총 수납 케이스

지상 전투 스타일

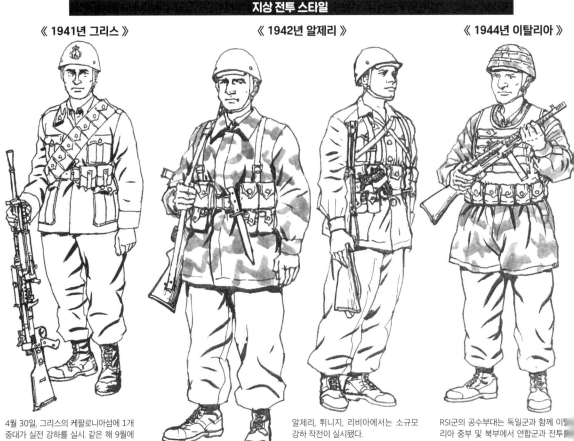

《 1941년 그리스 》

《 1942년 알제리 》

《 1944년 이탈리아 》

4월 30일, 그리스의 케팔로니아섬에 1개 중대가 실전 강하를 실시. 같은 해 9월에는 마르타섬 강하 작전이 계획됐으나 실행되지는 않았다.

알제리, 튀니지, 리비아에서는 소규모 강하 작전이 실시됐다.

RSI군의 공수부대는 독일군과 함께 이탈리아 중부 및 북부에서 연합군과 전투를 계속했다.

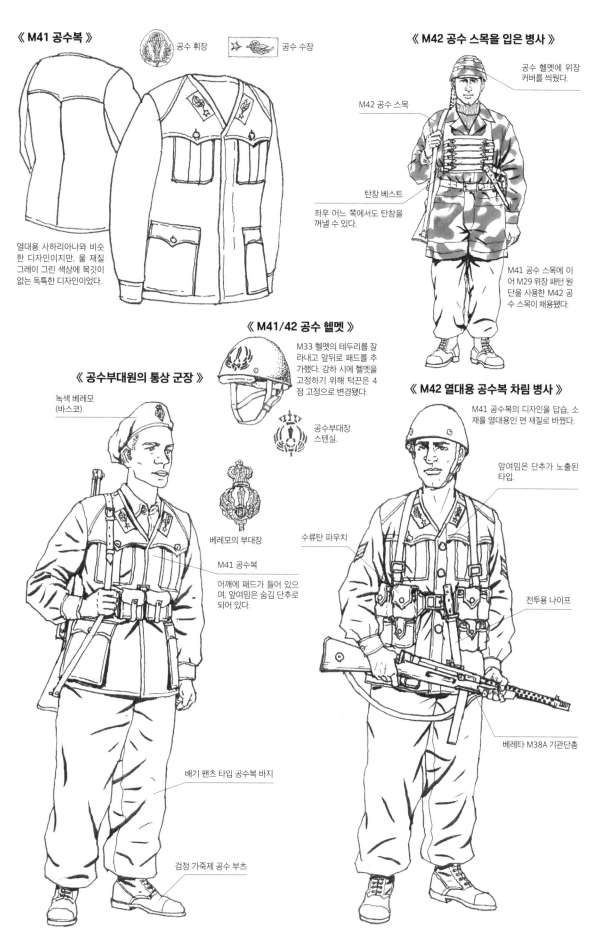

《 M41 공수복 》

공수 휘장

공수 수장

열대용 사하리아나와 비슷한 디자인이지만, 울 재질 그레이 그린 색상에 목깃이 없는 독특한 디자인이었다.

《 M42 공수 스목을 입은 병사 》

공수 헬멧에 위장 커버를 씌웠다.

M42 공수 스목

탄창 베스트

좌우 어느 쪽에서도 탄창을 꺼낼 수 있다.

M41 공수 스목에 이어 M29 위장 패턴 원단을 사용한 M42 공수 스목이 채용됐다.

《 M41/42 공수 헬멧 》

M33 헬멧의 테두리를 잘라내고 앞뒤로 패드를 추가했다. 강하 시에 헬멧을 고정하기 위해 턱끈은 4점 고정으로 변경됐다.

공수부대장 스텐실.

베레모의 부대장

《 공수부대원의 통상 군장 》

녹색 베레모 (바스코)

M41 공수복

어깨에 패드가 들어 있으며, 앞여밈은 숨김 단추로 되어 있다.

배기 팬츠 타입 공수복 바지

검정 가죽제 공수 부츠

《 M42 열대용 공수복 차림 병사 》

M41 공수복의 디자인을 답습, 소재를 열대용인 면 재질로 바꿨다.

앞여밈은 단추가 노출된 타입.

수류탄 파우치

전투용 나이프

베레타 M38A 기관단총

《 탄창 베스트 》

가슴에 5개, 등에 7개의 탄창을 휴대할 수 있다. 이외에도 가슴에만 탄창 수납이 되는 간이형도 있었다.

수류탄 파우치

《 기관단총용 탄약 파우치의 베리에이션 》

독일군 장비로 무장한 이탈리아 공수부대 병사

판처파우스트

Kar98k 소총용 공수 밴돌리어

독일군 M24 수류탄

Kar98k용 탄약 파우치

Kar98k 소총

독일군 강하 스목

RSI 해군 데치마 플로틸리아 마스 해병사단

데치마 플로틸리아 마스 해병 사단은 1943년에 이탈리아가 항복한 뒤, 북부 및 중부 이탈리아를 지배했던 RSI(이탈리아 사회 공화국)이 같은 해 말에 편제한 육상 부대였다.

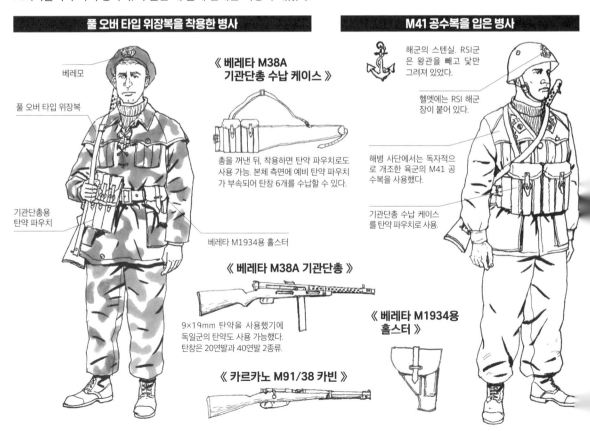

풀 오버 타입 위장복을 착용한 병사

베레모

풀 오버 타입 위장복

기관단총용 탄약 파우치

《 베레타 M38A 기관단총 수납 케이스 》

총을 꺼낸 뒤, 착용하면 탄약 파우치로도 사용 가능. 본체 측면에 예비 탄약 파우치가 부속되어 탄창 6개를 수납할 수 있다.

베레타 M1934용 홀스터

《 베레타 M38A 기관단총 》

9×19mm 탄약을 사용했기에 독일군의 탄약도 사용 가능했다. 탄창은 20연발과 40연발 2종류.

《 카르카노 M91/38 카빈 》

M41 공수복을 입은 병사

해군의 스텐실. RSI군은 왕관을 빼고 닻만 그려져 있었다.

헬멧에는 RSI 해군장이 붙어 있다.

해병 사단에서는 독자적으로 개조한 육군의 M41 공수복을 사용했다.

기관단총 수납 케이스를 탄약 파우치로 사용.

《 베레타 M1934용 홀스터 》

남왕국군과 RSI군

1943년 9월 3일, 무솔리니의 실각과 함께 들어선 신 정권은 연합국과 정전했다. 이에 따라 독일군은 북부 이탈리아를 점령했고, 신 정권에 의해 유폐당했던 무솔리니가 독일에 의해 구출되면서 9월 23일에 이탈리아 사회 공화국의 성립을 발표, 이탈리아는 남과 북으로 갈려 남왕국군과 RSI(이탈리아 사회 공화국)군이라는 2개의 군대가 탄생하게 됐다.

남왕국군

《 만토바 전투단의 육군 하사 》

이탈리아 항복 후인 1944년 4월, 자유 이탈리아군이 편성됐는데 장비나 군장은 영국군으로부터 지급 받았다.

만토바 전투단 휘장

계급장은 이탈리아군과 같았다.

전투복은 P37 배틀드레스를 착용

《 Mk. II 헬멧 》

베르살리에리 부대는 영국군 헬멧에 깃장식을 부착했다.

《 M42 열대모 》

《 산악모(장교용) 》

《 레냐노 전투단의 병사 》

레냐노 전투단 휘장

알피니 부대는 전통의 산악모를 계승했다.

방한용 전투조끼

전투 장비도 영국군의 P37 장비로 바뀌었다.

《 폴고레 전투단의 중위 》

공수부대의 장비도 영국식으로 바뀌었다.

국가장을 겸하는 전투단장을 좌우 어깨에 달았다.

폴고레 진두단 휘장

《 RSI 데치마 플로틸리아 마스 해병 사단 》

헬멧 휘장은 왕관을 뺀 디자인의 스텐실

완장도 왕국의 별 문장에서 단검으로 바뀌었다.

M24 수류탄

해병 사단에서만 쓰인 단추 노출형 M41 공수복

《 GRN(공화국 방위군)의 병사 》
치안 유지를 위해 편제됐다.

검정 페즈를 착용.

검정 셔츠의 목깃에는 붉은 'M'자 휘장이 들어간다.

베레타 M1934용 홀스터

베레타 M38A 기관단총

《 에토레 무티(Ettore Muti) 독립 기동부대 대원 》

베레모의 해골장

《 검은 여단의 병사 》

모장은 검을 입에 문 해골

파시스트당 금속 금장

검은 셔츠단 출신자를 중심으로 편제된 치안 유지 부대.

《 제29 SS 무장 척탄병 사단의 병사 》

1943년 11월에 이탈리아인으로 편제된 부대. 독일에서 훈련을 받은 뒤, 이탈리아 북부 등지에서 연합군 및 파르티잔과 싸웠다.

위장복 대신에 판초 우의를 사용했다.

독일군으로부터 지급받은 MP41 기관단총

차량 승무원

제2차 대전 당시의 이탈리아 육군에는 전차 부대 외에 기계화 부대인 베르살리에리 부대와 쾌속 부대가 있었다. 이들 부대에는 전용 피복과 장비가 지급됐다.

전차 부대

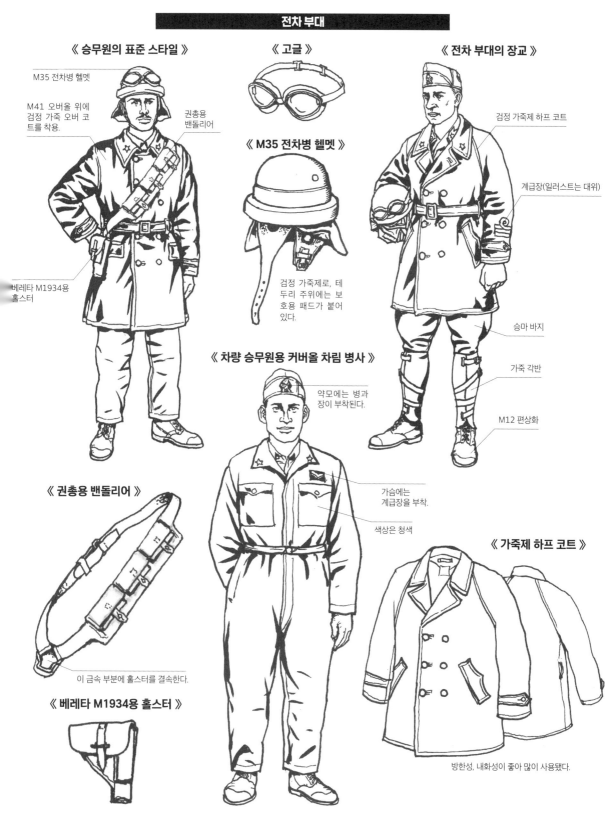

《 승무원의 표준 스타일 》

M35 전차병 헬멧

M41 오버올 위에 검정 가죽 오버 코트를 착용.

권총용 밴돌리어

베레타 M1934용 홀스터

《 고글 》

《 M35 전차병 헬멧 》

검정 가죽제로, 테두리 주위에는 보호용 패드가 붙어 있다.

《 전차 부대의 장교 》

검정 가죽제 하프 코트

계급장(일러스트는 대위)

승마 바지

가죽 각반

M12 편상화

《 차량 승무원용 커버올 차림 병사 》

약모에는 병과장이 부착된다.

가슴에는 계급장을 부착.

색상은 청색

《 권총용 밴돌리어 》

이 금속 부분에 홀스터를 결속한다.

《 베레타 M1934용 홀스터 》

《 가죽제 하프 코트 》

방한성, 내화성이 좋아 많이 사용됐다.

쾌속 부대

쾌속 부대는 기계화 보병을 일컫는 말로 경전차나 장갑차를 장비했다.

《 아프리카 전선의 오토바이병 》

오토바이 헬멧

고글

승마 바지

가죽 각반

M41 군화

《 오토바이 헬멧 》

전차병 헬멧과 같은 디자인이지만 정면에 챙이 부착된다.

M40 사하리아나를 착용

M12 편상화

《 베르살리에리 부대의 오토바이병 》

깃 장식을 부착한 M33 헬멧

카르카노 M38 카빈

풀 오버 스목을 착용

《 쾌속부대의 병사 》

전차병 헬맷

M40 야전복

《 레오네사(Leonessa) 기갑 사단의 전차병 》

검정 베레모

독일군으로부터 지급받은 검정 전투복

앞쪽에 해골 휘장을 부착했다.

수장

벨트에 전투용 나이프를 장비.

소매에 부착한 계급장 (일러스트는 중위)

전차병도 피우메를 부착했다.

금속제 금장

《 베르살리에리 부대의 헬멧 》

정면에는 스텐실로 병과장이 그려져 있다.

수탉의 꼬리깃을 사용한 장식인 피우메가 붙어 있다.

아프리카에서는 방서모도 사용했다.

바지도 독일군 지급품

레오네사 기갑 사단은 1943년 9월, 이탈리아 항복 이후 독일군의 지원을 받아 편제됐다.

184

그 외 기타
추축군

제2차 대전에서 추축 동맹으로 참가한 국가와 추축군으로 참전한 군대는 의외로 많다. 추축국이 된 이유는 각기 다르지만, 그 대부분은 소련의 공산주의를 위협으로 본 파시즘 국가, 억압받고 식민 지배를 받아온 민족, 그리고 독일 및 일본의 영향 아래서 탄생한 괴뢰 정권이 통치하는 국가들로 구성됐다. 이들 추축군으로 참전한 대표적인 군대와 의용군의 군장을 소개한다.

핀란드군

핀란드와 소련 사이에는 제2차 대전 중에 이미 두 번의 전쟁이 있었다. 1939년 11월부터 이듬해 3월까지 벌어진 '겨울전쟁'이라 불리는 전쟁과, 1941년 6월부터 1944년 9월까지 벌어진 '계속 전쟁'이 바로 그것이다. 계속 전쟁은 독소전에 핀란드가 휘말리는 형태로 시작되긴 했으나, 소련을 공격했기에 결과적으로 핀란드는 추축국으로 간주 받게 됐다. 핀란드는 이 전쟁으로 겨울 전쟁 당시 상실한 영토를 되찾을 수 있었으나, 소련과 강화를 맺은 후에는 독일을 상대로 전쟁을 시작했다.

겨울 전쟁 당시의 육군 병사

《 M36형 야전복 차림 상급 중사 》

옷 색은 밝은 회색.

소총용 탄약 파우치

잡낭

수통

바지는 병/부사관 모두
승마 바지 스타일을 사용.

라플란트 부츠

동계용 부츠. 하절기
에는 통상적인 장화를
사용했다.

바지의 줄무늬는 계급
에 따라 폭과 그 수가
달랐다.

《 M36형 야전복 차림 대위 》

M36 양가죽 방한모

장교는 가죽제
샘 브라운 벨트를 사용.

권총용 홀스터

장교용 바지의 줄무늬도
계급에 따라 폭과 그 수가
달랐다. 바지의 줄무늬는
1941년에 폐지되었다.

지도 케이스

《 여러 가지 종류의 모자 》

M36형 야전모

M36형 방한 야전모

M39형 정모
(병/부사관용)

M39형 정모
(장교용)

M22형 정모

《 국가장 》

모자에 부착하는 흰
색과 황색 국가색장.

붉은 바탕에 금색
사자가 들어간 국
가장(장교).

《 동계 장비차림 저격병 》

투피스 파커를 착용.

턱끈은 위로 올린 경
우가 많았다.

핀란드 나강 M28 저격총

흰색 커버올

겨울 전쟁에서는 저
격수 시모 해위해가
확인된 전과만으로
도 소련병 542명 사
살을 기록하고 있다.

일본제 대나무 스
톡을 사용한 병사
도 있었다.

《 1939년 겨울 전쟁 당시 활약한 스키병 》

핀란드의 스키 부대는 신속한
행동을 위해 경장이었다.

수오미 KP/31 기관단총

계속 전쟁 중의 육군 보병

《 M36형 하계용 야전복 차림 병사 》

체코슬로바키아군의 M32/34 헬멧

M36 하계용 야전 군복

수오미 M1931 기관단총

방독면 가방

버클 달린 편상화

핀란드식 나강 M1939 소총

《 헬멧의 베리에이션 》

독일제 M17 헬멧

독일제 M35

체코슬로바키아제 M32/34

이탈리아제 M33

《 완전 군장을 갖춘 병사 》

헬멧은 독일제 M35.

M36형 하계용 전투복

배낭

수통

나이프

'푸코(Puukko)'라고 불리는 전통 나이프. 많은 장병들이 사용했다.

방독면 가방

수통

잡낭

전차병

당시의 주력 전차는 소련에서 노획한 T-34와 독일의 3호 돌격포였다.

소련군 전차모를 착용

M36형 하계용 야전복

권총용 홀스터

지도 케이스

모포

배낭

핀란드 육군의 계급장

	원수	대장	중장	소장	대령	중령	소령	대위
〔금장〕								
〔수장〕								

	중위	소위	상사	상급 중사	중사	하급 중사	하사	병
〔금장〕								
〔수장/견장〕								

루마니아군

루마니아는 1940년 11월, 추축 조약에 가입하여 추축국이 됐다. 이듬해에 독소전이 발발하자, 독일과 함께 소련을 침공했는데, 동부전선에서 계속 싸워온 루마니아군은, 1944년 8월에 발생한 쿠데타로 연합국 측으로 돌아서서 독일에 선전포고를 하고 이번에는 독일군과 싸웠다.

《 루마니아군의 모자 》

야전모 카펠
(병/부사관용)

야전모 카펠
(장교용)

약모 보네트

M41정모(장관용)

완전 군장한 보병 1941년

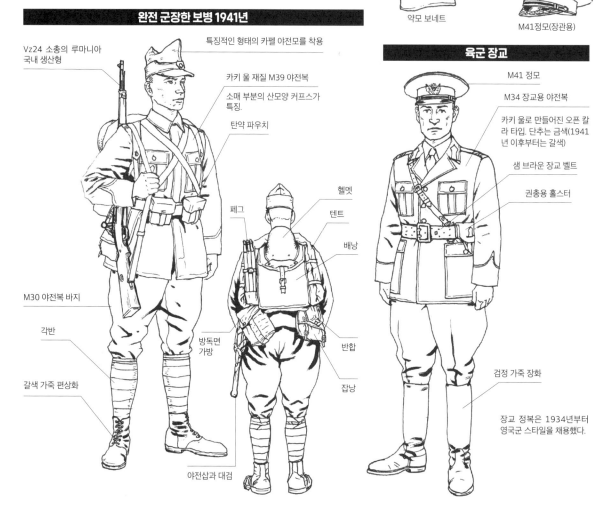

Vz24 소총의 루마니아 국내 생산형

특징적인 형태의 카펠 야전모를 착용

카키 울 재질 M39 야전복

소매 부분의 산모양 커프스가 특징.

탄약 파우치

헬멧

페그

텐트

배낭

반합

잡낭

M30 야전복 바지

각반

갈색 가죽 편상화

방독면 가방

야전삽과 대검

육군 장교

M41 정모

M34 장교용 야전복

카키 울로 만들어진 오픈 칼라 타입. 단추는 금색(1941년 이후부터는 갈색)

샘 브라운 장교 벨트

권총용 홀스터

검정 가죽 장화

장교 정복은 1934년부터 영국군 스타일을 채용했다.

루마니아 육군의 계급장

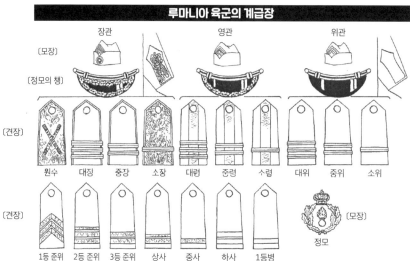

〔모장〕

〔정모의 챙〕

〔견장〕

장관				영관			위관		
원수	대장	중장	소장	대령	준령	수령	대위	중위	소위

〔견장〕

1등 준위	2등 준위	3등 준위	상사	중사	하사	1등병

〔모장〕

정모

《 루마니아군의 헬멧 》

국가장을 부착한 것도 있었다.

루마니아 국가장

네덜란드군의 M28을 면허 생산한 것

독일제 M35. 전쟁 후기에 독일로부터 지급받았다.

하계용 M41 야전복 차림 기관총 사수

M41 야전복

ZB26 경기관총

GR-31 수류탄

《 산악병 》

베레모는 카키색

소매 입구를 단추로 잠글 수 있었다.

전차병

검정색 베레모

카키색 커버올

슈타이어 모델 12용 홀스터

1938년 이후의 루마니아 군에서는 FN HP M1935 도 사용했다.

하계용 M41 야전복 차림 병사

M41 야전복

하계용으로 얇은 면직물 원단으로 제작. 전장에서는 햇빛으로 색이 바랬기 때문에 당시의 사진을 보면 하얀 색처럼 보인다.

헬멧을 착용.

M1941 오리타 (Orița) 기관단총

카펠을 착용한 병사

야전용 카펠

좌우로 기관단총용 탄약 파우치를 결속.

기관단총용 탄약 파우치

OTO M35 수류탄(이탈리아제)

동계 장비를 갖춘 병사

양모 울 방한모

카키 울 오버 코트

더블 버튼 스타일로, 단추는 8개.

탄약 파우지

야전삽과 대검

갈색 가죽제 짧은 각반

동계 장비 차림의 장교

장교용 오버 코트

샘 브라운 벨트를 사용

권총용 홀스터

헝가리군

헝가리는 1940년 10월에 추축국으로 가담했다. 독소전에 참전하여 독일군을 지원했는데, 스탈린그라드 전투에서는 1개 군이 전멸하기도 했다. 대전 말기, 전황이 악화되면서 연합국 쪽으로 접근하고자 반정부 세력이 쿠데타를 일으켰으나 실패하고 독일에 점령당했다. 이후, 소련군의 공세로 1945년 2월에 부다페스트가 함락되면서 이번에는 소련 점령 하에 들어갔다. 이후, 전쟁이 끝난 뒤에 총선거가 실시됐고 헝가리 왕국이 소멸하면서 소련의 위성국이 됐다.

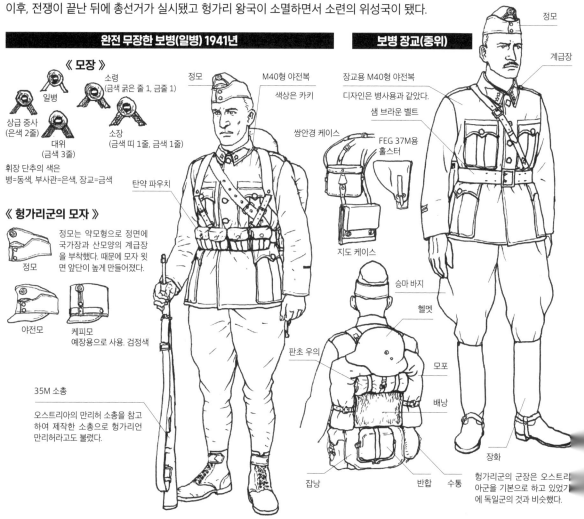

완전 무장한 보병(일병) 1941년

《 모장 》

일병
상급 중사 (은색 2줄)
대위 (금색 3줄)
소령 (금색 굵은 줄 1, 금줄 1)
소장 (금색 띠 1줄, 금색 1줄)

휘장 단추의 색은
병=동색, 부사관=은색, 장교=금색

《 헝가리군의 모자 》

정모
정모는 약모형으로 정면에 국가장과 산모양의 계급장을 부착했다. 때문에 모자 윗면 앞단이 높게 만들어졌다.

야전모
케피모
예장용으로 사용. 검정색

정모
M40형 야전복
색상은 카키
탄약 파우치

35M 소총
오스트리아의 만리허 소총을 참고하여 제작한 소총으로 헝가리언 만리허라고도 불렸다.

보병 장교(중위)

정모
계급장
장교용 M40형 야전복
디자인은 병사용과 같았다.
샘 브라운 벨트
쌍안경 케이스
FEG 37M용 홀스터
지도 케이스

승마 바지
헬멧
판초 우의
모포
배낭
장화

잡낭
반합
수통

헝가리군의 군장은 오스트리아군을 기본으로 하고 있었기에 독일군의 것과 비슷했다.

헝가리 육군의 계급장

	원수	대장	중장	소장	대령	중령
〔금장〕						
〔수장〕						

	소령	대위	중위	소위	사관 후보생	준위
〔금장〕						
〔수장〕						

	상사	상급 중사	중사	상급 하사	하사	일병	병
〔금장〕							
〔수장〕							

《 헝가리군의 헬멧 》

전투용 헬멧은
독일군의 모델을
자국산화한 것을
사용했다.

M17 헬멧

M38 헬멧

M35 전차병 헬멧.
이탈리아군의 검정 가죽제 헬멧.

전차병

고글을 착용.

M35 전차병 헬멧을 착용.

셔츠나 야전복 위에
커버올을 착용했다.

MP40 기관단총을 휴대한 중사

FEG 37M용
홀스터

M38 헬멧

M40형 야전복

기관단총용
탄약 파우치

쌍안경 케이스

하계 야전복을 입은 병사

야전모

하계용 셔츠

라이트 카키색 하계 야전복
도 있었지만, 동부 전선에서
는 이런 스타일이 많았다.

탄약 파우치

권총용 홀스터

M38
헬멧을 착용

오버 코트를 착용한 병사

카키색 울 오버 코트

바지자락은 무릎 아래부터
좁아지는 디자인.

잡낭

기관단총용
탄약 파우치

《 기관단총용
탄약 파우치 》

M39 기관단총

판초 우의를 걸친 병사

M38 헬멧

오버 코트

위장 무늬
판초 우의

M24 수류탄

탄약
파우치

1943년 이후의 전차병

재킷은 몸통 부분
이 가죽이고 소매
는 캔버스 재질로
만들어진 전시 간
이형.

FEG 37M용
홀스터

전차병 장교

갈색 하프 코트

FEG 37M용 홀스터

슬로바키아군

1938년 9월에 체결된 뮌헨 협정으로, 이듬해 3월에 체코슬로바키아에서 독립한 슬로바키아는, 슬로바키아 공화국이 됐다. 독립을 하긴 했으나 독일의 보호국이었기에 슬로바키아는 독립과 동시에 추축국의 일원이 됐다. 제2차 대전에서는 폴란드 전선부터 참전했고, 독소전이 시작되자 동부전선에서 싸웠다. 1944년 8월, 국내에서 반독 민중 봉기가 일어났지만, 진압당하고 독일 점령 하에 놓이게 됐다. 이후, 소련군의 공격으로 1945년 4월에 수도인 브라티슬라바가 함락됐고, 5월에 독일이 항복하면서 슬로바키아 공화국은 소멸했다.

《 M34 헬멧 》

국가장

모장

《 약모 》

모장이 부착된다.

약모를 쓴 부사관

약모

계급장

어깨에 견장대가 부속되지만, 계급장은 목깃에 부착했다.

M39형 야전복

대검

보병의 군장

야전복은 독일에 병합된 뒤, 1939년에 채용된 타입. 구형 야전복과 디자인은 거의 같았으나, 구형은 단추가 가려지는 타입이었다.

M34 헬멧

M39형 야전복

방독면 가방

모포

탄약 파우치

Vz24 소총

M23 배낭

잡낭

야전삽

병/부사관용 벨트 버클

《 벨트에 결속한 장비 》

대검

야전삽

탄약 파우치

《 잡낭 》

각반

앵클 부츠

《 방독면 가방 》

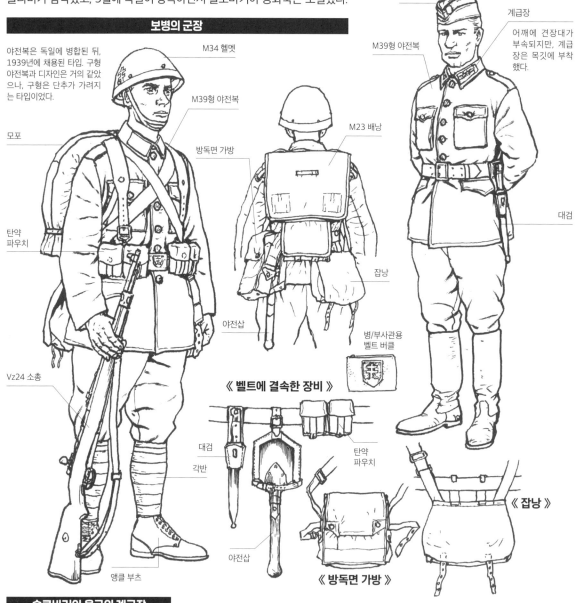

슬로바키아 육군의 계급장

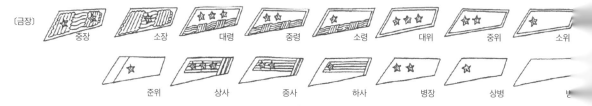

〔금장〕 중장 / 소장 / 대령 / 중령 / 소령 / 대위 / 중위 / 소위

준위 / 상사 / 중사 / 하사 / 병장 / 상병 / 병

M39형 정복을 착용한 중령

약모를 착용

오픈 칼라 스타일 M39형 정복

오픈 칼라 스타일 정복은 전선에서 그다지 사용되지 않았다.

야전 스타일의 대위

M34 헬멧

M39형 정복

모장

《 정모 》

정면에 모장이 부착된다.

샘 브라운 벨트

Vz24용 홀스터

《 전차병 헬멧 》

일반병용 M34 헬멧과 같은 디자인이지만 외피 사이즈가 조금 작게 보인다.

오버 코트 차림의 병사

독일에 병합당한 뒤, 독립했던 시절에서 국가 문장이 변경되고, 1937년에는 피복도 개정됐으나, 신형 피복으로의 전면적인 갱신은 재정 문제로 지지부진했고, 종전 시까지 신형과 구형 피복이 병용되었다.

오버 코트

탄약 파우치

M34 헬멧

오버 코트를 착용한 장교

정모

장교용 오버코트를 착용

소련 파견군의 병사

M34헬멧

M39형 야전복

탄약 파우치

Vz24 소총

각반

앵클 부츠

방독면 가방

대검

각반

앵클 부츠

전차병

약모

야전복 위에 라이트 카키색 커버올을 착용.

불가리아군

불가리아는 1941년 3월, 독일군이 진주하면서 동맹에 가입, 추축국이 됐다. 독소전에는 참전하지 않았으나, 1944년 9월 5일에 소련이 불가리아에 선전포고를 했고, 불가리아군은 무저항인 채로 항복했다. 9월 9일에 쿠데타로 정권이 교체된 후에는 연합국 측에 서서 독일과의 전투를 시작했다.

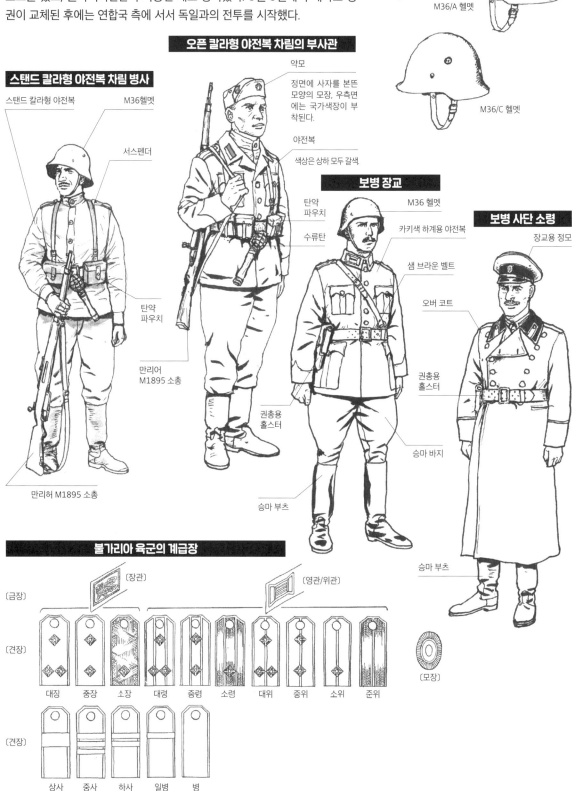

《 불가리아군의 헬멧 》

국가색장

M36/A 헬멧

M36/C 헬멧

오픈 칼라형 야전복 차림의 부사관

약모
정면에 사자를 본뜬 모양의 모장, 우측면에는 국가색장이 부착된다.

야전복
색상은 상하 모두 갈색

스탠드 칼라형 야전복 차림 병사

스탠드 칼라형 야전복   M36헬멧

서스펜더

탄약
파우치

만리허 M1895 소총

보병 장교

탄약
파우치

수류탄

M36 헬멧

카키색 하계용 야전복

샘 브라운 벨트

오버 코트

만리어
M1895 소총

권총용
홀스터

권총용
홀스터

승마 바지

승마 부츠

보병 사단 소령

장교용 정모

승마 부츠

불가리아 육군의 계급장

〔금장〕   〔장관〕   〔영관/위관〕

〔견장〕

대장	중장	소장	대령	중령	소령	대위	중위	소위	준위

〔모장〕

〔견장〕

상사	중사	하사	일병	병

독일군의 의용부대

제2차 대전 중, 독일군은 병합 또는 점령한 지역의 독일계 주민이나 식민지 주민들로 의용군을 편제했다. 또한 독소전이 시작되자 추축국뿐만 아니라 소련군 포로나 점령지의 주민으로 다수의 반공 의용군 부대가 편성되기도 했다.

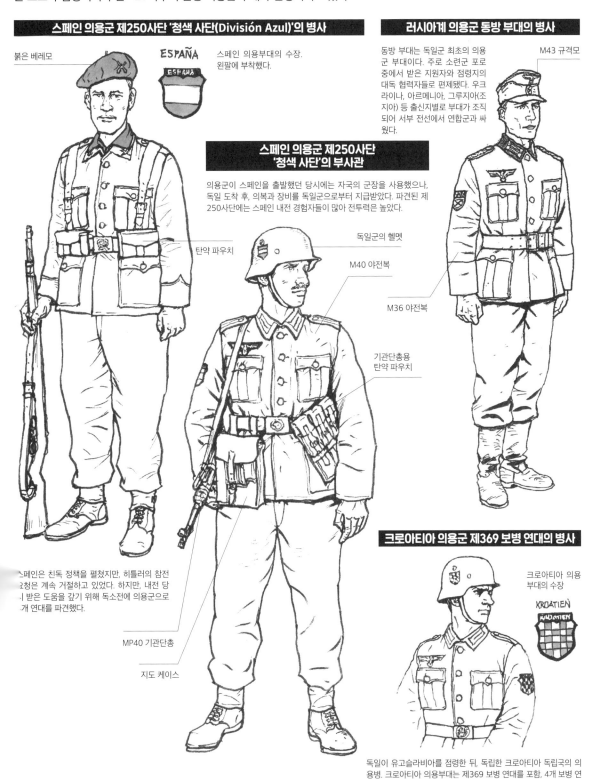

스페인 의용군 제250사단 '청색 사단(División Azul)'의 병사

붉은 베레모

ESPAÑA

스페인 의용부대의 수장. 왼팔에 부착했다.

스페인 의용군 제250사단 '청색 사단'의 부사관

의용군이 스페인을 출발했던 당시에는 자국의 군장을 사용했으나, 독일 도착 후, 의복과 장비를 독일군으로부터 지급받았다. 파견된 제250사단에는 스페인 내전 경험자들이 많아 전투력은 높았다.

탄약 파우치

독일군의 헬멧

M40 야전복

기관단총용 탄약 파우치

스페인은 친독 정책을 펼쳤지만, 히틀러의 참전 요청은 계속 거절하고 있었다. 하지만, 내전 당시 받은 도움을 갚기 위해 독소전에 의용군으로 개 연대를 파견했다.

MP40 기관단총

지도 케이스

러시아계 의용군 동방 부대의 병사

동방 부대는 독일군 최초의 의용군 부대이다. 주로 소련군 포로 중에서 받은 지원자와 점령지의 대독 협력자들로 편제됐다. 우크라이나, 아르메니아, 그루지아(조지아) 등 출신지별로 부대가 조직되어 서부 전선에서 연합군과 싸웠다.

M43 규격모

M36 야전복

크로아티아 의용군 제369 보병 연대의 병사

크로아티아 의용부대의 수장

KROATIEN

독일이 유고슬라비아를 점령한 뒤, 독립한 크로아티아 독립국의 의용병. 크로아티아 의용부대는 제369 보병 연대를 포함, 4개 보병 연대가 편제됐다.

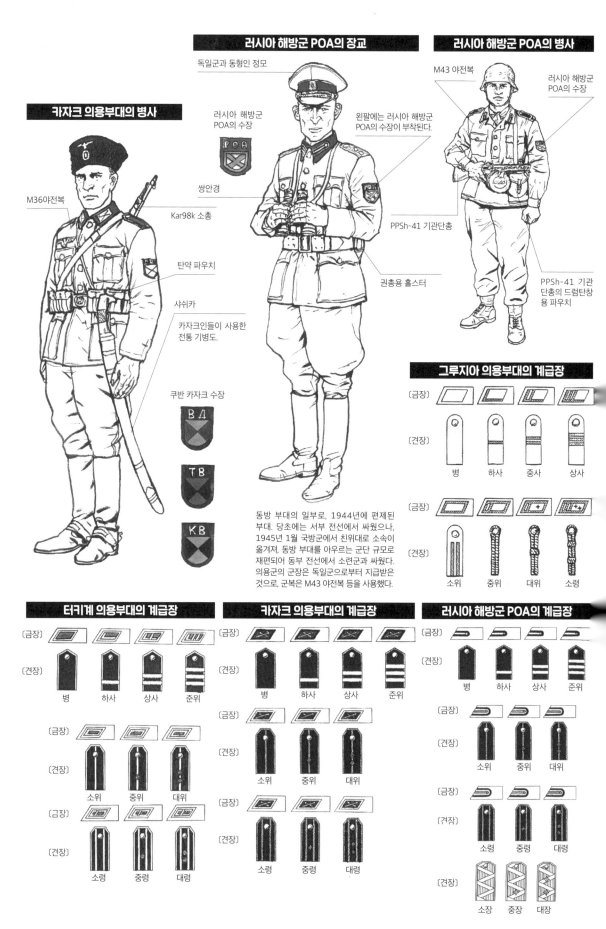

카자크 의용부대의 병사

러시아 해방군 POA의 장교

러시아 해방군 POA의 병사

독일군과 동형인 정모

러시아 해방군 POA의 수장

M43 야전복

러시아 해방군 POA의 수장

왼팔에는 러시아 해방군 POA의 수장이 부착된다.

쌍안경

M36야전복

Kar98k 소총

탄약 파우치

PPSh-41 기관단총

샤쉬카

권총용 홀스터

카자크인들이 사용한 전통 기병도.

PPSh-41 기관단총의 드럼탄창용 파우치

쿠반 카자크 수장

동방 부대의 일부로, 1944년에 편제된 부대. 당초에는 서부 전선에서 싸웠으나, 1945년 1월 국방군에서 친위대로 소속이 옮겨져, 동방 부대를 아우르는 군단 규모로 재편되어 동부 전선에서 소련군과 싸웠다. 의용군의 군장은 독일군으로부터 지급받은 것으로, 군복은 M43 야전복 등을 사용했다.

그루지아 의용부대의 계급장

〔금장〕

〔견장〕

병　하사　중사　상사

〔금장〕

〔견장〕

소위　중위　대위　소령

터키계 의용부대의 계급장

〔금장〕

〔견장〕

병　하사　상사　준위

〔금장〕

〔견장〕

소위　중위　대위

〔금장〕

〔견장〕

소령　중령　대령

카자크 의용부대의 계급장

〔금장〕

〔견장〕

병　하사　상사　준위

〔금장〕

〔견장〕

소위　중위　대위

〔금장〕

〔견장〕

소령　중령　대령

러시아 해방군 POA의 계급장

〔금장〕

〔견장〕

병　하사　상사　준위

〔금장〕

〔견장〕

소위　중위　대위

〔금장〕

〔견장〕

소령　중령　대령

〔견장〕

소장　중장　대장

그루지아 의용부대의 장교

독일군과 같은 정모

M36 정복

GEORGIEN

그루지아 의용부대의 수장.
오른팔에 부착

벨기에 의용부대의 병사

벨기에의 왈롱 지방에 사는 왈롱인들로 편제된 의용부대. 1941
년에 대대 규모로 시작, 여단을 거쳐 1944년에는 사단 규모의
부대가 됐다.

WALLONIE
WALLONIE

벨기에 의용부대의 수장.
왼팔에 부착한다.

아르메니아 의용부대의 병사

ARMENIEN

아르메니아
의용부대의 수장.
오른팔에 부착.

독일군 헬멧

M36 야전복

소속부대장

반공 프랑스 의용군단(LVF)의 부사관

프랑스 의용부대의 수장.
오른팔에 부착

FRANCE
FRANCE

약모

M36 야전복

프랑스의 반공주의자 및 프랑스군 포로와 러
시아 혁명으로 프랑스에 피신한 러시아인 지
원자로 편제된 의용부대. 프랑스에서는 이외
에 프랑스인 의용병으로 구성된 제33 SS 무
장 척탄병 사단도 편제됐다.

인도 의용부대의 병사

터번은 인도인 부대의
트레이드 마크

FREIES INDIEN
FREIES INDIEN

인도 의용부대
의 수장. 오른팔
에 붙인다.

Kar98k 소총

탄약 파우치

터키계 의용부대의 병사

TURKISTAN

독소전에서 포로가 된 터키계 소련군으로 조직된
의용부대. 주로 프랑스와 이탈리아에 배치되어 연
합군과 싸웠다.

인도군 포로와 유럽에 거주 중
이던 인도인 지원자로 만들어
진 의용부대. 인도 독립 운동에
앞장섰던 수바스 찬드라 보스
가 독일에 원조를 요청, 부대가
편제됐다.

아프리카/중동의 의용부대 병사

북아프리카의 튀니
지, 중동의 시리아,
이라크 출신자로 편
제된 의용군. 독일의
중동 진출 과정에서
활동할 예정이었다.

FREIES ARABIEN

만주국군

1932년(쇼와 7년)에 건국된 만주국에서는 육해군과 항공대가 창설됐다. 당초에는 일본군의 군사 고문이 파견되어 구 군벌의 부대를 지도 및 지휘했으나, 군관학교가 개교되는 등, 순차적으로 조직이 충실화되면서 만주국의 국방을 담당하게 됐다. 실전으로는 1933년(쇼와 8년)의 열하 사변, 할힌골 전투 등에 참가한 바 있었다. 1941년(쇼와 16년)에는 징병제가 시행됐고, 총기류도 일본제로 통일되어갔다.

육군 소령

장교의 군장도 일본 육군의 것에 준한 것을 사용했다.

육군 병사(상병)의 완전 군장

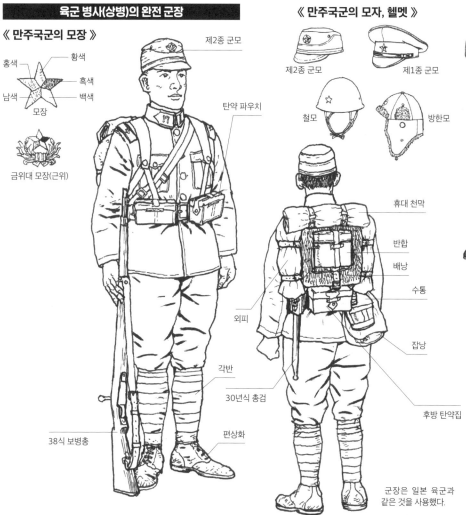

《 만주국군의 모장 》

- 홍색
- 황색
- 흑색
- 남색
- 백색
- 모장

금위대 모장(근위)

제2종 군모

탄약 파우치

외피

30년식 총검

각반

38식 보병총

편상화

《 만주국군의 모자, 헬멧 》

제2종 군모

제1종 군모

철모

방한모

휴대 천막

반합

배낭

수통

잡낭

후방 탄약집

군장은 일본 육군과 같은 것을 사용했다.

만주국군의 계급장

예비병

소사

준위

소위

소교

소장

이병

중사

중위

중교

중장

일병

상사

상위

상교

상장

상병

만주국군의 계급에서는 부사관=군사, 장교=관장(官長), 대위=상위(上尉), 소령=소교, 중령=중대령=대교, 대장=상장이라 호칭했다.

방한복 차림의 상위

방한모를 착용

방한 외투

헌병

헌병 모장을 부착

헌병 모장

완장을 부착

군도

금위 기병대

일본군은 금위 기병대의 전투력을 높게 평가했다. 건국 초기에는 군벌 시대의 방한모와 88식 소총 등을 사용했다.

38식 보병총

경기관총 사수

방한모

11식 경기관총

솜 외투를 착용.

탄약 파우치

탄약 파우치

혹한의 만주에서 방한 장비는 빼놓을 수 없는 것으로, 만주국군은 일본군으로부터 방한 피복을 지급받았다.

인도 국민군(INA)

일본 육군과 인도 독립 연맹의 계획에 따라 싱가포르 점령 후, 인도군 포로 중에서 지원자를 받아 편제된 것이 인도 국민군(INA, Indian National Army)이었다. 수바스 찬드라 보스는 1943년 10월 21일, 인도 독립 연맹 총회에서 자유 인도 임시 정부 수립을 선포했고, 같은 달 24일, 추축국으로서 미국과 영국에 선전포고를 했다.

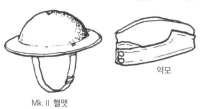

《 인도 국민군의 헬맷과 모자 》

약모

Mk.II 헬맷

인도 국민군 병사

인도 국민군(INA)의 군장은 기본적으로 영국군의 열대용을 사용했다. 일본군에 협력하여 임팔 작전 등에도 참가했다.

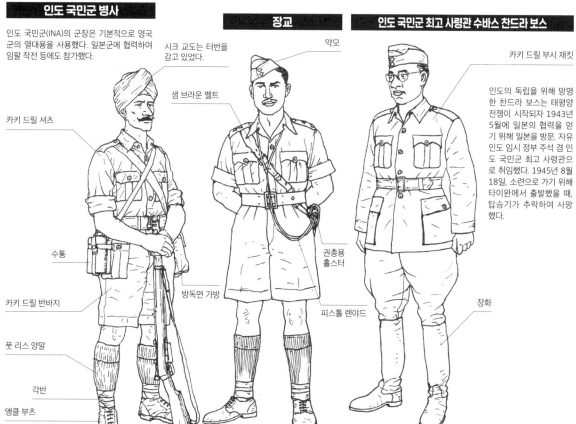

시크 교도는 터번을 감고 있었다.

카키 드릴 셔츠

샘 브라운 벨트

수통

카키 드릴 반바지

풋 리스 양말

각반

앵클 부츠

No.1 Mk.III 소총

장교

약모

권총용 홀스터

방독면 가방

피스톨 랜야드

병사들과 마찬가지로 장교 또한 영국군의 열대용 복장을 사용했다. 인도 국민군의 병력은 종전 당시 약 2만 명이었다.

인도 국민군 최고 사령관 수바스 찬드라 보스

카키 드릴 부시 재킷

인도의 독립을 위해 망명한 찬드라 보스는 태평양 전쟁이 시작되자 1943년 5월에 일본의 협력을 얻기 위해 일본을 방문, 자유 인도 임시 정부 주석 겸 인도 국민군 최고 사령관으로 취임했다. 1945년 8월 18일, 소련으로 가기 위해 타이완에서 출발했을 때, 탑승기가 추락하여 사망했다.

장화

인도 국민군 여군 병사

약모

인도 국민군에는 여군 부대도 편제됐다.

카키 드릴 셔츠

No.1 Mk.III 소총

그 외의 동남아시아 추축군

《 버마 독립 의용군의 병사 》

방서모

군장은 일본군식

화기는 영국제 No.1 Mk.III 소총

버마 독립 의용군은 일본의 미나미 기관이 창설했다.

《 태국군 병사 》

약모

탄약 파우치

66식 소총

덧신

중화민국 임시정부군 / 난징 국민정부군

노구교 사건 이후, 화북을 점령한 일본은 1937년 12월에 중화민국 임시정부를 세워, 현지를 통치했다. 이후, 일본군은 충칭으로 수도를 옮겨 항전을 계속한 장제스에 대항하고자 1940년 3월, 왕징웨이를 주석으로 하는 중화민국 난징 국민 정부를 세우고 기존의 중화민국 임시정부를 흡수했다. 난징 국민정부는 추축국 측에는 국가로 승인을 받았지만, 연합국에는 인정받지 못한 채로, 1943년 1월에 왕징웨이는 영국과 미국에 대하여 선전포고를 했다.

국민정부군은 허베이성, 산둥성, 허난성, 산시성의 화북 4성과 베이징, 톈진, 칭다오 등의 도시 치안 임무를 맡았다. 군장은 군벌 시대의 것을 사용했는데, 그 때문에 지역이나 부대에 따라 장비 등에 차이가 있었다.

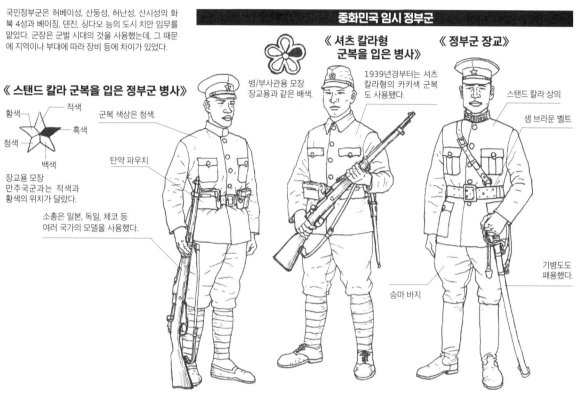

중화민국 임시 정부군

병/부사관용 모장 장교용과 같은 배색.

《셔츠 칼라형 군복을 입은 병사》

1939년경부터는 셔츠 칼라형의 카키색 군복도 사용됐다.

《정부군 장교》

스탠드 칼라 상의

샘 브라운 벨트

기병도도 패용했다.

승마 바지

《스탠드 칼라 군복을 입은 정부군 병사》

황색
적색
청색
흑색
백색

장교용 모장
만주국군과는 적색과 황색의 위치가 달랐다.

군복 색상은 청색.

탄약 파우치

소총은 일본, 독일, 체코 등 여러 국가의 모델을 사용했다.

난징 국민 정부군

국민 정부군은 장제스의 국민당군과 같은 군복과 장비를 사용했다.

독일에서 수입한 M35 헬멧

군복은 카키색

《카키색 군복 차림 병사》

전투모

소총용 밴돌리어를 장비.

《정부군 장교》

장교의 제복 등도 국민당군과 같았다.

청천백일 모장

붉은 테두리가 붙었다.

샘 브라운 벨트

일본 에 서 는 '장제스 밴드' 라고도 불렸다.

장교용 단검

《청회색 군복을 입은 병사》

군복은 청회색

탄약 파우치

국민 24년식 소총(마우저)

각국의
기타 부대 및 장비

군대 내에서 경찰의 역할을 맡는 헌병, 전시 상황에서 중요한 역할을
맡았던 여군 부대, 그리고 병사들의 발 역할을 해줬던 군용 자전거 등,
각종 장비품에 대해 해설하고자 한다.

헌병

군대의 질서와 규율 유지, 범죄 단속부터 교통정리, 전시의 포로 취급 등을 맡았던 만큼, 이들의 군장도
각 국가별로 특징적인 면이 있었다.

◎독일군

교통 지시봉을 든 야전 헌병

무장 친위대의 야전 헌병

제13 SS 무장 산악 사단 '한트샤르'의 야전 헌병

《야전 헌병 휘장》

색상은 병과색과 같은 오렌지.

골겟

교통 지시봉

골겟의 독수리는 친위대 휘장

왼쪽 소매에는 소속 부대 수장과 헌병대 수장을 부착

SS 산악 부대장

Feldgendarmerie

야전 헌병대의 수장

보스니아의 이슬람교 의용병으로 조직된 부대이므로 페즈를 착용.

야전 헌병대장

크로아티아 사단장

수장

《골겟》
중세 갑주의 목가리개에서 유래한 것으로 금속판에 육군 휘장과 'Feldgendarmerie(야전 헌병)'이라는 문자가 새겨져 있다.

이 부분에 축광도료가 칠해져 있어 야간에 발광한다.

보안 경찰

독일의 정치 경찰. 방첩이나 사상범의 단속뿐 아니라, 치안 유지 임무도 수행하는 국가 헌병적인 조직이었다. 점령지에서는 파르티잔 토벌 임무도 수행했다.

《보안 경찰 휘장》
색은 병과색인 라이트 그린

보안 경찰 휘장을 부착

공군 지상 부대의 야전 헌병

《교통 지시봉》

차량의 검문이나 교통정리를 위한 수신호용으로 사용. 원형 판은 눈에 잘 띄도록 적색과 백색으로 칠해졌으며, 헌병대 휘장과 'HALT(멈춤)'과 'POLIZEI(경찰)'이라는 문자가 들어갔다. 문자 없이 적백으로만 된 변형도 존재했다.

코트 차림의 야전 헌병

골겟의 독수리는 공군 타입.

코트는 오토바이병의 것으로 고무 코팅된 원단으로 만들어졌다.

MP40 기관단총

지도 케이스

왼쪽 소매에 공군 수장을 부착

⊙일본군

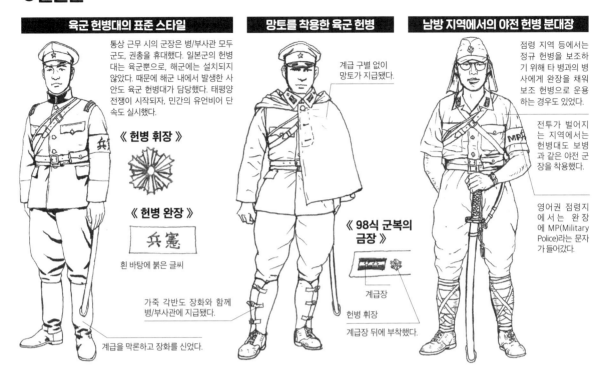

육군 헌병대의 표준 스타일

통상 근무 시의 군장은 병/부사관 모두 군도, 권총을 휴대했다. 일본군의 헌병 대는 육군뿐으로, 해군에는 설치되지 않았다. 때문에 해군 내에서 발생한 사 안도 육군 헌병대가 담당했다. 태평양 전쟁이 시작되자, 민간의 유언비어 단 속도 실시했다.

《 헌병 휘장 》

《 헌병 완장 》

兵憲

흰 바탕에 붉은 글씨

가죽 각반도 장화와 함께 병/부사관에 지급됐다.

계급을 막론하고 장화를 신었다.

망토를 착용한 육군 헌병

계급 구별 없이 망토가 지급됐다.

《 98식 군복의 금장 》

계급장

헌병 휘장

계급장 뒤에 부착했다.

남방 지역에서의 야전 헌병 분대장

점령 지역 등에서는 정규 헌병을 보조하 기 위해 타 병과의 병 사에게 완장을 채워 보조 헌병으로 운용 하는 경우도 있었다.

전투가 벌어지 는 지역에서는 헌병대도 보병 과 같은 야전 군 장을 착용했다.

영어권 점령지 에서는 완장 에 MP(Military Police)라는 문자 가 들어갔다.

⊙중국군

국민혁명군 제6군단 우한 행원 헌병 연대의 헌병

《 헌병 근무찰 》

令

湖北六軍憲三團

근무 시에 휴대했다.

헌병 근무찰

국부군(국민당정부)의 헌병 1932~1936년

《 명찰 》

兵憲

3개의 '▲'는 대위 계급을 나타낸다.

가슴 명찰에 헌병이 라 쓰인 글자가 들어 간다.

헬멧은 흰색 방서 헬멧

국부군의 헌병 1937~1946년

圈九第兵憲

'▲' 2개는 중위

소속 부대, 이름, 계급이 기재되어 있다.

명찰의 디자인이 변경됐다.

헌병 완장을 착용 하게 됐다.

가죽제 권총용 탄약 파우치

오른쪽에 개머리판이 달린 마우저 C96을 휴대

◎미군/영국군/소련군

교통정리 중인 미 육군 헌병

흰색 헬멧과 장갑, 각반이 미 육군 헌병의 특징. 권총 벨트를 착용할 때는 흰색을 사용했다.

평시나 후방 지구에서의 모습. 헬멧은 내피만을 사용했다.

《 미 육군 헌병의 완장 》
완장은 감색 바탕에 흰 글씨.

벨트와 홀스터는 갈색 가죽제.

영국 육군 헌병

정모에 붉은 커버를 씌웠기에 '레드 캡'이라 불렸다.

《 영국 육군 헌병의 완장 》
완장은 감색 바탕에 붉은 글씨

벨트, 서스펜더, 각반은 흰색을 사용했다.

전선 근무 중인 미 육군 헌병

헬멧의 마킹은 흰색 'MP'문자가 기본이지만, 줄이나 부대 마크가 들어가는 예도 있었다. 전선에서는 OD 컬러 위에 흰색 또는 황색으로 'MP'문자와 줄이 들어갔다.

헌병의 군장은 헬멧과 완장 외에는 일반 병과 동일.

흰색 정모 커버

영국 육군 교통 통제 헌병부대 소속 병사

영국군에는 헌병대 외에 교통 통제 헌병 부대가 편제됐다. 이 부대의 병사는 흰색 정모 커버와 슬리브 커버를 착용했다.

《 영국 육군 교통 통제 헌병대의 부대장 》

소매에 씌운 슬리브 커버

C.M.P.
TC

미 육군 헌병대의 오토바이병

M1 헬멧 대신 전차병 헬멧을 쓰는 병사도 있었다.

전장에서는 야전복 착용.

카키색 각반을 착용.

영국 육군 헌병대의 오토바이병

《 영국 육군 헌병대의 Mk. II 헬멧 》

'MP' 문자에 붉은 라인이 마킹되어 있다.

벨트, 홀스터, 서스펜더는 흰색.

장갑도 흰색.

캐나다 육군 헌병

베레모는 카키색.

영국 육군의 것에 준한 군장으로, 벨트류 장비는 흰색으로 통일.

하계 복장을 입은 미 육군 헌병

흰색 방서모.

카키 셔츠와 바지를 착용.

소련 육군의 헌병

《 소련 육군 헌병의 완장 》

완장은 붉은 바탕에 흰색 'P'가 들어갔다.

야전복에 완장을 부착.

《 소련 육군 헌병의 M40 헬멧 》

흰색 테두리가 들어간 검정 띠에 흰색으로 'MP'가 들어갔다.

소련 NKVD(내무 인민 위원회)

녹색 모자는 NKVD 소속 국경 경비대

청색 모자는 NKVD

제2차 대전 당시, 최전선에서 병사들의 사기 유지 및 스파이의 적발, 독전대로도 활동. 군의 지휘 아래 들어간 것이 아니라, 스탈린과 NKVD 장관인 라브렌티 베리야 직속이었다.

의무병

최전선의 의무병은 부상당한 병사에게 응급조치를 취해주고 부상병을 야전병원에 후송하는 것을 임무로 한다. 제2차 대전 당시의 응급 장비로는 지혈과 소독, 진통제를 사용한 고통의 완화 등 제한된 처치 정도만 가능했다.

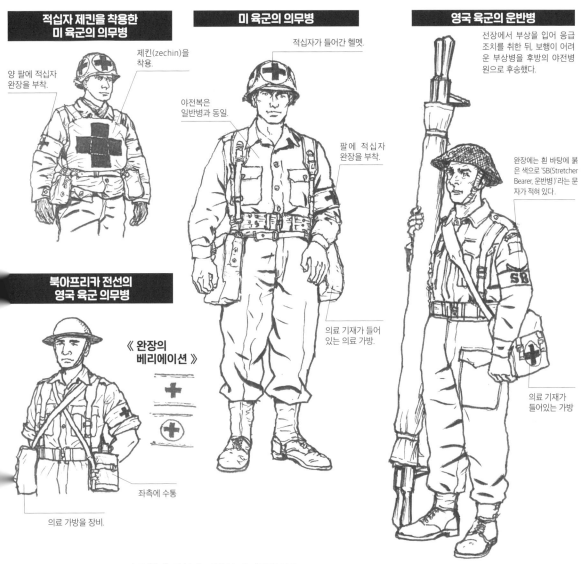

적십자 제킨을 착용한 미 육군의 의무병

양 팔에 적십자 완장을 부착.

제킨(zechin)을 착용.

미 육군의 의무병

적십자가 들어간 헬멧.

야전복은 일반병과 동일.

팔에 적십자 완장을 부착.

의료 기재가 들어 있는 의료 가방.

영국 육군의 운반병

선상에서 부상을 입어 응급 조치를 취한 뒤, 보행이 어려운 부상병을 후방의 야전병원으로 후송했다.

완장에는 흰 바탕에 붉은 색으로 'SB(Stretcher Bearer, 운반병)'라는 문자가 적혀 있다.

의료 기재가 들어있는 가방

북아프리카 전선의 영국 육군 의무병

《 완장의 베리에이션 》

좌측에 수통

의료 가방을 장비.

《 미군 헬멧 적십자 마킹의 베리에이션 》

흰색 원에 적십자가 전후좌우로 그려진 기본 마킹.

정면에 흰색 테두리가 들어간 적십자, 좌우에는 사단 마크가 들어갔다.

좌우의 흰색 사각에 적십자, 정면에는 계급장을 부착.

좌우의 커다란 흰색 원에 적십자, 정면에는 사단 마크.

4면의 흰색 사각형 안에 적십자.

헬멧 전체를 흰색으로 칠하고 전후좌우로 적십자를 넣었다.

의료 가방은 2개가 1세트. 전용 서스펜더를 사용해서 착용했다.

소련 육군의 여군 의무병

소련군에서는 이른 시기부터 여군 병사가 최전선에서 활동하고 있었다.

《 적십자 커버를 씌운 프랑스군 헬멧 》

무장한 소련군 의무병

의무병은 제네바 협약이라는 국제법에 근거하여 전장에서 신분이 보호되며 비무장이어야 한다. 하지만 전장에서는 공격을 받는 것이 극히 흔한 일이었는데, 특히 동부 전선에서는 독일과 소련 양 측이 의무병을 노리는 경우도 많아, 무장을 한 의무병도 있었다.

《 적십자장 》

《 이탈리아군의 의료부대장 》

프랑스군의 의무병

《 프랑스군의 의료부대 휘장 》

의무병의 헬멧에는 의료부대의 휘장이 부착됐다.

《 운반병의 완장 》

카키색 바탕에 비스듬한 흰색 십자 마크.

다른 국가의 의무병과 마찬가지로 프랑스군의 의무병도 최전선에서 의료 가방과 수통만으로 활동했다.

이탈리아군의 의무병

헬멧에 의료부대장을 부착.

왼팔에는 적십자 완장을 부착.

의료 가방을 휴대.

독일군의 의무병

《 독일군 공수 헬멧의 마킹 》

헬멧 정수리 부분에 적십자를 그려넣었으나, 그려넣지 않은 경우도 있었다.

의료요원 휘장을 부착

벨트 좌우에 가죽제 의료 파우치를 2개 결속했다.

M39 의료 가방

왼팔에 적십자 완장을 부착.

식별용 적십자 제킨

《 독일군의 M39 의료 가방(배낭) 》

일본군의 의무병 (군의)

위생 기재를 넣은 가죽제 붕대낭을 휴대

군복 소매에 적십자장을 꿰맸다

《 군의 붕대낭 》

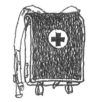

각국의 여군 병사

금녀의 조직인 군대에 여성이 진출한 계기가 된 것은 제1차 대전이었다. 전쟁의 양상이 총력전으로 바뀌면서 부족한 남성 병력을 보충하기 위해 영국 등에서는 여군 부대가 창설됐다. 종전 후, 여군 부대는 해산됐지만, 제2차 대전의 위기가 다가오면서 다시 여군 부대가 부활했다. 그리고 연합국, 추축국 모두 육해공군에 다수의 여성들이 입대, 그 대다수는 후방 지원 근무였지만, 소련군의 경우처럼 최전선의 병사로 임무를 수행한 여군 병사도 있었다.

◉독일군

제2차 대전은 각종 산업뿐만 아니라 군대에서도 여성들이 여러 임무에 진출한 전쟁이었다. 독일군도 육해공군과 친위대에서 여성이 사무, 통신, 대공 감시 등의 임무에서 활약했다. 또한 독일군에서는 여군 부대를 '보조군(Helferinnenkorps)'이라고 명명했으며, 여군 대원을 '(여성)보조원(Wehrmachthelferin)'이라 불렀다.

육군 통신 보조군

오른팔의 국가장

넥타이용 브로치

왼팔에는 통신대장을 부착.

넥타이용 브로치

검정 가죽 핸드백

검정 가죽 구두

코트 왼팔에 부착되는 통신대장

정복 왼쪽 소매에 부착되는 통신대장

《 근무복 》
정복은 회색 더블 브레스트 재킷에 스커트. 왼쪽 소매에는 통신대장(Blitz)와 'NH das Heeres(육군 통신대)' 수장을 부착했다. 약모에는 통신대의 병과색인 레몬옐로우 파이핑이 들어갔다.

《 하계 정복 》
하복은 흰색 블라우스에 회색 스커트와 약모.

《 동계 롱코트 》
회색 울 원단을 사용했으며, 왼쪽 소매에 수장을 부착했다.

《 1944년에 제정된 정복 》
육해공군의 여성 보조원은 1944년에 국방군 보조대로 통합됐는데, 이때 제복도 통일되면서 재킷은 싱글 브레스트 스타일로 바뀌었다. 일러스트는 업무지도원(사관급).

친위대 휘장

친위대 흉장

약모는 검정색

친위대의 제복은 싱글 브레스트 타입으로 색상은 상하 모두 필드 그레이였다. 왼쪽 소매에는 친위대 휘장과 통신 특기관장을 부착했으며, 소매에 소속 부대의 커프 밴드를 부착한 경우도 있었다.

통신기관장

청음기나 탐조등 조작 시에는 규격모와 작업복을 입고 임무를 수행했다. 계급장과 직별장은 왼팔에 부착.

공군 여성 보조원

공군 휘장

넥타이핀

대공포 보조원용 수장(오른팔)

《 통신 보조원 》

《 대공포 보조원 》

공군의 정복은 청회색에 싱글 브레스트.

통신대장

탐조등 조작수장

청음기 조작수장

해군 여성 보조 부대

해군 흉장(금색)

넥타이용 브로치(금색)

《 근무복 》

해군에는 전용 복장이 없었고, 1944년에 제복이 통일되기 전까지 육군의 것을 사용했다. 약모는 해군의 감색 타입. 왼쪽 소매에는 'Marienhelferin(gorns, 여성 보조원)'이라 적힌 수장을 부착했다.

《 작업복 》

1944년부터 감색 야전 근무복이 지급됐다.

⊙영국군

영국은 제1차 대전 당시, 육해공군에 여군 보조 부대를 편제한 바 있었으나, 이들 부대는 전후에 해산됐다. 제2차 대전의 위기가 다가온 1938년, 영국 정부는 여군 부대의 재편을 결정했고, 1938년 9월에 육군에서 ATS(Auxiliary Territorial Service, 국방 의용군 보조부대)를 창설한 데 이어 1939년 2월에는 해군에서 WRNS(Woman's Royal Naval Service, 영국 해군 여군 부대)를, 그리고 공군에서도 6월에 WAAF(Woman's Auxiliary Air Force, 공군 여성 보조 부대)를 창설했다.

《 정모 》

색상은 정복과 같은 카키색

육군 국방 의용군 보조부대(ATS)

ATS 휘장

《 ATS 그레이 코트 》

카키색 울로 만든 방한 코트.

《 1941년형 정복(병/부사관용) 》

ATS 견장
ATS

색상은 카키

PROVOST

《 ATS 베레모 》

《 헌병대의 정모 》

정모에 붉은 커버를 씌웠다. 여군 헌병은 처음에는 ATS 정모를 사용했으나, 1941년 이후부터는 남성용과 같은 정모를 사용했다.

《 ATS의 1938년형 정복 》

병/부사관이 통상 근무 시에 착용하는 카키색 울 재질 정복. 셔츠와 넥타이는 옅은 갈색.

ATS 헌병대 병장. 좌우 소매에 헌병대를 의미하는 'PROVOST' 패치, 왼쪽 소매에는 MP 완장을 부착했다. 창설 초기에는 군속이었던 ATS였지만 1941년 4월에 육군 소속의 부대가 되면서 정복도 개정됐다.

《 대공 감시 중인 ATS 대원 》

Mk. II 헬멧

방독면이 수납된 가방

배틀 저킨을 착용

《 배틀 드레스 》

배틀 드레스와 바지는 옥외 근무나 작업, 훈련 시에 사용됐다.

《 각종 신발 》

ATS 유니폼 슈즈(갈색 가죽)

ATS 워크 부츠(갈색 가죽)

WRNS 유니폼 슈즈(검정 가죽)

WAAF 유니폼 슈즈(검정 가죽)

《 ATS 장교 정모 》

《 ATS 약모 》

《 WRNS 수병모 》

모자 정면에는 금색으로 'HMS' 라는 문자가 들어갔다.

H.M.S

《 ATS 장교 정복 초기형 》

《 ATS 장교용 정복 1941년 제정형 》

《 WRNS 사관모 》

《 WRNS 병/부사관 정복 》

WRNS 사관용 모장

장교는 목깃에 휘장을 부착했다.

《 WRNS 사관용 정복 》

2등 사관(대위에 해당)의 정복. 흰색 셔츠에 감색 넥타이를 착용했다. 단추 는 금색이며, 계급장은 소매 쪽에 부착했다.

사관용과 같은 디자인이 지만 계급장이 어깨 쪽에 부착되며 단추는 감색이 었다.

《 WAAF 병/ 부사관 정모 》

《 ATS 카키 드릴 유니폼 》

청회색 울 오버 코트. 단추 는 정복과 같은 금색.

여군 부대임을 나타 내는 'A' 문자 금장.

색상은 공군의 정복과 같은 청회색. 단추는 금색이다.

《 WAAF 장교 정모 》

장교용 모장

열대 지역에서 사용 된 면 셔츠와 스커트

《 WAAF 오버 코트 》

《 WAAF 사관의 정복 》

《 WAAF 병/부사관용 정복 》

WAAF 견장

⊙미군

미군의 여군 부대는 육군이 WAAC(Women's Army Auxiliary Corps, 육군 여성 보조부대)를 1942년 5월 14일에 편제했고, 1943년 7월 1일에는 미 육군의 제식 부대로 승인을 받아 WAC(Women's Army Corps, 육군 여군 부대)가 됐다. 해군도 1942년 5월에 WAVES(Women's Reserve of the US Naval Reserve. 합중국 해군 여성 예비대)를 발족했으며 해병대에서는 이듬해에 USMCWR(US Marine Corps Women's Reserve, 합중국 해병대 여성 예비대)를 창설했다. WAFS(Women's Auxiliary Ferrying Squadron, 보조 항공대 여성 부대)는 공장에서 미국 국내, 또는 영국으로 항공기를 조종해 수송하는 준군사조직인 여군 부대로, 1942년 9월에 편제됐다. 이후, 여성 비행 훈련 부대와 1943년 8월에 병합되어 WASP(Women Airforce Service Pilots, 여성 공군부대 파일럿)이 됐다. 이외에 해안경비대에도 여성 부대가 있었으며, 제2차 대전 종결까지 20만 명 이상의 여성이 병역을 다했다

육군 여성 보조부대(WAAC)/육군 여군 부대(WAC)

《 부대 창설 당시 채용된 WAAC 통상 근무복 》

WAAC 모장
병/부사관
사관
사관용은 1943년 7월 이후 폐지.

벨트는 1942년 10월에 폐지됐다.

《 1943년 6월 제정된 정복 》
WAC 사관 모장

《 WAC 원피스 동계 정복 》
WAC 금장
병/부사관
사관
비번 시에 착용하는 연갈색 정복.

《 WAC 열대용 유니폼 》
카키색 면 셔츠와 바지
남성 병사들과 같은 M1 헬멧과 개인 장비를 사용.

여성용 M1943 필드 재킷과 트라우저스를 착용.

《 정모 》
호비 햇, 또는 몽키 햇이라 불렸다. WAAC와 WAC는 모장 디자인이 달랐다.

《 약모 》
1944년 4월에 채용됐다.

《 WAC 울 필드 재킷 》
여성용 '아이크 재킷'. 1944년에 채용됐다.

《 WAC 야외 훈련 및 작업용 의복 》

《 WAVES 사관용 정모 》

《 WAVES 하계
원피스형 정복 》

《 WAVES 장교용
동계 정복 》

WAVES 휘장

WAFS 휘장

WAFS 부대장

WASP 파일럿 휘장

《 WAFS 정복 》

《 WASP 파일럿 》

상의는 싱글
브레스트 재킷.

청백 줄무늬가 들어간
면 원단을 사용. 약모
와 세트로 착용했다.

회색이 도는 녹색
울 재킷.

비행 재킷과 비행
복 등은 육군 항공
대의 것을 사용.

《 WAVES 병/
부사관용 정모 》

《 USMCWR 하계
유니폼 》

《 USMCWR 사관용 동계 정복 》

《 USMCWR 여성용
M1941 HBT 작업복 》

해병대 휘장

《 USMCWR 정모 》

《 USMCWR 약모 》

《 USMCWR 작업모 》

포레스트 그린 색상의
작업모였지만 하계 정
복 착용 시에도 사용
했다. 데이지 메이라고
도 불렸다.

약모는 하계용
포레스트 그린.

흰색과 녹색
줄무늬 원단.

포레스트 그린 색상
의 울 재킷과 스커
트에 카키색 셔츠와
넥타이를 착용.

재킷과 바지는 여성용
외에 남성용도 사용됐다.

◉ 소련군

소련군은 제2차 대전 중에 타국과는 달리, 최전선에서 많은 수의 여성들이 독일군과 싸웠다. 그들의 임무는 의무병, 파일럿, 전차병, 저격병 등 광범위했으며, 여성 전투기 부대나 전차 부대도 편제됐다. 군복은 여성용이 채용됐으나, 독소전 개전에 따른 생산과 보급의 혼란으로 남성용를 착용한 경우도 많았다.

육군

《 1941년형 정복 》

계급장은 목깃에 부착.

여성용 제복으로 만들어진 김나스초르카.

정장용 감색 스커트이지만, 카키색 야전용도 있었다.

《 원피스형 정복 》

《 오버 코트 》

약모인 필로트카는 남녀공용이었다.

《 1943년형 정복 》

견장을 계급장으로 사용.

1943년의 군복 개정으로 루바시카로 바뀌었다.

《 간호병 야전복 》

동계 방한복으로 사용된 면 퀼팅인 텔로그레이카.

《 사관용 오버 코트 》

모피로 된 귀덮개가 달린 방한모(우샨카).

《 간호병 정복 》

《 여성용 베레모 》

소련군에서 베레모를 착용한 것은 여성뿐이었다. 색상은 감색이지만, 야전용인 카키색도 존재했다.

베레용 모장

해군 사관 모장

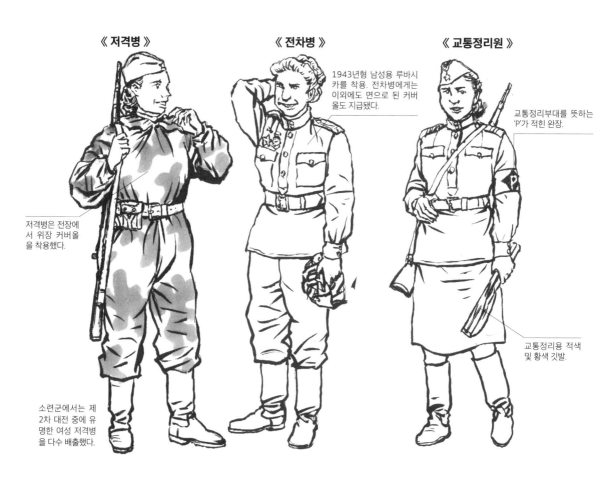

《 저격병 》

저격병은 전장에서 위장 커버올을 착용했다.

소련군에서는 제2차 대전 중에 유명한 여성 저격병을 다수 배출했다.

《 전차병 》

1943년형 남성용 루바시카를 착용. 전차병에게는 이외에도 면으로 된 커버올도 지급됐다.

《 교통정리원 》

교통정리부대를 뜻하는 'P'가 적힌 완장.

교통정리용 적색 및 황색 깃발.

해군

《 해군 사관 》

스커트 외에 바지도 지급됐다.

《 해군 수병 》

텔냐시카(내의용 셔츠)의 청백 가로 줄무늬는 남성용보다 선이 가늘다.

세일러복은 남성용과 같은 디자인

1932년형 장교용 샘 브라운 벨트를 착용.

《 해군 수병용 벨트 버클 》

공군

《 공군 소위 》

1941년형 김나스초르카를 착용.

《 여성 파일럿 》

여성 실전 부대로는 전투기, 폭격기, 야간 공격부대가 편제됐다.

방한 코트에 낙하산 하네스를 결속.

파일럿 휘장

항공기 승무원의 장비는 남성과 같은 것을 사용했다.

⊙후방의 일본 여성

메이지 시대(1868~1912)부터 태평양 전쟁 종전까지 일본의 육해군에는 여군 부대가 편제되지 않았다. 하지만 중일전쟁에 태평양 전쟁이
시작되자 국가 총동원령 등의 법령에 따라 여성들은 후방에서 일본을 지탱하는 역할을 맡았다.

부인회			군속

《 애국 부인회 》

《 국방 부인회 》

《 대일본 부인회 》

가슴의 마크

《 여자 통신대 》

제복은 전시의 일본
에서는 드문 투피스
양장이었다.

전사자의 유족, 부상병의 지원 등을 수행하기 위해 1901년(메이지 34년)에 창설된 부인회. 당초에는 왕족이나 상류계급으로 회원이 한정되었으나, 후에 일반으로 확대됐다. 사무복형 상의와 자주색 어깨끈 차림으로 활동했다.

1932년(쇼와 7년), 서민 여성을 대상으로 오사카에서 창립, 전국 조직이 된 부인회. 파병되는 병사들의 환송과 일본에 남은 가족들의 지원을 담당했다. 앞치마에 어깨띠가 트레이드 마크.

애국 부인회, 대일본 연합 부인회(1931년 창립), 국방 부인회의 3개 단체를 통일하여 1942년(쇼와 17년) 2월에 설립된 부인회

일본 육군의 동부군 방공 정보대는 1943년(쇼와 18년) 12월에 통신 업무를 수행할 여성 군속 부대를 편제했다.

《 여성 운전수 》

물자 수송을 맡은
트럭 운전수.

《 여성 차장 》

태평양 전쟁 말기에는 본토 결전에 대비하여 여성들의 죽창 훈련도 일상화됐다.

전장으로 나간 남성을 대신하기 위해 여성들의 직종도 확대됐는데, 철도 차장도 그중 하나였다. 차장 외에 운전사도 탄생했다.

1940년(쇼와 15년)에 제정된 남성용 국민복의 여성판으로, 6종류가 디자인됐다. 하지만 제정에는 이르지 못했고, 화복이나 양장에 몸뻬 바지가 국민복이 됐다.

《 갑형(양장) 2부식(투피스) 1호 》

《 갑형 2부식 2호 》

《 갑형 1부식 2호 》

《 을형(화복) 2부식 》

일본 전통 화복 스타일이면서 투피스 식으로, 반폭짜리 띠 아래는 스커트 풍으로 돼있고 소매도 짧았다.

《 활동복 》

갑 또는 을식에 몸뻬를 착용했다.

《 갑형 1부식(원피스) 1호 》

완전 방공복

1937년(쇼와 12년)에 제정된 방공법에 따라 일본 국민은 남녀 관계 없이 공습에 대비한 훈련과 화재 발생 시의 소화 활동이 의무화 됐다. 때문에 소화 활동에 적합한 복장과 장구가 장려됐다.

쇠투구
방공 두건
장갑
몸뻬 바지
각반
즈크(doek)화

방독면

퀼팅으로 만든 방공 두건

장갑

비상용 가방

근무복

여자 정신대

미성년인 여학생들도 여성 정진 근로령에 따라 군수 공장 등에서 노동을 했다. 학생의 경우, 복장은 작업복 또는 학교의 교복 상의에 몸뻬 바지 차림이었다.

《 작업복 》
군수공장 등에서 사용. 카키색 원단으로 만들어졌다.

군용 자전거

제2차 대전 전의 독일 육군에서는 자전거를 전령이나 정찰 임무에 사용했다. 대전 초기에는 보병 사단의 정찰 대대에 배치되어 위력 수색이나 점령지의 순찰에 사용됐다. 대전 후반에 이르러서는 트럭 등의 차량 부족과 연료 부족을 보충하고자 부대의 기동수단으로 많이 이용됐다.

《 개인 장비를 자전거에 실은 육군 병사 》

1942년 8월 19일, 프랑스 디에프 해변에 기습 상륙한 연합군을 공격하기 위해, 자전거로 해안을 향해 달려간 독일군 부대는 개인 장비 외에 실을 수 있는 최대한의 예비 탄약을 자전거에 실었으나, 그 무게 때문에 바퀴의 스포크가 부러지는 등의 사고가 있었다고 한다.

《 군용 자전거(Tr.Fa.= Truppenfahrrad) 》

라이트
라이트용 발전기
정비 공구 케이스
타이어 공기 펌프

민수용 모델을 바탕으로 만들어진 군용 자전거. 전투 부대 외에 후방의 경비나 보안 부대에서 사용됐다.

《 전선으로 향하는 히틀러 유겐트 자전거 부대 》

판처 파우스트 2개를 장비

《 자동차나 트럭으로 견인하는 모습 》

스트랩으로 연결하여 10대까지 견인 가능했다.

《 공수부대용 접이식 자전거 후기형 》

힌지를 통해 프레임 중앙에서 접을 수 있었고, 짐 칸도 설치됐다.

《 공수부대용 접이식 자전거 》

프레임의 탑 튜브와 다운 튜브 중앙을 분리해서 접는 구조로 되어 있다.

《 전용 낙하산이 부속된 자전거 》

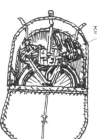

접어 수납한 자전거
낙하산

이와 같이 수납, 수송기에서 투하했다.

《 MG34 기관총 장비 》

MG34 기관총

드럼 탄창은 짐칸에 올려 운반.

다운 튜브에 개머리판을 뗀 기관총을 고정.

《 MG용 기관총가를 장비 》

대공용 삼각대는 핸들과 프레임을 이용해서 탑재했다.

삼각대는 짐칸에 탑재.

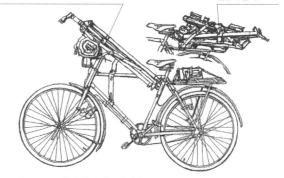

《 기관총 예비 총열과 탄약 탑재 》

예비 총열은 케이스에 넣어 핸들과 프레임에 고정.

짐칸에 3개의 탄약 상자를 적재 가능.

탄약 상자는 어퍼 튜브에 달린 컨테이너에 수납.

《 Pz.39 대전차 소총 장비 》

대전차 소총은 전장이 길었기에 프레임에서 짐칸에 걸쳐 수평으로 고정.

《 수류탄을 장비 》

프레임의 컨테이너를 이용하면 수류탄 3개를 수납 가능.

《 판처 파우스트를 장비 》

프런트 포크 양쪽에 판처 파우스트를 2개 장비.

《 leGr.W.36 5cm 박격포 장비 》

분해한 박격포의 포신을 고정.

전용 컨테이너에 든 포탄은 짐칸에 적재하거나 다른 자전거로 운반했다.

포판은 이 위치에 고정.

《 판터 파우스트를 장비 》

판처 파우스트 2개를 프레임과 짐칸에 고정.

《 판처 슈레케를 장비 》

짐칸에 로켓탄 2발을 탑재.

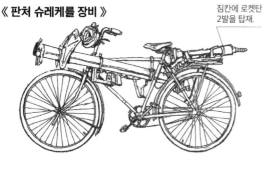

《 StG44 돌격소총을 장비 》

전용 마운트에 StG44 돌격 소총을 고정.

대전차 지뢰도 전용 랙으로 휴대 가능.

영국 육군은 제1차 대전 당시, 자전거를 대량으로 채용하여 자전거 보병 부대를 편제했는데 전쟁이 끝난 뒤에는 해당 부대들은 보병 부대로 개편되어 전간기에는 후방 지역에서의 전령 등으로 사용하는 데 그쳤다. 제2차 대전이 시작되자 공수부대나 코만도 부대 등에서는 전선에서의 전령 외에 정찰 임무 등에도 자전거를 사용했다.

《 자전거를 사용하는 영국 보병 》

유럽의 도로는 잘 정비되어 있었기에 영국 육군에서는 이미 1885년부터 자전거를 보병 부대의 기동수단으로 채용했다.

《 BSA Mk.V 군용 자전거 》

영국 육군에서 사용한 BSA(Birmingham Small Arms)사에서 제작한 군용 자전거. BSA는 오토바이 메이커로도 유명하지만, 1880년대부터 자전거를 생산해온 전통있는 회사이기도 했다. 제2차 대전 당시 사용한 Mk.V는 Mk.IV의 개량형이다.

《 BSA Mk.IV의 베리에이션 》

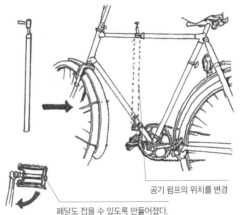

공기 펌프의 위치를 변경

페달도 접을 수 있도록 만들어졌다.

《 BSA Mk.IV 군용 자전거 》

정비용 공구

라이트

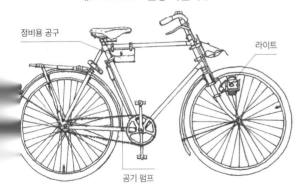

공기 펌프

제1차 대전기에 사용된 모델. 부속품인 라이트는 전장에서 파손되기 쉬웠기에 장비하지 않은 경우도 많았다.

《 Mk.V의 소총 장비 (예1) 》

라이트

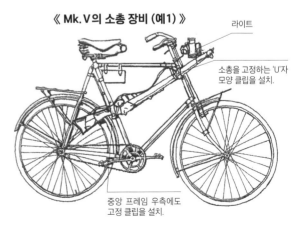

소총을 고정하는 'U'자 모양 클립을 설치.

중앙 프레임 우측에도 고정 클립을 설치.

《 공수 자전거 》

BSA에서 1944년에 개발한 공수부대용 자전거. 노르망디 상륙작전에서는 공수부대뿐 아니라 코만도 부대에도 배치되어 장병들과 함께 해안에 상륙했다.

《 공수 자전거를 접은 모습 》

프레임 중앙에 힌지가 있어, 반으로 접을 수 있었다.

《 프레임을 증설한 공수 자전거 》

코만도 부대 등에서는 백팩이나 짐을 적재할 수 있도록 앞부분에 프레임을 증설했다.

전용 캔버스제 프레임 백을 장착.

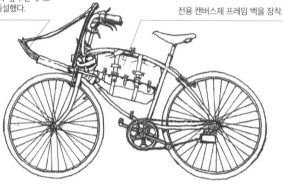

《 자전거를 휴대하고 강하하는 모습 》

공수 작전에서는 공수대원이 자전거를 안고 강하하거나, 글라이더로 수송했다.

전장에서의 이동용 차량에 제약이 있는 공수부대에 있어 자전거는 귀중한 이동 수단이었다.

접은 상태에서는 상당히 크기가 줄어들어 공수 작전에 매우 적합했다.

《 Mk. Ⅴ의 소총 장비 (예2) 》

개머리판을 컵으로 고정.

앞뒤의 짐칸에 소총 이외의 개인 장비를 탑재했다.

《 Mk. Ⅴ의 소총 장비 (예3) 》

클립 위치가 후방 프레임과 핸들 중앙으로 변경

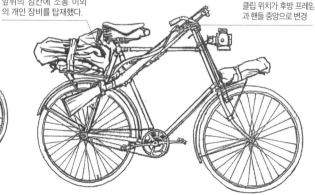

메이지 시대, 일본의 자전거는 해외 수입이 중심이었으나, 점차적으로 자국 생산품이 늘어갔고, 제1차 대전 이후에는 해외에 수출할 정도로 자전거 산업이 발전했다. 1941년(쇼와 16년) 12월 8일에 개시된 말레이 작전에서는 부대의 행군 속도가 중요시됐는데, 일본 육군은 기계화가 늦었기에 트럭의 부족분을 보충하고자, 자전거 부대가 임시로 편제됐다.

《 은륜(銀輪) 부대 》

말레이 작전에서 일본군의 자전거 부대는 기동력을 살려, 싱가포르 공략에 공헌했다.

《 말레이 작전 당시의 은륜 부대 》

말레이 반도는 간선 도로가 정비되어 있었다는 점을 살려, 도보의 3배 속도로 전진할 수 있었다고 알려져 있다. 말레이 작전에서의 활약으로 자전거 부대는 '은륜 부대'라고 불리게 됐다.

96식 경기관총을 탑재

기계화부대의 차량이 통과하기 어려운 정글이나 좁은 길을 자전거 부대는 주행 이외에 자전거를 메고 돌파하여 적에게 기습 공격을 가했다.

《 일본 육군의 자전거 》

일본 육군이 사용한 자전거는 흔히 '실용차'라 불리는 상업용으로 사용됐던 표준 모델이었다.

《 해군 육전대의 자전거 》

해군도 연락 등의 공무용으로 자전거를 사용했다.

《 위장을 하고 전진하는 은륜 부대 》

식 보병총은 차체에 묶은 상태이다.

《 육군 병기 행정 본부에서 고안한 운반차 》

자전거 부대나 공수부대용으로 개발된 중화기 운반차. 92식 중기관총을 탑재한 상태.

《 탄약 상자 2개를 탑재한 모습 》

공수부대용으로 운반차는 분해 가능한 구조로 만들어졌다.

《 중기관총 분대의 자전거와 중기관총용 측륜식 운반차(사이드카) 》

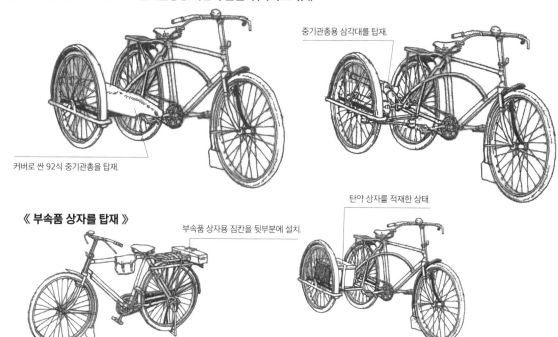

중기관총용 삼각대를 탑재.

커버로 싼 92식 중기관총을 탑재.

《 부속품 상자를 탑재 》

부속품 상자용 짐칸을 뒷부분에 설치.

탄약 상자를 적재한 상태.

중기관총의 후미

야전삽

분해한 삼각대의 앞다리를 휴대.

곡괭이 자루와 곡괭이를 탑재.

《 중기관총용 후륜식 운반차(리어카) 》

중기관총 분대는 분대장 1명과 대원 10명으로 편제됐다. 중기관총은 운반차 3대에 나눠서 운반했으며, 총가나 부속품은 분해해서 자전거에 탑재했다.

92식 중기관총을 삼각대에 올린 채로 탑재.

중기관총의 탄약을 탑재한 상태.

운반차 중 일부는 97식 자동포의 운반용으로 개조됐다.

자동포의 탄약을 탑재한 모습

미군의 자전거 도입은 1886년으로 역사가 오래됐다. 도입을 진행하면서 전투 부대의 기동성이나 정찰 면의 운용 시험이 이뤄졌으나, 자동차의
보급으로 자전거 부대가 편제되는 일은 없었다. 제2차 대전에서는 후방 기지나, 항공 기지 내에서의 이동이나 연락에 사용되는 정도에 머물렀다.

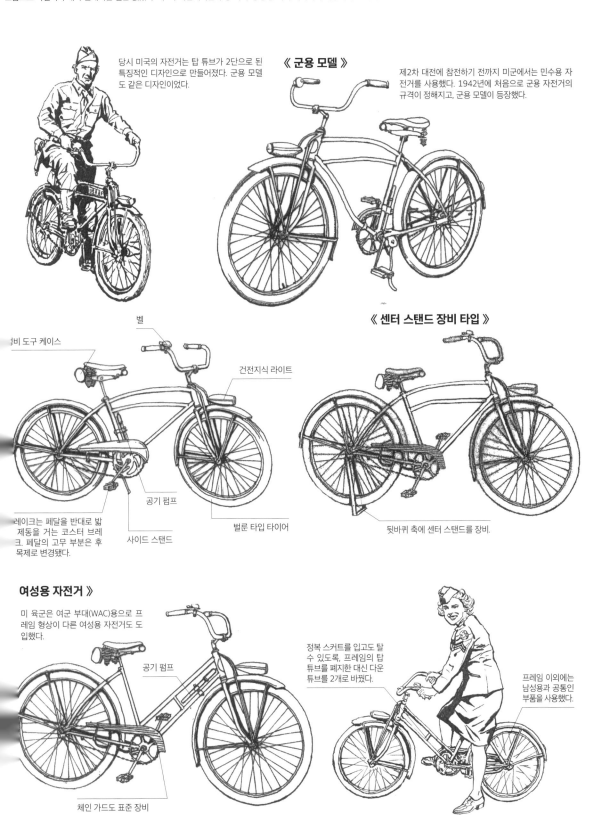

당시 미국의 자전거는 탑 튜브가 2단으로 된
특징적인 디자인으로 만들어졌다. 군용 모델
도 같은 디자인이었다.

《 군용 모델 》

제2차 대전에 참전하기 전까지 미군에서는 민수용 자
전거를 사용했다. 1942년에 처음으로 군용 자전거의
규격이 정해지고, 군용 모델이 등장했다.

벨

정비 도구 케이스

건전지식 라이트

《 센터 스탠드 장비 타입 》

레이크는 페달을 반대로 밟
제동을 거는 코스터 브레
크. 페달의 고무 부분은 후
목제로 변경됐다.

공기 펌프

사이드 스탠드

벌룬 타입 타이어

뒷바퀴 축에 센터 스탠드를 장비.

여성용 자전거 》

미 육군은 여군 부대(WAC)용으로 프
레임 형상이 다른 여성용 자전거도 도
입했다.

공기 펌프

정복 스커트를 입고도 탈
수 있도록, 프레임의 탑
튜브를 폐지한 대신 다운
튜브를 2개로 바꿨다.

프레임 이외에는
남성용과 공통인
부품을 사용했다.

체인 가드도 표준 장비

《 콜롬비아 컴팩스 접이식 자전거 》

다이아몬드형 프레임 중앙부를 접을 수 있다. 체인 커버는 생략됐으며, 페달도 간이형으로 바뀌어 경량화되었다.

《 스프로켓 휠의 제작사별 베리에이션 》

웨스트필드사 일반형

컬럼비아 컴팩스사

웨스트필드사 공수형

호프먼사

《 호프먼 HF-777 》

1943년, 육군에서는 시험적으로 호프먼사에 500대의 접이식 자전거를 발주했는데, 육군에서의 사용 상황은 불명이다. 자전거 휴대용으로 M1928 하버색을 개조한 캐리어도 만들어졌다.

《 웨스트필드사의 접이식 자전거 》

1941년, 해병 공수부대에서 운용 시험을 실시했으나, 채용에는 이르지 못했다. 웨스트필드사 제품은 프레임이 다운 튜브뿐이었다.

《 정비 공구 키트 》

가죽 케이스

오일통

렌치

드라이버

신발끈

수입용

《 자전거로 순찰 중인 병사 》

미군에서는 자전거 보병 부대를 편제하지 않았기에, 전투 장비 차림으로 자전거를 사용하고 있는 영상 자료는 드물다.

헬멧 라이너를 벗겨 외피와 소총은 핸들에 걸어뒀다.

《 마켓 가든 작전 당시 삼륜차를 사용하는 병사 》

1944년 9월, 마켓 가든 작전에서, 네덜란드에 강하한 뒤, 현지에서 조달한 3륜차를 이용해서 A4 항공 수송용 컨테이너를 운반하는 제101 공수 사단의 병사. 전방에 짐칸이 달린 이 3륜차는 1930년대부터 민간에서 소화물의 수송이나 배달, 아이스크림 이동 판매 등에 사용됐다.

프랑스군의 군용 자전거

프랑스군은 1886년에 자전거를 채용하여, 제1차 대전에서는 기병 부대에 자전거 부대를 편제, 정찰이나 연락에 사용했다. 제2차 대전 당시에도
자전거 부대가 일부 남아있었으나, 독일의 전격전 앞에서는 전황에 별다른 기여를 할 수 없었다.

《 푸조 M1916 자전거 》

짐칸

좌측에 소총의 개머리
판을 수납하는 컵이
장비됐다.

짐칸 좌우에는
새들백을 장착
할 수 있다.

제1차 대전 중에 생산된 전시 통제형. 이 모델은
제2차 대전에서도 사용됐다.

차체에는 소총 거치 랙 외에 프레임 부분
에 정비 도구 케이스도 부속됐다. 세계에서
가장 오래된 자동차 메이커인 푸조에서는
1882년에 자전거 제조도 시작했다.

《 제라르의 접이식 자전거 》

군용 접이식 자전거는 1896
년, 프랑스 육군의 앙리 제라르
(Henry Gérard) 대위가 처음 제
작했다. 중량 14kg으로 1분 이내
로 접어 등에 짊어질 수 있었다.

《 푸조의 접이식 자전거 》

이탈리아군의 군용 자전거

이탈리아군도 1886년에 군용 자전거를 채용, 제1차 대전 중에 본격적인 자전거 부대가 탄생했는데, 베르살리에리 연대에 대대 규모의 자전거 부대를 편제, 기동부대로 운용했다. 전후, 해당 연대는 기계화가 진행됐으며, 제2차 대전에서도 차량화 부대와 함께 정찰임무 등으로 운용됐다.

이탈리아 육군의 자전거는 접이식이 표준. 이외에 공수부대용 분해식이나 민수 모델도 사용됐다. 이탈리아군의 접이식 자전거는 1892년에 보셀리(A. Boselli) 대위가 개발했다.

승차 이동 시에는 핸들 부분에 잡낭과 판초 우의, 후방의 짐칸에 배낭이나 모포 등 개인 장구를 탑재했다.

《 비앙키 M25 》

제2차 대전 중에 전륜 브레이크(장교용은 후륜 브레이크도 탑재)만 탑재된 통제형.

《 D.A.R.E(육군 기계화국) M34 》

《 비앙키 M14/25 기관총 운반차 》

브레다 M37 중기관총을 운반하기 위해, 프레임의 어퍼 튜브를 개조했다.

《 비앙키 M12 》

1911년에 채용된, 소총 거치용 랙이 달린 접이식 자전거

《 접이식 자전거를 짊어진 베르살리에리 부대 병사 》

이탈리아 북부의 국경지역은 산악지대로, 산악지대에서 활동하던 베르살리에리 부대가 경사면이나 험지에서 이동할 때, 접이식 자전거는 편리한 장비였다.

각국의 야전용 부츠

당시에는 대부분의 국가에서 발목까지 올라오는 소가죽 편상화나 장화를 사용했다.

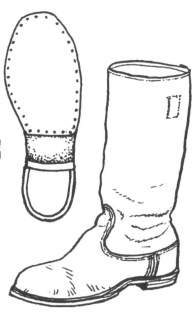

소련군
《 롱 부츠 》

검정 가죽으로 만들어진 장화. 대전 중에는 합성 피혁제 부츠도 제작됐다.

프랑스군
《 M1917 서비스 슈즈 》

1917년에 채용된 이래, 1940년 프랑스 항복 시까지 사용됐다. 가죽 밑창과 발뒤꿈치에는 징이 박혀 있었다.

영국군
《 앵클 부츠 》

제1차 대전 후에 채용된 검정 가죽 부츠. 일부 장교는 갈색 가죽 부츠를 사용했다. 밑창은 가죽제로, 발끝과 발뒤꿈치를 보호하기 위해 돌기와 'U'자 모양 금속판이 부착됐다.

미군
《 컴뱃 서비스 슈즈 》

가죽 각반을 일체화시킨 전투용 부츠. 각반을 잠그는 버클이 2개라는 점에서 '투 버클 부츠'라고도 불렸다. 밑창은 가죽에 고무를 씌운 컴포지트 타입. 1943년에 채용됐다.

독일군
《 앵클 부츠 》

편상화식 부츠. 전쟁 이전부터 사용했으며, 제2차 대전이 발발하기 전까지는 주로 야전 이외의 장소에서 신는 일이 많았다.

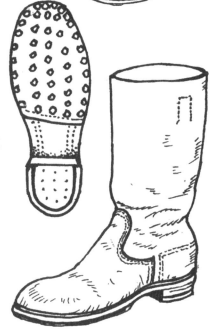

일본군
《 편상화 》

색의 소가죽으로 만들어졌으며, 가죽신발 바닥에는 징이 박혀 있었다. 전쟁 말기에는 죽이 부족해져, 돼지가죽, 상어가죽, 밑바은 고무제 등으로 된 대용품도 있었다.

이탈리아군
《 앵클 부츠 》

갈색 또는 검정 가죽, 2종류가 있다. 발끝에 가죽을 덧댄 것이 특징. 밑창에는 야전용 징이 박혀있다.

독일군
《 잭 부츠 》

독일군의 야전용 부츠. 제2차 대전이 시작되자, 가죽을 절약하기 위해 1943년경부터 앵클 부츠가 더 많이 사용됐다.

각국의 인식표

군인의 신분을 증명하기 위해 장병들이 항상 몸에 지니고 다닌 것이 인식표이다. 전장에서 부상을 입거나 전사했을 경우, 신원 확인을 위해 사용했다.

《 미 해군/해병대(구형) 》

해군과 해병대에서는 신형보다 좀 더 둥근 타원형인 구형 인식표를 사용했다.

구형 인식표를 착용한 해병대원. 나중에 쉽게 녹슬지 않고, 열에 강한 신형으로 교체됐다.

미군

《 플레이트의 기입 예 》

※연대에 따라 내용이나 표기 방법, 대상 위치가 달라졌다.

기호+군적 번호

번호 앞의 기호
AR=정규군
ER=예비역 장교
NG=주방위군
US=소집병
O=장교

종교
P= 개신교
C= 가톨릭
J= 유대교
B= 불교
NP= 무교

성명

혈액형

파상풍 최종 예방접종 연도
T(파상풍) 45(접종 연도)

독일군

알루미늄 합금제 타원형. 전사한 경우에는 신원 확인을 위해 중앙에서 아래쪽을 부러뜨려 회수한다.

제1차 대전형

제2차 대전형
가로 5cm, 세로 7cm

이탈리아군

제1차 대전기에는 안에 종이로 된 인증서가 들어있는 로켓형을 사용. 제2차 대전 중에는 황동핀 2장을 겹쳐 각인한 것을 사용했다.

제1차 대전형

제2차 대전형

프랑스군

금속판에 점선 구멍이 난 원형. 부속된 사슬을 사용해서 팔이나 발에 걸고 다녔다.

네덜란드군

사각 아연판. 독일군과 마찬가지로 중앙에서 꺾도록 되어 있다.

헝가리군

알루미늄제 로켓형.

덴마크군

원형 아연판.

벨기에군

검정 인조 가죽.

영국군

전사한 경우, 검정 플레이트는 시신에 남겨두고, 붉은 플레이트만 회수한다. 캐나다를 비롯한 영 연방군에서도 같은 것을 사용. 플레이트는 인조 가죽.

붉은색

검정색

일본군

황동제 타원형. 위아래 구멍에 끈을 꿰어 오른쪽 어깨부터 왼쪽 옆구리로 늘어뜨렸다. 플레이트에는 부대 번호와 이름, 계급 등이 각인됐는데, 내용은 시대에 따라 달랐다.

권총용 홀스터

제2차 대전에서는 각국의 군에서 여러 종류의 신형 및 구형 권총이 사용됐다. 또한 이 권총에 대응되는 홀스터도 만들어졌는데, 사용 소재나 구조가 제각기 다른 많은 종류가 사용됐다.

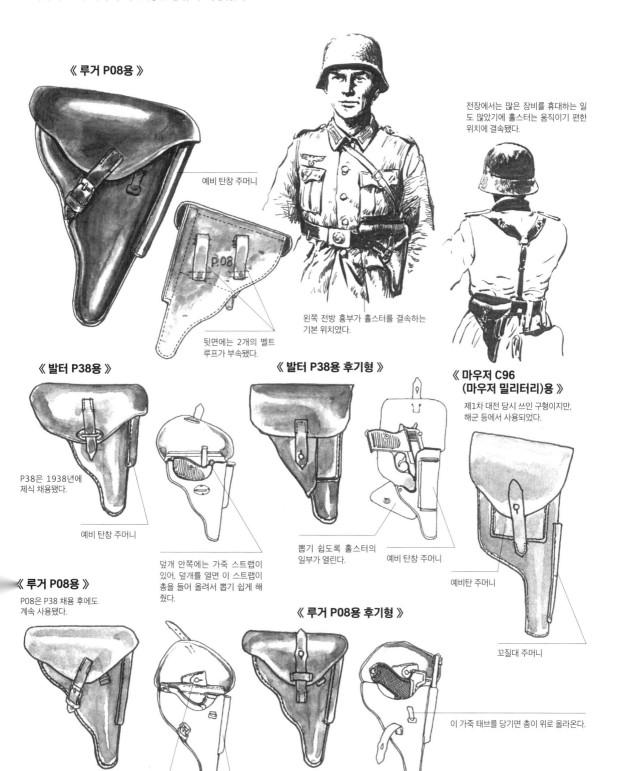

《 루거 P08용 》

예비 탄창 주머니

P08

뒷면에는 2개의 벨트 루프가 부속됐다.

전장에서는 많은 장비를 휴대하는 일도 많았기에 홀스터는 움직이기 편한 위치에 결속됐다.

왼쪽 전방 흉부가 홀스터를 결속하는 기본 위치였다.

《 발터 P38용 》

P38은 1938년에 제식 채용됐다.

예비 탄창 주머니

덮개 안쪽에는 가죽 스트랩이 있어, 덮개를 열면 이 스트랩이 총을 들어 올려서 뽑기 쉽게 해 줬다.

《 발터 P38용 후기형 》

뽑기 쉽도록 홀스터의 일부가 열린다.

예비 탄창 주머니

《 마우저 C96
(마우저 밀리터리)용 》

제1차 대전 당시 쓰인 구형이지만, 해군 등에서 사용되었다.

예비탄 주머니

꼬질대 주머니

《 루거 P08용 》

P08은 P38 채용 후에도 계속 사용됐다.

《 루거 P08용 후기형 》

분해 공구 주머니

예비 탄창 주머니

이 가죽 태브를 당기면 총이 위로 올라온다.

자우어 H38용 홀스터를 착용한 독일
육군 장교

《 발터 M4용 》

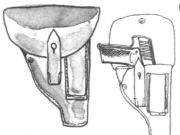

M4는 제1차 대전 당시의 장교용 제식
권총이었다. 제2차 대전 중에는 점령지
의 경찰용으로 사용됐다.

《 자우어 H38용 》

H38은 육군과 공군 장교가 사용했다.

《 마우저 HSc용 》

HSc는 일부 고급 장교와 공군 장교들이 사용.

《 FÉG 37M용 》

공군에서는 헝가리제 FÉG 37M을 항공기 승
무원용으로 사용했다. 홀스터는 캔버스제.

《 발터 PP용 》

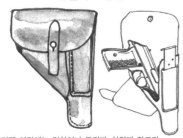

전쟁 이전에는 경찰이나 돌격대, 친위대 장교가
사용. 전쟁 중에는 군 장교들도 사용했다.

《 발터 PPK용 》

PPK는 장교 및 항공기 승무원들이 사용.

《 발터 PPK 나치스 당원용 》

《 브라우닝 M1922용 》

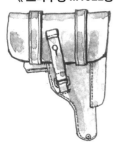

전쟁 전에 수입했던 브라우닝
M1922의 독일제 홀스터

《 브라우닝 하이파워용 》

하이파워는 전쟁 기
간 중에는 P640(b)라
는 이름으로 독일군
이 채용했다.

《 베레타 M1934용 》

홀스터도
이탈리아제

《 라돔 P35용 》

라돔 P35는 폴란드
점령 후, 독일군도
사용.

《 Vz27용 》

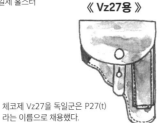

체코제 Vz27을 독일군은 P27(t)
라는 이름으로 채용했다.

《 스테어 M1912용 》

독일군 제식명 P12(Ö)는
경찰, 치안 부대가 사용.
카키색 캔버스제.

《 유니크 Mle17용 》

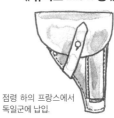

점령 하의 프랑스에서
독일군에 납입.

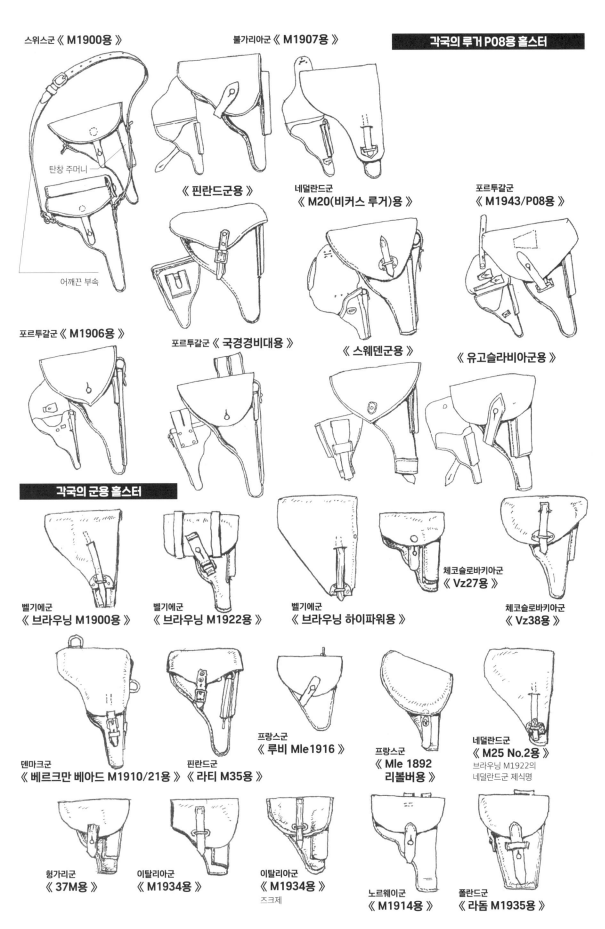

스위스군 《 M1900용 》

불가리아군 《 M1907용 》

탄창 주머니

어깨끈 부속

《 핀란드군용 》

네덜란드군
《 M20(비커스 루거)용 》

포르투갈군
《 M1943/P08용 》

포르투갈군 《 M1906용 》

포르투갈군 《 국경경비대용 》

《 스웨덴군용 》

《 유고슬라비아군용 》

각국의 군용 홀스터

벨기에군
《 브라우닝 M1900용 》

벨기에군
《 브라우닝 M1922용 》

벨기에군
《 브라우닝 하이파워용 》

체코슬로바키아군
《 Vz27용 》

체코슬로바키아군
《 Vz38용 》

덴마크군
《 베르크만 베아드 M1910/21용 》

핀란드군
《 라티 M35용 》

프랑스군
《 루비 Mle1916 》

프랑스군
《 Mle 1892
리볼버용 》

네덜란드군
《 M25 No.2용 》
브라우닝 M1922의
네덜란드군 제식명

헝가리군
《 37M용 》

이탈리아군
《 M1934용 》

이탈리아군
《 M1934용 》
즈크제

노르웨이군
《 M1914용 》

폴란드군
《 라돔 M1935용 》

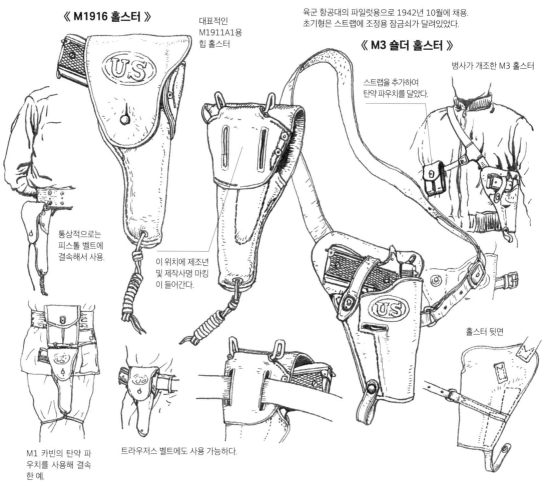

《 M1916 홀스터 》

대표적인
M1911A1용
힙 홀스터

육군 항공대의 파일럿용으로 1942년 10월에 채용.
초기형은 스트랩에 조정용 잠금쇠가 달려있었다.

《 M3 숄더 홀스터 》

병사가 개조한 M3 홀스터

스트랩을 추가하여
탄약 파우치를 달았다.

통상적으로는
피스톨 벨트에
결속해서 사용.

이 위치에 제조년
및 제작사명 마킹
이 들어간다.

홀스터 뒷면

M1 카빈의 탄약 파
우치를 사용해 결속
한 예.

트라우저스 벨트에도 사용 가능하다.

《 M7 숄더 홀스터 》

M7 숄더 홀스터는 M3 숄더 홀스터를 개량, 장착 시에 홀스터를 고정하기 위한
바디 스트랩을 추가한 것으로 1943년 12월에 채용됐다.

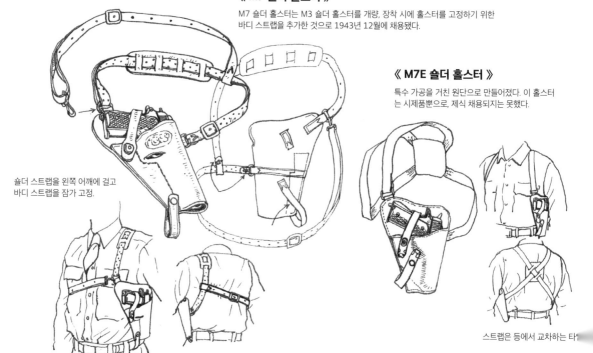

《 M7E 숄더 홀스터 》

특수 가공을 거친 원단으로 만들어졌다. 이 홀스터
는 시제품뿐으로, 제식 채용되지는 못했다.

숄더 스트랩을 왼쪽 어깨에 걸고
바디 스트랩을 잠가 고정.

스트랩은 등에서 교차하는 타[

234

영국군의 홀스터

《 웨블리 Mk.Ⅵ
리볼버용 》

《 엔필드
No.2 Mk. I 리볼버용 》

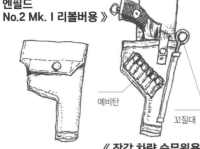
벨트 루프

예비탄

꼬질대

《 장갑 차량 승무원용
홀스터 》

캐나다군의 홀스터

《 브라우닝 하이파워용
No.2 Mk.1 홀스터 》

《 브라우닝 하이파워용
No2. MK.2 홀스터 》

예비 탄창 1개가
내부에 수납된다

예비 탄창 1개가
내부에 수납된다.

소련군의 홀스터

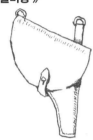
《 나강 M1895
리볼버용 》

《 나강 M1895
리볼버용 》

《 토카레프 TT-33
(1930/33)용 》

《 토카레프 TT-33용 》

예비 탄창 주머니

꼬질대

일본군의 홀스터

《 26년식 권총집 》

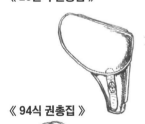
《 난부식 권총집 》

《 난부식
소형 권총집 》

《 14년식 권총집 》

《 14년식 권총집 》

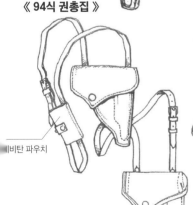
《 94식 권총집 》

예비탄 파우치

《 하마다식 권총집 》

압착 고무 코팅 면포제. 가죽 소재
부족으로 전쟁 후기부터 사용.

《 94식 권총집 》
제조 편의성을 위해 일부 디자인을
변경. 캔버스제도 만들어졌다.

《 브라우닝
M1910 권총집 》

콜트 M1903이나 마우저
M1910/M1914/M1934
권총용으로도 사용.

《 브라우닝
M1910 권총집 》

캔버스제

슬링

보병이 사용하는 소총, 기관단총, 카빈, 경기관총 등의 소화기 휴대에 꼭 필요한 장비가 바로 슬링(멜빵)이다.

미군의 슬링

《 M1907 소총용 슬링 》

제1차 대전 전부터 현재도 일부 저격 소총에 사용되는 소총용 가죽 슬링. 이 슬링은 2개의 스트랩으로 구성되는 복잡한 구조로 되어 있는데, 이것은 슬링을 이용하여 팔을 고정한 채로 실시하는 의탁 사격을 고려한 것이다.

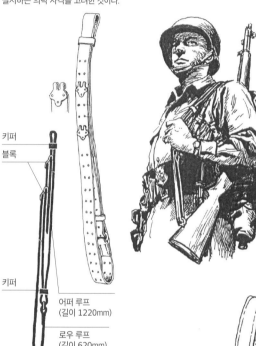

키퍼
블록

키퍼

어퍼 루프
(길이 1220mm)

로우 루프
(길이 620mm)

《 M1 소총용 슬링 》

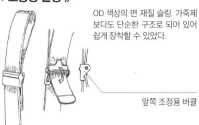

OD 색상의 면 재질 슬링. 가죽제보다도 단순한 구조로 되어 있어 쉽게 장착할 수 있었다.

앞쪽 조정용 버클

뒤쪽에도 잠금쇠로 조정 가능

소총의 리어 스위벨 링 쪽에 결속하는 고리형 잠금쇠

《 M1 카빈용 슬링 》

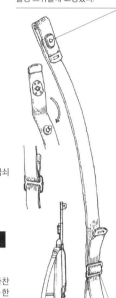

앞부분은 똑딱 단추로 슬링 스위벨에 고정했다.

길이 조절 쇠붙이

폭은 M1슬링보다 좁은 약 2.5cm. 카키 또는 OD색 면 재질. 카빈 이외에 M3기관단총에도 사용됐다.

프랑스군의 슬링

《 Mle 1907/15와 Mle 1936 소총용 슬링 》

가죽제 슬링

영국군의 슬링

《 스텐 기관단총용 슬링 》

《 영국군 소총용 슬링 》

면으로 만든 슬링. 기본 색상은 카키색으로 검정색인 해군용과 흰색의 의장용 등의 베리에이션이 있었다.

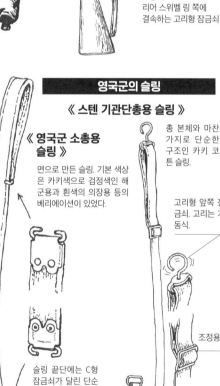

총 본체와 마찬가지로 단순한 구조인 카키 코튼 슬링.

고리형 앞쪽 잠금쇠. 고리는 가동식.

조정용 잠금쇠

슬링 끝단에는 C형 잠금쇠가 달린 단순한 구조.

슬링 결속 시에는 링 쪽이 뒤쪽, 고리 쪽이 앞으로 결속된다. 또한 총기의 형식에 따라 결속 위치도 조금씩 달라졌다.

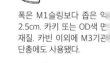

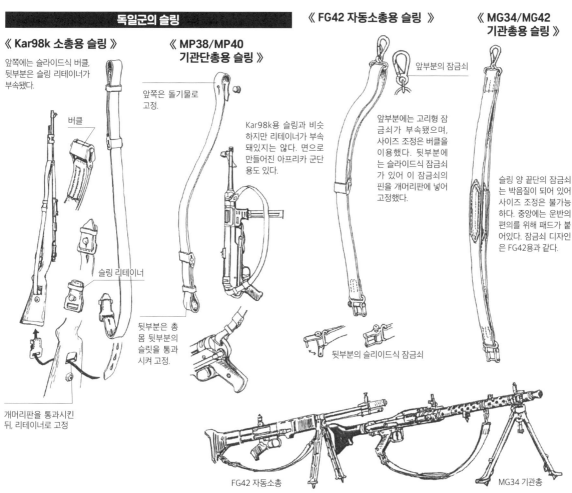

독일군의 슬링

《 Kar98k 소총용 슬링 》

앞쪽에는 슬라이드식 버클, 뒷부분은 슬링 리테이너가 부속됐다.

버클

슬링 리테이너

개머리판을 통과시킨 뒤, 리테이너로 고정

《 MP38/MP40 기관단총용 슬링 》

앞쪽은 돌기물로 고정.

Kar98k용 슬링과 비슷하지만 리테이너가 부속돼있지는 않다. 면으로 만들어진 아프리카 군단 용도 있다.

뒷부분은 총몸 뒷부분의 슬릿을 통과시켜 고정.

《 FG42 자동소총용 슬링 》

앞부분의 잠금쇠

앞부분에는 고리형 잠금쇠가 부속됐으며, 사이즈 조정은 버클을 이용했다. 뒷부분에는 슬라이드식 잠금쇠가 있어 이 잠금쇠의 핀을 개머리판에 넣어 고정했다.

뒷부분의 슬라이드식 잠금쇠

《 MG34/MG42 기관총용 슬링 》

슬링 양 끝단의 잠금쇠는 박음질이 되어 있어 사이즈 조정은 불가능하다. 중앙에는 운반의 편의를 위해 패드가 붙어있다. 잠금쇠 디자인은 FG42용과 같다.

FG42 자동소총

MG34 기관총

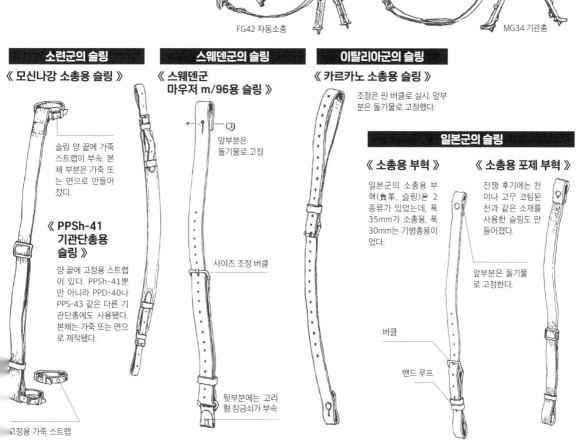

소련군의 슬링

《 모신나강 소총용 슬링 》

슬링 양 끝에 가죽 스트랩이 부속, 본체 부분은 가죽 또는 면으로 만들어졌다.

《 PPSh-41 기관단총용 슬링 》

양 끝에 고정용 스트랩이 있다. PPSh-41뿐만 아니라 PPD-40나 PPS-43 같은 다른 기관단총에도 사용됐다. 본체는 가죽 또는 면으로 제작됐다.

고정용 가죽 스트랩

스웨덴군의 슬링

《 스웨덴군 마우저 m/96용 슬링 》

앞부분은 돌기물로 고정

사이즈 조정 버클

뒷부분에는 고리형 잠금쇠가 부속

이탈리아군의 슬링

《 카르카노 소총용 슬링 》

조정은 핀 버클로 실시. 앞부분은 돌기물로 고정했다.

일본군의 슬링

《 소총용 부혁 》

일본군의 소총용 부혁(負革, 슬링)은 2종류가 있었는데, 폭 35mm가 소총용, 폭 30mm는 기병총용이었다.

《 소총용 포제 부혁 》

전쟁 후기에는 천이나 고무 코팅된 천과 같은 소재를 사용한 슬링도 만들어졌다.

앞부분은 돌기물로 고정한다.

버클

밴드 루프

낙하산

공수부대를 최초로 편제한 것은 소련군이었으나, 실전에서 공수 작전을 처음 실시했던 것은 독일군이었다. 이렇게 공수 작전을 가능하게 한 것은 바로 개인용 낙하산이었는데, 각 참전국은 항공기 승무원용 낙하산에서 출발하여 공수부대용 낙하산을 개발했다.

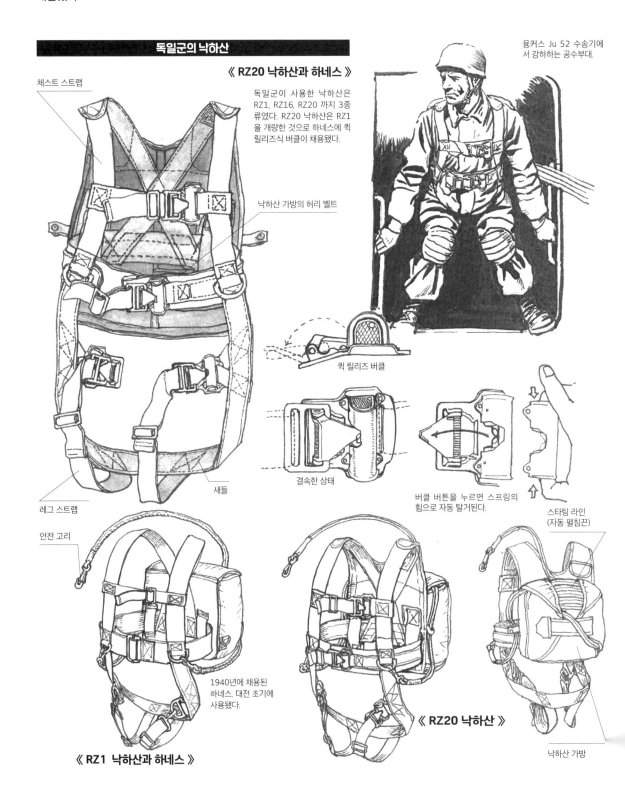

독일군의 낙하산

《 RZ20 낙하산과 하네스 》

독일군이 사용한 낙하산은 RZ1, RZ16, RZ20 까지 3종류였다. RZ20 낙하산은 RZ1을 개량한 것으로 하네스에 퀵 릴리즈식 버클이 채용됐다.

체스트 스트랩

낙하산 가방의 허리 벨트

융커스 Ju 52 수송기에서 강하하는 공수부대.

퀵 릴리즈 버클

결속한 상태

버클 버튼을 누르면 스프링의 힘으로 자동 탈거된다.

레그 스트랩

새들

안전 고리

스타팅 라인 (자동 펼침끈)

1940년에 채용된 하네스. 대전 초기에 사용됐다.

《 RZ20 낙하산 》

낙하산 가방

《 RZ1 낙하산과 하네스 》

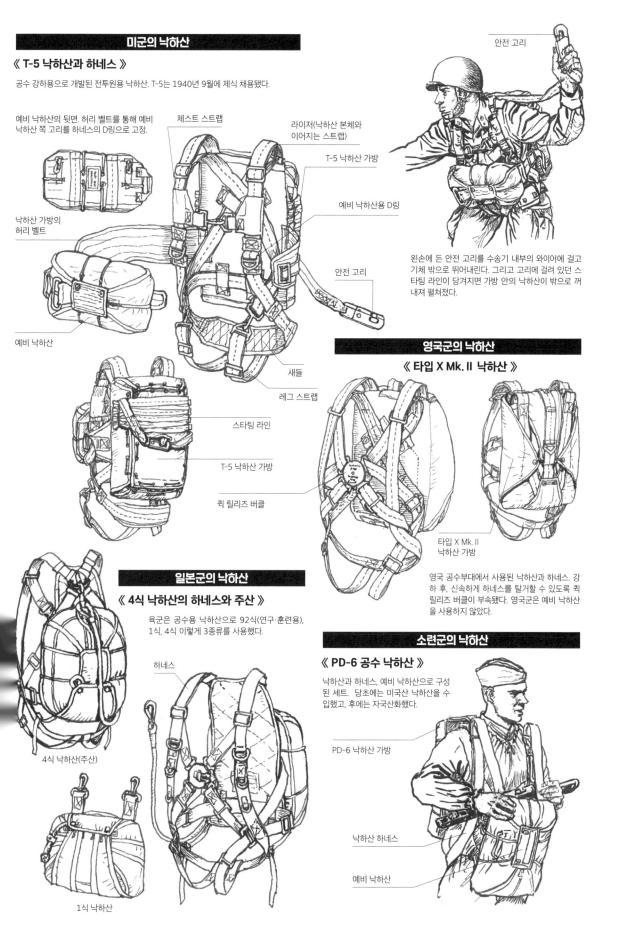

미군의 낙하산

《 T-5 낙하산과 하네스 》

공수 강하용으로 개발된 전투원용 낙하산. T-5는 1940년 9월에 제식 채용됐다.

안전 고리

예비 낙하산의 뒷면. 허리 벨트를 통해 예비
낙하산 쪽 고리를 하네스의 D링으로 고정.

체스트 스트랩

라이저(낙하산 본체와
이어지는 스트랩)

T-5 낙하산 가방

예비 낙하산용 D링

낙하산 가방의
허리 벨트

안전 고리

예비 낙하산

새들

레그 스트랩

스타팅 라인

T-5 낙하산 가방

퀵 릴리즈 버클

왼손에 든 안전 고리를 수송기 내부의 와이어에 걸고
기체 밖으로 뛰어내린다. 그리고 고리에 걸려 있던 스
타팅 라인이 당겨지면 가방 안의 낙하산이 밖으로 꺼
내져 펼쳐졌다.

영국군의 낙하산

《 타입 X Mk. II 낙하산 》

타입 X Mk. II
낙하산 가방

영국 공수부대에서 사용된 낙하산과 하네스. 강
하 후, 신속하게 하네스를 탈거할 수 있도록 퀵
릴리즈 버클이 부속됐다. 영국군은 예비 낙하산
을 사용하지 않았다.

일본군의 낙하산

《 4식 낙하산의 하네스와 주산 》

육군은 공수용 낙하산으로 92식(연구·훈련용),
1식, 4식 이렇게 3종류를 사용했다.

하네스

4식 낙하산(주산)

1식 낙하산

소련군의 낙하산

《 PD-6 공수 낙하산 》

낙하산과 하네스, 예비 낙하산으로 구성
된 세트. 당초에는 미국산 낙하산을 수
입했고, 후에는 자국산화했다.

PD-6 낙하산 가방

낙하산 하네스

예비 낙하산

제2차 세계대전 군장 도감

초판 1쇄 인쇄 2022년 4월 10일
초판 1쇄 발행 2022년 4월 15일

저자 : 우에다 신(작화),
　　　 누마타 카즈히토(해설)
번역 : 오광웅

펴낸이 : 이동섭
편집 : 이민규, 탁승규
디자인 : 조세연, 김현승, 김형주
영업 · 마케팅 : 송정환, 조정훈
e-BOOK : 홍인표, 서찬웅, 최정수, 김은혜, 이홍비, 김영은
관리 : 이윤미

㈜에이케이커뮤니케이션즈
등록 1996년 7월 9일(제302-1996-00026호)
주소 : 04002 서울 마포구 동교로 17안길 28, 2층
TEL : 02-702-7963~5　FAX : 02-702-7988
http://www.amusementkorea.co.kr

ISBN 979-11-274-5205-6 03390

창작을 위한 아이디어 자료

AK 트리비아 시리즈

-AK TRIVIA BOOK

No. Ø1   도해 근접무기
검, 도끼, 창, 곤봉, 활 등 냉병기에 대한 개설

No. Ø2   도해 크툴루 신화
우주적 공포인 크툴루 신화의 과거와 현재

No. Ø3   도해 메이드
영국 빅토리아 시대에 실존했던 메이드의 삶

No. Ø4   도해 연금술
'진리'를 위해 모든 것을 바친 이들의 기록

No. Ø5   도해 핸드웨폰
권총, 기관총, 머신건 등 개인 화기의 모든 것

No. Ø6   도해 전국무장
무장들의 활약상, 전국시대의 일상과 생활

No. Ø7   도해 전투기
인류의 전쟁사를 바꾸어놓은 전투기를 상세 소개

No. Ø8   도해 특수경찰
실제 SWAT 교관 출신의 저자가 소개하는 특수경찰

No. Ø9   도해 전차
지상전의 지배자이자 절대 강자 전차의 힘과 전술

No. 1Ø   도해 헤비암즈
무반동총, 대전차 로켓 등의 압도적인 화력

No. 11   도해 밀리터리 아이템
군대에서 쓰이는 군장 용품을 완벽 해설

No. 12   도해 악마학
악마학의 발전 과정을 한눈에 알아볼 수 있도록 구성

No. 13   도해 북유럽 신화
북유럽 신화 세계관의 탄생부터 라그나로크까지

No. 14   도해 군함
20세기 전함부터 항모, 전략 원잠까지 해설

No. 15   도해 제3제국
아돌프 히틀러 통치하의 독일 제3제국 개론서

No. 16   도해 근대마술
마술의 종류와 개념, 마술사, 단체 등 심층 해설

No. 17   도해 우주선
우주선의 태동부터 발사, 비행 원리 등의 발전 과정

No. 18   도해 고대병기
고대병기 탄생 배경과 활약상, 계보, 작동 원리 해설

No. 19   도해 UFO
세계를 떠들썩하게 만든 UFO 사건 및 지식

No. 2Ø   도해 식문화의 역사
중세 유럽을 중심으로, 음식문화의 변화를 설명

No. 21   도해 문장
역사와 문화의 시대적 상징물, 문장의 발전 과정

No. 22   도해 게임이론
알기 쉽고 현실에 적용할 수 있는 게임이론 입문서

No. 23   도해 단위의 사전
세계를 바라보고, 규정하는 기준이 되는 단위

No. 24   도해 켈트 신화
켈트 신화의 세계관 및 전설의 주요 등장인물 소개

No. 25 **도해 항공모함**
군사력의 상징이자 군사기술의 결정체, 항공모함

No. 26 **도해 위스키**
위스키의 맛을 한층 돋워주는 필수 지식이 가득

No. 27 **도해 특수부대**
전장의 스페셜리스트 특수부대의 모든 것

No. 28 **도해 서양화**
시대를 넘어 사랑받는 명작 84점을 해설

No. 29 **도해 갑자기 그림을 잘 그리게 되는 법**
멋진 일러스트를 위한 투시도와 원근법 초간단 스킬

No. 30 **도해 사케**
사케의 맛을 한층 더 즐길 수 있는 모든 지식

No. 31 **도해 흑마술**
역사 속에 실존했던 흑마술을 총망라

No. 32 **도해 현대 지상전**
현대 지상전의 최첨단 장비와 전략, 전술

No. 33 **도해 건파이트**
영화 등에서 볼 수 있는 건 액션의 핵심 지식

No. 34 **도해 마술의 역사**
마술의 발생시기와 장소, 변모 등 역사와 개요

No. 35 **도해 군용 차량**
맡은 임무에 맞추어 고안된 군용 차량의 세계

No. 36 **도해 첩보·정찰 장비**
승리의 열쇠 정보! 첩보원들의 특수장비 설명

No. 37 **도해 세계의 잠수함**
바다를 지배하는 침묵의 자객, 잠수함을 철저 해부

No. 38 **도해 무녀**
한국의 무당을 비롯한 세계의 샤머니즘과 각종 종교

No. 39 **도해 세계의 미사일 로켓 병기**
ICBM과 THAAD까지 미사일의 모든 것을 해설

No. 40 **독과 약의 세계사**
독과 약의 역사, 그리고 우리 생활과의 관계

No. 41 **영국 메이드의 일상**
빅토리아 시대의 아이콘 메이드의 일과 생활

No. 42 **영국 집사의 일상**
집사로 대표되는 남성 상급 사용인의 모든 것

No. 43 **중세 유럽의 생활**
중세의 신분 중 「일하는 자」의 일상생활

No. 44 **세계의 군복**
형태와 기능미가 절묘하게 융합된 군복의 매력

No. 45 **세계의 보병장비**
군에 있어 가장 기본이 되는 보병이 지닌 장비

No. 46 **해적의 세계사**
다양한 해적들이 세계사에 남긴 발자취

No. 47 **닌자의 세계**
온갖 지혜를 짜낸 닌자의 궁극의 도구와 인술

No. 48 **스나이퍼**
스나이퍼의 다양한 장비와 고도의 테크닉

No. 49 **중세 유럽의 문화**
중세 세계관을 이루는 요소들과 실제 생활

No. 50 **기사의 세계**
기사의 탄생에서 몰락까지, 파헤치는 역사의 드라마

No. 51 **영국 사교계 가이드**
빅토리아 시대 중류 여성들의 사교 생활

No. 52 **중세 유럽의 성채 도시**
궁극적인 기능미의 집약체였던 성채 도시

No. 53 **마도서의 세계**
천사와 악마의 영혼을 소환하는 마도서의 비밀

No. 54 **영국의 주택**
영국 지역에 따른 각종 주택 스타일을 상세 설명

No. 55 **발효**
미세한 거인들의 경이로운 세계

No. 56 **중세 유럽의 레시피**
중세 요리에 대한 풍부한 지식과 요리법

No. 57 **알기 쉬운 인도 신화**
강렬한 개성이 충돌하는 무아와 혼돈의 이야기

No. 58 **방어구의 역사**
방어구의 역사적 변천과 특색 · 재질 · 기능을 망라

No. 59 **마녀 사냥**
르네상스 시대에 휘몰아친 '마녀사냥'의 광풍

No. 60 **노예선의 세계사**
400년 남짓 대서양에서 자행된 노예무역

No. 61 **말의 세계사**
역사로 보는 인간과 말의 관계

No. 62 **달은 대단하다**
우주를 향한 인류의 대항해 시대

No. 63 **바다의 패권 400년사**
17세기에 시작된 해양 패권 다툼의 역사

No. 64 **영국 빅토리아 시대의 라이프 스타일**
영국 빅토리아 시대 중산계급 여성들의 생활

No. 65 **영국 귀족의 영애**
영애가 누렸던 화려한 일상과 그 이면의 현실

-AK TRIVIA SPECIAL

환상 네이밍 사전
의미 있는 네이밍을 위한 1만3,000개 이상의 단어

중2병 대사전
중2병의 의미와 기원 등, 102개의 항목 해설

크툴루 신화 대사전
대중 문화 속에 자리 잡은 크툴루 신화의 다양한 요소

문양박물관
세계 각지의 아름다운 문양과 장식의 정수

고대 로마군 무기·방어구·전술 대전
위대한 정복자, 고대 로마군의 모든 것

도감 무기 갑옷 투구
무기의 기원과 발전을 파헤친 궁극의 군장도감

중세 유럽의 무술, 속 중세 유럽의 무술
중세 유럽~르네상스 시대에 활약했던 검술과 격투술

최신 군용 총기 사전
세계 각국의 현용 군용 총기를 총망라

초패미컴, 초초패미컴
100여 개의 작품에 대한 리뷰를 담은 영구 소장판

초쿠소게 1,2
망작 게임들의 숨겨진 매력을 재조명

초에로게, 초에로게 하드코어
엄격한 심사(?!)를 통해 선정된 '명작 에로게'

세계의 전투식량을 먹어보다
전투식량에 관련된 궁금증을 한 권으로 해결

세계장식도 1, 2
공예 미술계 불후의 명작을 농축한 한 권

서양 건축의 역사
서양 건축의 다양한 양식들을 알기 쉽게 해설

세계의 건축
세밀한 선화로 표현한 고품격 건축 일러스트 자료집

지중해가 낳은 천재 건축가 -안토니오 가우디
천재 건축가 가우디의 인생, 그리고 작품

민족의상 1,2
시대가 흘렀음에도 화려하고 기품 있는 색감

중세 유럽의 복장
특색과 문화가 담긴 고품격 유럽 민족의상 자료집

그림과 사진으로 풀어보는 이상한 나라의 앨리스
매혹적인 원더랜드의 논리를 완전 해설

그림과 사진으로 풀어보는 알프스 소녀 하이디
하이디를 통해 살펴보는 19세기 유럽사

영국 귀족의 생활
화려함과 고상함의 이면에 자리 잡은 책임과 무게

요리 도감
부모가 자식에게 조곤조곤 알려주는 요리 조언집

사육 재배 도감
동물과 식물을 스스로 키워보기 위한 알찬 조언

식물은 대단하다
우리 주변의 식물들이 지닌 놀라운 힘

그림과 사진으로 풀어보는 마녀의 약초상자
「약초」라는 키워드로 마녀의 비밀을 추적

초콜릿 세계사
신비의 약이 연인 사이의 선물로 자리 잡기까지

초콜릿어 사전
사랑스러운 일러스트로 보는 초콜릿의 매력

판타지세계 용어사전
세계 각국의 신화, 전설, 역사 속의 용어들을 해설

세계사 만물사전
역사를 장식한 각종 사물 약 3,000점의 유래와 역사

고대 격투기
고대 지중해 세계 격투기와 무기 전투술 총망라

에로 만화 표현사
에로 만화에 학문적으로 접근하여 자세히 분석

크툴루 신화 대사전
러브크래프트의 문학 세계와 문화사적 배경 망라

아리스가와 아리스의 밀실 대도감
신기한 밀실의 세계로 초대하는 41개의 밀실 트릭

연표로 보는 과학사 400년
연표로 알아보는 파란만장한 과학사 여행 가이드

제2차 세계대전 독일 전차
풍부한 일러스트로 살펴보는 독일 전차

구로사와 아키라 자서전 비슷한 것
영화감독 구로사와 아키라의 반생을 회고한 자서전

유감스러운 병기 도감
69종의 진기한 병기들의 깜짝 에피소드

유해초수
오리지널 세계관의 몬스터 일러스트 수록

요괴 대도감
미즈키 시게루가 그려낸 걸작 요괴 작품집

과학실험 이과 대사전
다양한 분야를 아우르는 궁극의 지식탐험!

과학실험 공작 사전
공작이 지닌 궁극의 가능성과 재미!

크툴루 님이 엄청 대충 가르쳐주시는 크툴루 신화 용어사전
크툴루 신화 신들의 귀여운 일러스트가 한가득

고대 로마 군단의 장비와 전술
로마를 세계의 수도로 끌어올린 원동력